城市绿化植物的空气颗粒物污染消减作用

王会霞　王彦辉　石　辉◎著

中国林業出版社
CFPH China Forestry Publishing House

图书在版编目(CIP)数据

城市绿化植物的空气颗粒物污染消减作用 / 王会霞，王彦辉，石辉著.
--北京：中国林业出版社，2020. 7

ISBN 978-7-5219-0729-2

Ⅰ. ①城… Ⅱ. ①王… ②王… ③石… Ⅲ. ①城市绿地-作用-大气污染物-调控-研究 Ⅳ. ①X51②S731. 2

中国版本图书馆 CIP 数据核字(2020)第 144262 号

中国林业出版社 · 林业分社

责任编辑：李敏　　**电话**：(010) 83143575

出版 中国林业出版社 (100009 北京市西城区德胜门内大街刘海胡同 7 号)
http：//www. forestry. gov. cn/lycb. html

发行 中国林业出版社

印刷 河北京平诚乾印刷有限公司

版次 2020 年 10 月第 1 版

印次 2020 年 10 月第 1 次

开本 787mm×1092mm 1/16

印张 10. 75

彩插 8 面

字数 260 千字

定价 98. 00 元

内容简介

本书介绍了城市绿化植物对空气颗粒物污染的调控机理与研究进展，比较了典型树种叶面的$PM_{2.5}$等颗粒物滞留能力和动态变化及受污染程度和气象条件等的影响，分析评价了城市绿化植物调控$PM_{2.5}$等颗粒物污染的功能，提出了考虑不同污染区域和功能需求的树种选择建议，提出了以增强$PM_{2.5}$等颗粒物调控功能为目标的道路防护林、公园绿地和道路绿化带等的植被结构模式。这些成果可为系统认识城市绿化植物防霾治污能力、提高城市森林的规划、营造与管理水平提供重要的理论基础和技术支撑，从而充分发挥植物的“绿色吸尘器”功能。

本书可供环境科学、环境工程、生态学、林业生态工程、园林景观设计、城市规划等领域的科研人员、教师、研究生、实验人员及实践工作者参考。

前言

空气污染是全球最大的环境健康风险，每年造成600万至700万人过早死亡；其中超过300万人与$PM_{2.5}$污染相关，且2/3以上发生在亚洲。我国很多地方，尤其北京及周边、长三角等经济发达区域，正日渐深受危害，严重影响居民生活和健康。目前$PM_{2.5}$等颗粒物污染已成全民关注焦点，急需采取综合治理措施。

森林被誉为“地球之肺”，城市森林是城市中具有自净功能的最大生态系统，不仅可为居民提供相对洁净的休闲空间，还可净化$PM_{2.5}$等颗粒物污染，是除减少污染排放以外的有效治理措施。但林木滞留$PM_{2.5}$等颗粒物的功能存在很大的树种及植被结构差别，需综合考虑不同树种的抗污能力和颗粒物滞留能力，按污染程度分区和绿地类型合理选择树种和进行空间配置，即从增强森林净化空气功能的角度来提高城市森林的营造与管理水平。

本书作者长期从事森林植被滞尘研究，负责或作为核心成员参加了原国家林业局的林业公益性行业科研专项经费项目“森林对$PM_{2.5}$等颗粒物的调控功能与技术研究”的第五课题“增强森林滞留$PM_{2.5}$等颗粒物的能力调控技术研究”、陕西省自然科学基础研究计划项目“降水和风对大气颗粒物在植物叶面沉降—再悬浮的影响”、住房和城乡建设部科技计划项目、陕西省教育科研计划项目等的研究。此书总结了森林植被对空气颗粒物的调控机理与研究进展，研究了典型树种叶面$PM_{2.5}$等颗粒物的滞留能力，分析评价了绿化植物调控$PM_{2.5}$等颗粒物的功能和动态变化及环境影响，选择了考虑不同污染区域和绿地类型时的适宜树种，提出了以增强$PM_{2.5}$等颗粒物调控功能为目标的道路防护林、公园绿地和道路绿化带等的植被结构模式，是对我们原创性成果的系统整理。这些成果可为系统认识城市绿化植物防霾治污能力、提高城市森林的规划、营造与管理水平提供重要理论和技术依据，对充分发挥植物的“绿色吸尘器”作用有重要意义。

本书内容包括9章和附录，各章的内容和主要编写人员为：第1章森林植被对空气颗粒物的调控机理与研究进展（石辉）、第2章植物滞留颗粒物的测定方法（王会霞）、第3章植物叶面对$PM_{2.5}$等颗粒物的滞留（王会霞、石辉）、第4章城市不同污染环境下植物叶面滞留$PM_{2.5}$等颗粒物（王会霞）、第5章天气状况对植物叶面滞留$PM_{2.5}$等颗粒物的影响（王会霞、王彦辉）、第6章城市污染环境下的高滞尘健康树种（王彦辉）、第7章道路防护林结构对滞留空气颗粒物的影响（王会霞、王彦辉）、第8章公园绿地结构对滞留空气颗粒物的影响（王会霞、石辉）、第9章道路绿化带对街道峡谷内空气颗粒物扩散的影响（王会霞）、附录（王会霞）。全书由王会霞、王彦辉和石辉统稿。

由于森林植被调控$PM_{2.5}$等颗粒物研究正处快速发展期，作者水平有限，书中难免存在不足，敬请读者不吝批评指正。

著者

2020年1月20日

目录

第1章 森林植被对空气颗粒物的调控机理与研究进展

植被对环境空气颗粒物的清除过程可分为几种主要方式。首先是沉降，植被改变了地表空气动力学状况，使颗粒物被动通过重力沉降、湍流扩散等空气动力作用降落到树叶、树干和地面上，再通过雨水冲刷等过程，最后进入土壤；其次是阻滞，大气颗粒物通过植被林带时，由于复杂的枝叶结构等改变了气流在林带内部运动轨迹形态等，致使颗粒物在林带内滞留；再次是吸附，植物叶、枝、茎干等表面有绒毛、褶皱和特殊分泌物等，可捕集大气颗粒物，不同树种的叶表面特性、树冠结构、枝条密度不同，滞尘能力有所差异；最后是吸入，大气颗粒物可经叶片气孔进入植物体内参与代谢反应。

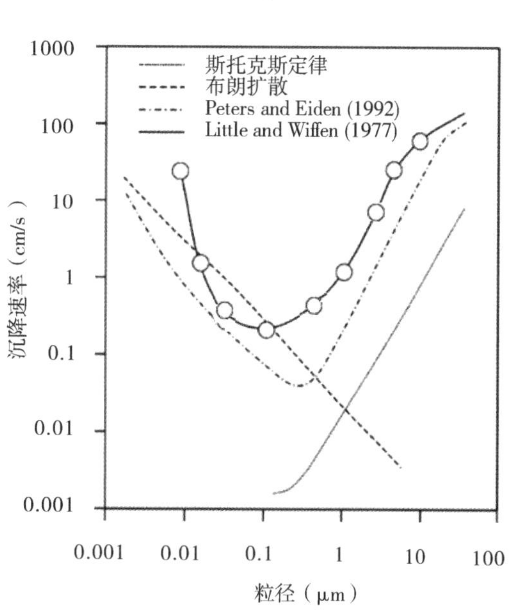

图1.1　大气颗粒物粒径和沉降速率的关系

（Grantz et al.，2003）

颗粒物粒径不同，植被对其的清除机制也有差异，如图1.1所示（Grantz et al.，2003）。

对于粒径小于0.1μm的大气颗粒物，主要靠布朗运动清除，效率随着颗粒物粒径的增大而减小。对于粒径0.1~10μm的颗粒物而言，颗粒物的清除受到扩散过程和湍流撞击的双重影响，清除效率随着粒径的增大而迅速升高。对于粒径大于10μm的颗粒物，

重力沉降和湍流撞击是其主要的清除机制。

目前，一些学者研究了树和树叶阻力的特性。关德新和朱廷曜（2000）根据风洞实验，分析讨论了树冠结构参数（疏透度和透风系数）和风场分布的关系。结果表明，透风系数和疏透度符合幂函数关系，树冠周围风场低速区为椭球形立体空间，低速区的大小随树冠高度、冠幅大小的增大而增大，随透风系数（或疏透度）的增大而减小，在垂直和水平剖面上，等风速线分别为椭圆线段和椭圆形。Zeng 和 Takahashi（2000）利用一阶闭合模型模拟了树冠内外的湍流流动，针对模型中的雷诺应力和混合长度，提出了考虑大湍流涡影响的参数化方案，模型的预测结果与 6 种不同种类植被树冠内外的实验数据进行对比，吻合良好。Okajima 等（2012）通过建立树叶模型，利用边界层理论研究了树叶表面的强迫对流特性。

杨会（2016）通过二维简化和三维树冠模型并结合风洞实验，利用 CFD 技术研究了单株树流场的变化，结合气象条件（风速、风向）对不同树冠特性（树冠种类、树冠结构分布、树冠叶面积密度、树冠无量纲阻力系数等）进行模拟；真实条件下的树冠流动阻力结果要明显高于二维简化模型的数值计算结果，但二者在变化趋势上表现出较好的一致性；在引入树冠阻力系数修正系数后，数值计算值与实验结果能吻合很好，由此给出的树冠阻力计算式可作为树冠流动阻力估算的一种简洁模型。王彦杨（2017）利用风洞实验研究了树枝尺度上小叶黄杨、橡树和松树对气溶胶颗粒物的捕集效率与叶面积指数、风速、颗粒物粒径之间的关系。研究发现，当风速介于 0.86~4.15m/s 时，植物对不同粒径气溶胶颗粒物的捕集效率随着风速的增大先减小而后增大，且在风速为 1.75m/s 时有最小值。风速介于 0.86~1.75m/s 时，捕集效率随风速下降可能是风速大于 0.86m/s 时，风速的增加树叶的流线型也增加，面对气溶胶颗粒物的树叶投影叶面积减小造成的。此外，随着风速的增加初期捕获的颗粒物可能发生脱离。但是，随着风速的进一步增加，叶子流线型的影响以及颗粒物的脱离，都从属于具有相对较强影响的气溶胶力学作用，因此叶子对气溶胶颗粒物的捕集效率随着风速的进一步增大而增大。叶面积指数对捕集效率的影响呈现出随叶面积指数的增大捕集效率增大的趋势。而气溶胶颗粒物粒径对捕集效率的影响则呈现出随着颗粒物粒径的增大先减小，之后随着粒径的进一步增大而增大，且当颗粒物粒径为 1μm 时捕集效率有最小值。杨会（2016）的研究发现，随着粒径从 0.01~100μm 逐渐增大，颗粒物干沉降速度先降低，并在 1~2.5μm 之间达到最小值，而后逐渐增大；当叶面积密度保持不变时，粒径在 0.01~100μm 范围内变化时，随着入口风速逐渐增大（0.2、2、5、10m/s），颗粒物的干沉降速率也逐渐增大。Freer-Smith 等（2005）借助风洞实验研究了风速对叶面滞尘及颗粒物沉降速率的影响，发现颗粒物在大风条件下（9m/s）在植物叶面的滞留量及沉降速率较小风（3m/s）时高。Beckett 等（2000）利用风洞实验研究了不同风速下颗粒物在植物叶面的沉降速率，发现在风速小于 8m/s，叶面滞尘及颗粒物沉降速率随风速的增大而增大，但风速的继续增大则可能导致叶面滞尘及颗粒物沉降速率的减小。Hwang 等（2011）利用实验对两组法桐叶子间颗粒物沉降进行比较，其中，一组叶子只用正面而另一组只用背面。研究发现，颗粒物在背面的沉降速率高于正面，造成该差异的主要原因是叶背面有绒毛。空气中亚微米级和超细尺寸的烟尘颗粒受植物叶面结构的影响而去除，因此，需要通过造林或植树减少大气细颗粒物污染时，必须考虑树种的选择问题。章旭毅等（2016）利用气溶胶再发生器和 Dustmate 粉尘颗粒物检测仪，结合样品叶面积和叶片自然沉降期间样地附近大气中 $PM_{2.5}$的平均浓度，计算了针叶树（雪松、圆柏、罗汉松、龙柏）和阔叶树（樟树、女贞、广玉兰、杜英、二球悬铃木、无患子、梧桐、紫叶李、银杏、槐和垂柳）叶面 $PM_{2.5}$的沉降速率。夏季 $PM_{2.5}$干沉降速率最大的树种是广玉兰，其次是圆柏、罗汉松和雪松等，而 $PM_{2.5}$干沉降速率相对较低的树种有槐、樟树和银杏，最低的是梧桐；秋季 $PM_{2.5}$干沉降速率最大的树种是紫叶李，其次是广玉兰、槐和圆柏等，而 $PM_{2.5}$干沉降速率相对较低的树种有女贞、无患子和银杏，最低的是龙柏；冬季 $PM_{2.5}$干沉降速率最大的树种是罗汉松，其次是广玉兰和圆柏等，而 $PM_{2.5}$干沉降速率相对较低的树种有女贞和龙柏，最低的是樟树。根据这些研究结果，对园林绿化树种的配置提供了以下的参考：基础树种应以针叶树种为主，且由于针叶树种大部分较为高大，可作为绿化设施的背景树种；背景树种前可适当种植广玉兰等滞尘能力较好的常绿乔木，以填补背景树种种植的间隙；一些滞尘能力较强的中小乔木，例如槐和紫叶李等，可以列植、间植或者混植，且能够提供季相变化和色彩变化；日本五针松等株形优美且滞尘能力较高的小乔木，可以孤植，成为绿色设施的景观焦点；下层可用灌木和草坪相结合的种植方式，减少地面扬尘。

1.1　森林植被对空气颗粒物的影响过程

颗粒物被湍流扩散等空气动力学作用输送到树木等植物附近，植物的阻挡作用使局部风速降低，有助于较大颗粒物的降落，而气流穿梭于植被枝叶间使湍流作用增强，叶片、枝干对颗粒物的作用使其镶嵌或黏附在植被表面。当气流推动颗粒物流经叶片表面时，植物自身的形态学特征，如树冠形状、枝叶密度、叶表面特性等都会对颗粒物的沉降量造成影响。冠层结构包括树冠形状、大小、冠层构件组成（如叶面积密度）。树冠滞留颗粒物示意图如图 1.2。

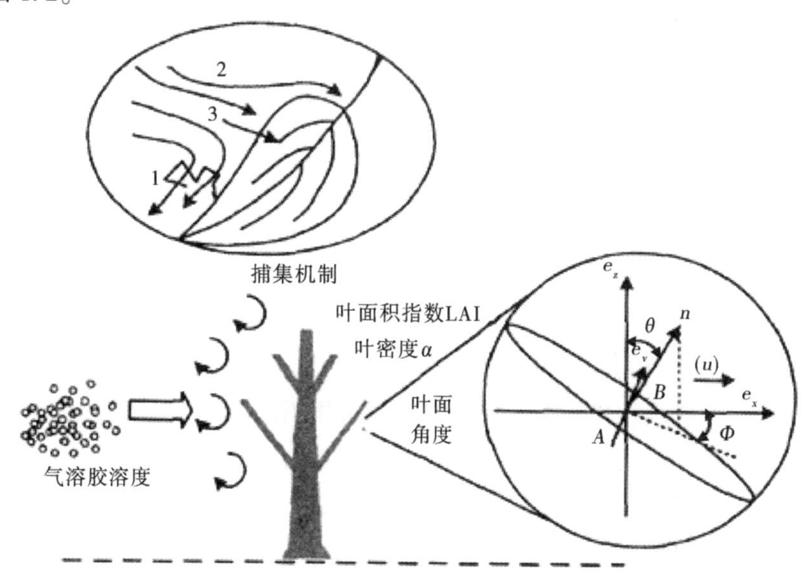

图 1.2　树冠滞留颗粒物示意图（吴桂香和吴超，2014）

叶片是组成树冠的基本元素，根据叶片的形状及其对颗粒物的捕集效率可将其分为两类：①针叶等比较细长的树叶、枝、干，类似于圆柱形收集体；②阔叶，影响枝叶滞留颗粒物的叶面几何性质主要为叶面的直径（或宽度）、叶面积、叶面的倾斜角等。在叶片尺度上，由于不同的动力机制导致了颗粒物的沉积，主要的影响机制有布朗扩散、截留、惯性碰撞、重力沉降和反弹（Beckett et al.，1998）。

1.1.1 布朗扩散

当颗粒物沿非截留流线在树叶旁边流过时，其运动轨迹与气体流线不一致，颗粒物会产生偏离而无规则的移动，扩散到树叶表面，树叶边界层的状态（层流或紊流）与雷诺数有关。布朗运动大大增加了粒子撞在植物上的可能性，如图 1.3 所示。布朗扩散通常对粒径小于 0.1μm 的颗粒有影响。

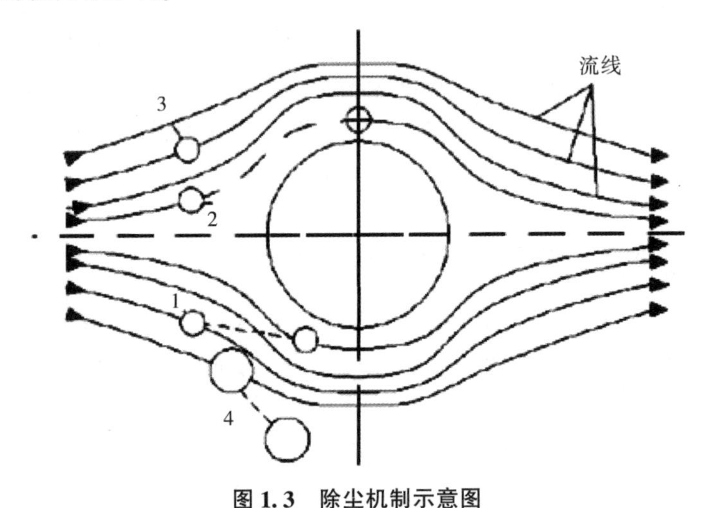

图 1.3 除尘机制示意图

1：惯性碰撞；2：截留；3：布朗扩散；4：重力沉降

影响布朗扩散收集效率的因素有颗粒物粒径、温度、气流的性质（雷诺数、扩散系数）、树叶的直径/宽度和分布、植物的种类等。颗粒物布朗运动产生的扩散碰撞，只有在颗粒物粒径小于 0.1μm 的情况下才有意义，对于粒径较大的尘粒可忽略扩散影响。气流速度越低，布朗运动越显著，扩散效应作用越强（吴桂香和吴超，2014）。

1.1.2 截留

截留机制是指惯性较小、随流场流动的颗粒物，在距离树叶等壁面距离小于半个粒径时被其拦住的情况，如图 1.3 所示。截留机制对于多绒毛的叶面滞留颗粒物特别有效。树叶的收集速度与截留机制收集效率有关。树叶截留作用的收集效率与颗粒物粒径、风速、树叶直径、叶面粗糙度、植物的黏性阻力系数、植物的阻力系数以及植物的截留量分数等因素有关。对于针叶植物而言，其截留颗粒物的平均速度主要受针叶直径、颗粒物粒径和风速的影响；对阔叶植物而言，其截留颗粒物的平均速度受到阔叶叶宽、风速、颗粒物粒径等因素的影响。总体而言，树叶特征是影响截留机制的主要因子，其决定了被表面捕获的颗粒物的量。

1.1.3　惯性碰撞

惯性碰撞相对于截留机制，指的是惯性较大的颗粒，布朗力远小于流体对颗粒物的拖拽力，不像小粒径的粒子因惯性小跟随空气流动，而是偏离流线而与树叶表面碰撞的情况，如图 1.3 所示。

植物叶面颗粒物的沉降速率与叶面角度分布和斯托克斯数密切相关，斯托克斯数主要受到颗粒物的粒径影响，气溶胶颗粒粒径越大，流速越高，斯托克斯数越大。对惯性碰撞影响较大的因素为颗粒物粒径、风速、叶面角度分布和叶面几何尺寸。

1.1.4　重力沉降

直径大于 10μm 的颗粒物，由于重力沉降的作用不可能长期停留在空中，往往运行很短的距离后沉降到地面。粒子越大，重力沉降作用越大，对于直径大于 30μm 的粒子来说，重力沉降成为粒子沉降的主导因素，重力作用贯穿整个沉降过程，如图 1.3 所示。重力作用下的沉降速率受到颗粒物重力、树叶倾角等因素的影响。

总的来说，布朗扩散作用下叶面对颗粒物的收集效率随着粒径的增大而减小，在粒径小于 0.1μm 的情况下才有意义；对于粒径较大的尘粒，可以忽略布朗扩散作用的影响；气溶胶颗粒粒径越大，流速越高，斯托克斯数越大，惯性碰撞作用越强，其作用范围为粒径大于 2μm 的颗粒物，惯性碰撞作用随颗粒物粒径增大而增大；在截留作用下叶面对颗粒物的收集效率呈倒“U”形变化，在颗粒物粒径为 1μm 左右时捕集作用最大。粒径大于 10μm 的粒子由于质量和体积大，在重力作用下能够很快降落到地面。在一定风速下，比较不同直径叶面的收集效率可以看出，叶面宽度越大，颗粒物的沉降速率越小。颗粒物粒径、流速影响下的叶面捕集颗粒物的主要作用方式如图 1.4 所示。由图 1.4 可以看出，截留机制在植被调控颗粒物中起着至关重要的作用，因此本研究重点介绍森林植被对大气颗粒物的滞留作用。

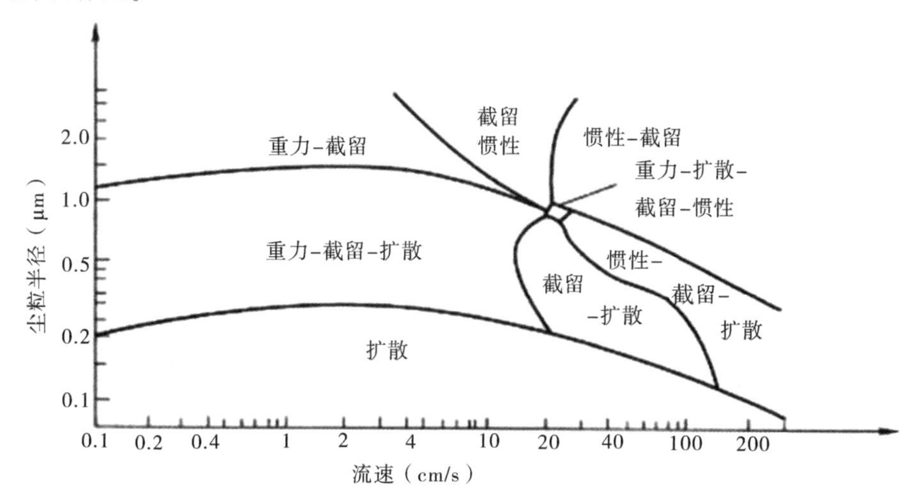

图 1.4　各种捕集效应的作用区域（张殿印等，2008）

1.2 森林植被滞留空气颗粒物的研究进展

1.2.1 植物滞尘物种间差异

受叶面微结构、枝叶密集程度、叶面倾角、叶质地等因素的影响，植物单位叶面积滞尘能力差异显著，这种差异可达数倍至数十倍（Prajapati & Tripathi，2008；Wang et al.，2013；柴一新等，2002；陈芳等，2006；王会霞等，2010）。柴一新等（2002）对哈尔滨市28种植物叶面滞尘量进行了测定，结果表明：不同树种滞尘量差异显著，树种之间的滞尘量可相差2~3倍。张新献等（1997）的研究表明，丁香的滞尘能力是紫叶小檗的6倍多；落叶乔木毛白杨为垂柳的3倍多。陈玮等（2003）对东北地区7种针叶树春季的滞尘量进行了测定，发现沙松冷杉单位生物量的滞尘量为11.745g/kg，为油松的3倍多。王会霞等（2010）采用人工降尘的方法测定了西安市代表性的21种绿化植物的滞尘量，发现不同树种的滞尘量差异显著，物种间可相差40倍以上。张秀梅和李景平（2001）测定了太原市适生主要绿化树种叶片的滞尘能力，发现叶片的滞尘量物种间差异显著，滞尘量从绣线菊的0.86g/m^2到泡桐的76.04g/m^2。王赞红和李纪标（2006）对石家庄市常见的绿篱植物大叶黄杨滞尘能力的研究发现，交通干道旁大叶黄杨叶片5日内单位面积滞尘量变化于2.30~5.87g/m^2，平均日滞尘量为0.86g/m^2。李海梅和刘霞（2008）测定得到的青岛市城阳区常见绿化植物滞尘量从海桐的0.672g/m^2到悬铃木的3.262g/m^2。

不同生活型植物的滞尘量亦表现出差异。就年滞尘量来说，以乔木植物最大，灌木植物次之，草本植物最小（赵勇等，2002）。但就单位叶面积来说，滞尘能力则为灌木>乔木>草本（陈芳等，2006）。Freer-Smith 等（2005）对5个树种的研究表明，虽然所有树种都捕获了大量空气中的颗粒，但针叶树捕获能力强于阔叶树。苏俊霞等（2006）研究发现不同生活型植物滞尘能力由大到小依次为：草本植物、灌木植物、乔木植物和藤本植物。主要原因是它们的垂直高度不同，接受的灰尘量也不同；机动车尾气中含有由于燃料燃烧不完全所产生的颗粒物（于建华等，2004），其中一部分会直接排放到低矮的植物叶面上，增加了其叶面滞尘量；高大的乔木主要阻滞、过滤外界的降尘及飘尘；乔木的高度较大，空气中的颗粒物在扩散过程中会随气流受到叶片阻挡而减速，从而有一部分沉降到高度较低的植物叶片上；较密的灌草则能有效减少地面的扬尘。因此，选择滞尘能力强的植物，并以乔、灌、草不同生活型植物进行合理配置，是提高城市植被滞尘效应的有效途径。

1.2.2 植物滞尘粒径组成

植物叶面的微结构和颗粒物与叶面的作用方式能够影响叶面尘的粒径分布（Grantz et al.，2003；Wang et al.，2013；贾彦等，2012；谢滨泽等，2014）。贾彦等（2012）认为叶面粗糙程度对颗粒物的滞留能力与叶表沟状结构的尺寸有关。谢滨泽等（2014）对北京市常见的20种道路绿化植物的研究发现，叶面沟槽宽度对滞留颗粒物起到了筛选的作用，沟槽宽度为5μm左右时，叶面滞留的细颗粒量较大。颗粒物在叶面的滞留还依赖于其粒径分布，粒径小于0.1μm的颗粒主要受扩散过程的影响，粒径0.1~10μm的颗粒受扩散过程和湍流撞击的双重影响，而粒径大于10μm的颗粒则以湍流撞击为主。叶片滞尘主要由颗粒重力下降和微环境下空气湍流引起的撞击作用导致，这就说明叶面滞留的颗粒物数量以小于10μm的颗粒为主。贝尔格莱德交通繁忙区的欧洲七叶树和榛叶面降尘的粒径50%~60%小于2μm（Tomašević et al.，2005）。杭州两种常绿阔叶树种桂花和香樟叶面降尘粒径多分布在1~20μm，其粒径50%~60%小于10μm（Lu et al.，2008）。广州和惠州不同功能区大叶榕、小叶榕、高山榕和紫荆叶面降尘粒径60%以上小于100μm（邱媛和管东生，2007）。Freer-Smith等（1997）对高速公路旁橡树叶面尘的研究发现，叶面尘平均粒径为5.8~12.7μm，PM_{10}占总量的56.9%~89.1%。杨东伟和章明奎（2010）对浙江某地茶区叶面降尘的粒径分析表明，粒径小于100μm的颗粒物占76.5%~97.3%，$PM_{2.5}$和PM_{10}占叶面滞尘总量的4.7%~9.2%和25.6%~51.3%。王会霞等（2012）对不同环境条件下大叶女贞和小叶女贞叶面降尘粒径的研究发现，叶面$PM_{2.5}$滞留量因物种及环境条件而异；大叶女贞叶面$PM_{2.5}$体积分数较小叶女贞高，分别占总量的22.4%和13.9%。

1.2.3　植物滞尘时空变化规律

1.2.3.1　植物滞尘时间变化规律

城市绿地植物枝叶对颗粒物的滞留作用会因暴露时间、季节以及叶片不同的发育阶段等而异。Wang等（2013）发现悬铃木、槐和雪松叶面颗粒物滞留量存在明显的季节变化，随着叶面在空气中暴露时间的增长其滞尘量明显增加；3物种叶面微结构的差异可能导致了叶面滞尘量变化程度的差异。Neinhuis和Barthlott（1998）对3种不同润湿性的植物整个生长季滞留颗粒物的能力以及润湿性进行了研究，发现不易润湿的银杏在整个生长季接触角均保持在130°~140°之间，其滞尘能力在整个生长季均较小，表现出“自清洁”的润湿特性；橡树叶片在生长初期接触角高达110°，但随着生长期的延长接触角明显降低，其滞尘能力也随着润湿性的增强而增强；亲水性的山毛榉叶片在整个生长季润湿性没有明显变化，其滞尘能力因叶面的易润湿而较强。Przybysz等（2014）认为随着叶面在空气中暴露时间的增加叶面滞留颗粒物数量显著增加。邱媛等（2008）和Qiu等（2009）认为植物叶面的滞尘量是时间的函数，叶面滞尘量在雨后随时间延长而增大，20d可达饱和，并以一年中惠州达到降水量大于15mm、风速大于17m/s的频率推算植被的全年滞尘量。高金晖等（2007）对北京市5种植物叶面滞尘的研究发现，在1d内叶面的滞尘过程是一个复杂的动态过程，随时间的推移不呈线性变化，而是一个叶片滞尘与粉尘脱落同时进行的过程。

叶面对颗粒物的滞留作用是暂时的，随着下一次降雨和大风的到来，叶面降尘会被洗脱或吹掉一部分，具有一定的可塑性（Prajapati & Tripathi，2008；Prusty et al.，2005；

Rodríguez-Germade et al. , 2014；高金晖等，2007；王会霞等，2015；王蕾等，2006；王赞红和李纪标，2006）。油松和三叶草叶面滞尘量受降水和大风等天气状况影响不明显；女贞和珊瑚树叶面滞尘量在连续两天的降水（17.1、14.8mm）后分别降低了50%和62%；极大风速对女贞和珊瑚树叶面滞尘量的影响则均呈现先升高后降低，在极大风速为14m/s时达到峰值（王会霞等，2015）。Kaupp 等（2000）发现20%的叶面污染物能够被水冲洗掉。欧洲赤松叶面30%～40%的颗粒物能够被20mm的降水冲洗掉（Przybysz et al. , 2014）。Rodríguez-Germade 等（2014）认为降水能够有效清洗掉悬铃木叶面上附着的颗粒物。王蕾等（2006）对北京市部分针叶树种叶面滞尘量进行了观测，发现侧柏和圆柏叶面密集的脊状突起间的沟槽可深藏许多颗粒物，且颗粒物附着牢固，不易被中等强度（14.5mm）的降水冲掉。然而，Beckett 等（2000）认为，降水并不能冲洗掉叶面上滞留的颗粒物。王赞红和李纪标（2006）对大叶黄杨叶片上表皮的滞尘颗粒物进行了扫描电镜观察，叶面颗粒物被清洗的程度与模拟降水的强度和降水量有关，即使深度清洗也不能去除叶面上粒径小于1μm的颗粒物。Freer-Smith 等（2005）借助风洞实验研究了风速对叶面滞尘及颗粒物沉降速率的影响，发现颗粒物在大风条件下（9m/s）的滞留量及沉降速率均较小风（3m/s）时高。Beckett 等（2000）发现在风速小于8m/s时，叶面滞尘及颗粒物沉降速率随风速的增大而增大，但风速的继续增大则可能导致叶面滞尘及颗粒物沉降速率的减小。Ould-Dada 和 Baghini（2001）发现风速小于5m/s时并不能影响叶面上颗粒物的滞留量。王蕾等（2006）研究发现，10.4m/s的大风并不能吹掉侧柏、圆柏、油松和云杉叶面上滞留的颗粒物。只有在合适风速时，植物的滞尘功能才表现得最为突出，若在一段时间内风速过高，植物滞尘功能则降低。

1.2.3.2 植物滞尘空间变化规律

空气中颗粒物的浓度会对植物叶面的滞尘量产生很大的影响。Sæbø 等（2012）在挪威（繁忙的高速公路附近）和波兰（不受交通和工业污染的郊外）研究了47个树种的叶面颗粒物滞留量，发现树种间颗粒物滞留量随环境不同有一定变化。Przybysz 等（2014）研究了3种常绿植物欧洲红豆杉、常春藤和油松在污染程度不同区域的叶面滞尘量，发现叶面滞尘量在交通繁忙区最高，而远郊区最低。陈玮等（2003）的研究表明，在不同位置的桧柏叶面的滞尘量排序为：机动车道与自行车分车带>自行车与人行道分隔带>公园内同株树面对街道面>公园内同株树背离街道面。高金晖等（2007）在封闭式和开敞式2种不同环境条件下，对单位叶面积的滞尘量进行了系统分析；结果表明，同种类植物在封闭式环境条件下叶片滞尘量明显低于开敞式环境条件下的滞尘量。邱媛等（2008）研究了广东省惠州市不同功能区的大叶榕、小叶榕、高山榕和红花羊蹄甲，发现叶面滞尘量由大到小依次为：工业区>商业交通区>居住区>清洁区。

1.2.4 植物滞尘效益

Yang 等（2005）利用城市森林模型估算得到2002年北京市全市树木能滞留空气污染

物 1261.4t，其中 PM_{10}有 772t。McDonald 等（2007）则采用 GIS 技术模拟研究了不同植被覆盖度对降低大气中 PM_{10}的作用。植被覆盖率达到 54%时可使环境空气中 PM_{10}降低 26%，年滞留量为 200t。在美国，Nowak 等（2006）发现城市树木和灌木每年能降低 PM_{10} 约 215000t。赵勇等（2002）发现郑州市绿地植物年滞尘量为 9846.38t，其中乔木树种占滞尘总量的 87.0%，灌木占 11.3%，草坪占 1.7%，由此说明对当地空气中灰尘净化起主要作用的是乔木。武汉钢铁公司厂区绿地的年滞尘量为 3089.98t（陈芳等，2006）。惠州城区的植物叶片每年能消减 Cd、Cr、Cu、Pb 和 Zn 的量分别为 0.04、1.63、2.70、1.84 和 5.54t（邱媛等，2008）。Nowak 等（2013）研究了美国 10 城市乔木对降低环境空气中 $PM_{2.5}$的作用，发现滞留量变化于 4.7~64.5t，由此带来的经济价值则介于 1.1×10^6~60.1×10^6美元。由于大气中 $PM_{2.5}$颗粒物的浓度降低（0.05%~0.24%），研究的 10 个城市的居民死亡率也随之降低。冯朝阳等（2006）对京西门头沟区自然植被的滞尘能力和滞尘效应的研究表明，该区植被年滞尘量 39.47×10^4t，由此带来的滞尘效益价值为 67.10×10^6元。广州七城区的绿化植物一年能够滞纳颗粒污染物 245t，由此带来的滞尘效益价值为 45.33×10^3元（Jim & Chen，2008）。八达岭森林林场森林资源总价值为 16.49 亿元，而滞尘的价值为每年 29517.152 元（朱绍文等，2003）。

1.2.5　植物滞尘影响因素

1.2.5.1　叶表面结构的影响

叶片是植物滞留大气颗粒污染物的主要载体，叶面的结构特征是该功能的基础。柴一新等（2002）认为，具有沟状、密集脊状突起等特点的叶面可以深藏很多颗粒物；叶面具有疣状突起的树种滞尘能力差。李海梅和刘霞（2008）的研究发现，叶面既有乳状突起又有密集沟状组织的物种滞尘能力强，叶面具有沟状组织的次之，叶面结构为瘤状突起的树种滞尘能力居三，而表面光滑或具有平滑片状组织的物种滞尘能力最弱。颗粒污染物从空气中转移到植物叶面主要以颗粒物沉降方式进行。在叶面和大气之间存在一个边界层，污染物通过边界层为扩散传递，该过程主要由气相阻力控制（Wild et al.，2006）。边界层厚度的微小差别将影响污染物扩散到植物叶面的速率，而边界层厚度又受到植物叶面本身的粗糙度以及气相运动的影响，例如加大叶面的空气流动、减小边界层的厚度，可提高通过边界层的扩散速率。同一叶面由于粗糙度不同，导致边界层的厚度也不一样，而污染物更易从边界层薄的区域进入叶面（Barber et al.，2002）。

除叶面的突起特征对滞尘能力的影响外，还有研究者从其他方面揭示了物种间滞尘能力的差异。陈玮等（2003）从叶面细胞和气孔的排列方式、叶面突起以及叶断面形状三个方面揭示了沙地云杉、沙松冷杉、红皮云杉、东北红豆杉、油松、华山松和白皮松 7 种针叶树滞尘能力的差异。Neinhuis 和 Barthlott（1998）从叶片润湿性的角度研究了三种植物整个生长季滞尘能力的变化，发现易润湿的山毛榉叶片在整个生长期均具有较强的滞尘能力；橡树叶片随着生长期的延长，润湿性增强，滞尘能力也随之增强；而不易润湿的银杏由于特殊的表面结构和疏水的蜡质而具有“自清洁”的特性，在整个生长期的滞尘能力均

很小。

然而，同一植物在不同的采样地点、采样时间和采样植株部位，叶面颗粒物附着密度会存在差异。张新献等（1997）和王蕾等（2006）对白蜡、紫丁香和毛白杨的测定结果，说明仅仅从叶片的粗糙程度、绒毛性状、表皮细胞和气孔的排列方式等方面来理解叶片的滞尘机理是不够的，可能还受其他因素的影响。为此，王会霞等（2010）和 Wang 等（2013）对西安市常见的绿化植物叶面的最大滞尘量用模拟法进行了测定，并与叶面接触角、表面自由能及其极性和色散分量之间的关系进行了研究。他们发现，叶面最大滞尘量与叶面接触角呈显著负相关，与表面自由能及其色散分量呈显著正相关，但与极性分量的正相关关系不显著。

1.2.5.2 气象因子的影响

在实际环境中，叶面滞尘除了受叶面特性的影响外还受到降雨、大风等天气状况的影响。这些颗粒物会随着雾或者露水溶解，一些粒子会被雨水从叶面冲刷掉，另一些粒子仍然残留在叶面上。研究表明，叶面颗粒物滞留量受气象因子影响的动态变化是一个复杂过程。下面简述降雨、风速、边界层等对叶面滞留颗粒物的影响。

降雨对叶面颗粒物起到强大的冲刷作用，直接将叶面颗粒物冲刷至地面，不同降雨量的去除效果具有差异性。Przybysz 等（2014）研究发现，在持续降雨 20mm 下能够去除樟子松叶片中 30%～41%的颗粒物，其中大颗粒物与细颗粒物相比较易去除。王会霞等（2015）发现，14.5mm 的降雨能够冲洗掉大约 50%的颗粒物。但也有研究表明，降雨作用并不能去除叶表面滞留的颗粒物，尤其对细颗粒物的去除效果不明显。这与降雨能够去除较大粒径颗粒物和粗颗粒物，而对细颗粒物更加强烈黏附在叶面上的研究结论相似。刘志刚等（2011）通过计算树冠穿透水中 PAHs 的污染通量得出降雨对溶解相 PAHs 有滞留作用，对颗粒相 PAHs 具有释放作用，说明降雨能够冲刷掉叶面较大粒径的颗粒物。吴志萍等（2008）发现对 $PM_{2.5}$ 的去除作用在雨后晴天发挥最好。总体来说，降雨能够去除叶面上大部分的大颗粒物，细颗粒物更易附着在叶面不易被雨水冲刷。其他研究还发现与降雨的频率和程度有关，也与当地大气污染物含量有关。

自然情况下，一定风速能够吹走叶面颗粒物，不同风速影响颗粒物的效果差异明显。王蕾等（2006）发现 5～6 级大风并不能使叶面颗粒物附着密度减少，外来尘土在风的带动下进一步增大叶面颗粒物附着密度，只有在一定的风速情况下叶面颗粒物才能被风吹掉，较大风速反而不能吹掉叶面颗粒物。王会霞等（2015）发现，风速<11.1m/s 不能吹走叶面沉积颗粒物，强风能够去除叶面 27%～36%的颗粒物。降雨主要去除大粒径和粗颗粒，反而增加细颗粒物在叶面的黏附性。但是风速达到一定值，叶面颗粒物沉积速率反而减小。Ould-Dada 和 Baghi 等（2001）发现，持续 5m/s 的微风引起一小部分颗粒物再悬浮。总之，大颗粒物以及粗颗粒易被风吹脱，细颗粒物一直沉积在叶面微形态的凹槽处，不易被雨水冲刷或被风吹走；携带沙尘气流流速较高，遇到植物产生较大的湍流运动，导致叶面捕获颗粒物量增加。

行星边界层高度的变化有利于大气颗粒物的释放与吸收，从而间接影响植物叶面颗粒物的滞留（岳欣，2004）。如刘汉卫等（2013）研究发现，地面$PM_{2.5}$质量浓度与行星边界层高度呈现明显负相关。Terzaghi 等（2013）发现，叶面 PAH 浓度与行星边界层高度呈正相关，并且不同分层植物的光降解敏感性不同。此外，大气相对湿度、气温等因素也可能影响颗粒物在叶面的滞留。

第2章 植物滞留颗粒物的测定方法

2.1 植物叶面滞尘量的测定方法——重量法

2.1.1 样品采集和保存

选择4~10株样树，从冠层的四个方向上下不同部位采集足够的叶样。装入样品袋（如自封袋等）中，并记录采样地点、时间、植物名称、样本数量、采样人等。

取样方法如图2.1所示，依据实验需求从植物冠层的上、中、下三层，以树干为中心，在东、西、南、北四个方向取样。采集的叶样应尽快分析测定。如需放置，应贮存在4℃冷藏箱中，但最长不得超过7d。

图2.1 采样示意图（图中圆点即为采样点）

2.1.2　仪器和材料

本实验中所用到的仪器和材料如表 2.1 所示。

表 2.1　实验仪器和材料

仪器/材料名称	型号/规格	厂　家
0.1mg 电子天平	FA2004	上海精密科学仪器有限公司
微孔滤膜	孔径 0.1μm、2.5μm、10μm	北京海诚世洁过滤器材有限公司
激光粒度分析仪	Mastersizer 2000，测量范围 0.02~2000μm	Malvern England
电热鼓风干燥箱	101-3AB	天津市泰斯特仪器有限公司
循环水式多用真空泵	SHB-III	郑州长城科工贸有限公司
玻璃砂芯过滤装置	SH/T0093	天津市津腾实验设备有限公司
滤膜储存盒/培养皿	90mm	—
采样袋	自封袋：10 号、12 号	—
无齿扁嘴镊子	—	—
其他：去离子水、烧杯等		

2.1.3　测定步骤

2.1.3.1　测定前准备

用无齿扁嘴镊子夹取孔径为 0.1、2.5、10μm 的微孔滤膜于事先称重的培养皿里，移入烘箱中于 40℃烘干 8h 后取出置干燥器内冷却至室温，称其重量。反复烘干、冷却、称重，直至两次称量的重量差≤0.2mg，记为初始重。

2.1.3.2　叶样的去离子水清洗

依据能否看到叶面有无明显的颗粒物滞留选择叶样数量，能看到明显的颗粒物滞留的选择叶面积 200~300cm^2，不能明显看到颗粒物滞留的选择叶面积 600~800cm^2。用 500mL 去离子水浸泡叶片 5~10min，然后用不掉毛的软毛刷轻轻刷洗叶片上下表面，再用镊子将每片叶子夹起，用少量去离子水冲洗上下表面。

2.1.3.3　抽滤步骤

（1）准备一套抽滤装置，该装置包括过滤器、滤膜和抽滤泵，如图 2.2 所示。滤膜位于过滤器的中间部位，可更换，滤膜先后放入顺序为 10、2.5 和 0.1μm。

（2）将充分混合均匀的含有颗粒物的洗脱液进行三级过滤。

从过滤器上方倒下，洗脱液通过孔径为 10μm 的滤膜，进行第一级过滤，获得截留有粒径>10μm 颗粒物的第一级滤膜和含有粒径≤10μm 的颗粒物的过滤液。

然后换上孔径为 2.5μm 的滤膜进行第二级过滤。将第一级过滤后的过滤液从过滤器上方倒下，过滤液通过孔径为 2.5μm 的滤膜后，获得截留有粒径>2.5μm 并且≤10μm 的颗粒物的第二级滤膜和含有≤2.5μm 的颗粒物的第二级滤液。

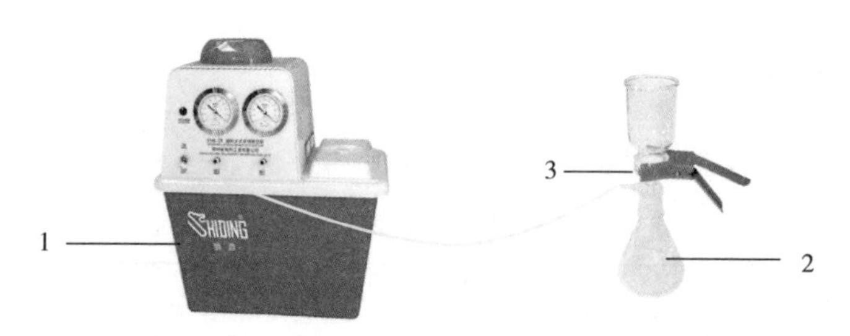

图 2.2　过滤操作图

1：抽滤泵；2：过滤器；3：滤膜

最后换上孔径为 0.1μm 的滤膜进行第三级过滤。将第二级过滤后的过滤液从过滤器上方倒下，过滤液通过孔径为 0.1μm 的滤膜后，获得截留有粒径>0.1μm 并且≤2.5μm 的颗粒物的第三级滤膜和含有≤0.1μm 的颗粒物的第三级滤液。

每级过滤后均需用少量去离子水清洗盛装洗脱液的烧杯 3 次，继续吸滤以除去痕量水分后用镊子小心取下滤膜置于滤膜储存盒/培养皿中。

（3）称量。将过滤后的滤膜放入 40℃ 的烘箱中烘干 8h，取出置于干燥器内冷却至室温，使用精度为 0.1mg 的电子天平准确称其重量。反复烘干、冷却、称重，直至两次称量的重量差≤0.2mg，记为末重。

2.1.3.4　叶面积的测定

对于阔叶，将水洗后夹出的叶片晾干后置于扫描仪中扫描，之后用 Image J 图像处理软件计算叶片的单面面积。对于针叶，随机选取 40~50 个针叶，用扫描仪扫描后用 Image J 图像处理软件测定针叶的长度 L（m），依排水法测定针叶样品的体积 V（m^3），依据式（2.1）计算针叶面积 S（m^2）：

$$S=2L\left(1+\frac{\pi}{n}\right)\sqrt{\frac{nV}{\pi L}} \tag{2.1}$$

式中：n 为每束针叶数。

2.1.3.5　数据计算

（1）单位叶面积植物叶片滞留不同粒径颗粒物量为 W。

$$W=(W_1-W_0)/S \tag{2.2}$$

式中：W 为单位叶面积滞留颗粒物量（g/m^2）；W_1 为滤膜末重（g）；W_0 为滤膜初重（g）；S 为叶片单面面积（m^2）。

（2）单株植物滞留不同粒径颗粒物量为 $W_{单株}$，单位为 g。

$$W_{单株}=\pi\times(D/2)^2\times LAI\times W \tag{2.3}$$

式中：W 为单位叶面积滞留颗粒物量（g/m^2）；LAI 为叶面积指数；D 为冠幅（m）。

（3）单位绿化面积植物滞留不同粒径颗粒物量为 $W_{绿地}$。

$$W_{绿地}=LAI\times W \tag{2.4}$$

式中：W 为单位叶面积滞留颗粒物量（g/m^2）；LAI 为叶面积指数。

为了规范植物叶面滞留颗粒物的测定，特制订了附录 1 所示的技术规程供参考。

2.2 植物叶面滞尘量的测定方法——显微图像法

2.2.1 样品采集和保存

同2.1.1。但需要注意的是，采集的叶样应立即进行显微图像观察，不宜在4℃冷藏箱中长期保存。

2.2.2 仪器和材料

本实验所用到的仪器和材料如表2.2所示。

表2.2 实验仪器和材料

仪器/材料名称	型号/规格	厂　家
场发射扫描电子显微镜	Quanta 200	美国FEI公司
精密刻蚀镀膜仪	Ganta 682	美国Gatan公司

2.2.3 测定步骤

2.2.3.1 叶面显微结构观察

随机选取3片叶片，避开主脉，从叶片上、下表面不同部位，用刀片切割出大小为5mm×5mm的样品，用导电胶黏至样品台上，用精密刻蚀镀膜仪喷金后，用场发射扫描电子显微镜在低真空模式（15kV，80Pa）和放大1000倍（可清晰观察到叶面微结构和颗粒物）条件下观察叶片上、下表面的图像。

2.2.3.2 颗粒物数量和粒径统计

每个树种选取10张放大倍数为1000倍的场发射扫描电镜图片，用Image J（Version 1.46，National Institutes of Health，USA）图像处理软件，将颗粒物假定为球体的情况下，测定叶片上、下表面滞留颗粒物的等效球直径，作为颗粒物粒径，并统计小于等于2.5μm、大于2.5μm且小于等于5μm、大于5μm且小于等于10μm、大于10μm 4个粒径段颗粒物数量。4个粒径段颗粒物数量之和即为扫描电镜图片上的颗粒物数量。

2.2.3.3 显微图像面积的测定

使用Image J图像处理软件，具体步骤为：①进入文件菜单→打开扫描电镜图；②进入图像菜单→将图像变成8-bit图；③进入分析菜单定标（确定标尺）；④确定图片面积。

2.2.3.4 叶面上滞留的颗粒物质量

依据Speak等（2012）的方法，计算单位叶面积滞留的不同粒径颗粒物量。

$$V=\pi\times D^3\times(N/6) \tag{2.5}$$

式中：V为单位叶面积上颗粒物体积（$\mu m^3/\mu m^2$）；N为单位叶面积上颗粒物的数量

（个/μm^2）；D 为颗粒物粒径（μm）。

$$W=\rho\times V \quad (2.6)$$

式中：W 为单位叶面积滞留的颗粒物量（g/m^2）；ρ 为颗粒物密度，按 $1.3g/cm^3$ 计算。

2.3 两种测定方法的比较

重量法是采用水洗—过滤法，采用的过滤介质有滤纸、滤膜等。但滤纸多为纤维制品，过滤过程中会有少量水与滤纸中纤维素中的羟基以氢键形式结合后难以脱去，且未经处理的滤纸杂质较多；此外，滤纸过滤不能测定不同粒径段的颗粒物滞留量。因此，为了确定植物叶片滞留的不同粒径段的颗粒物量，研究人员采用了不同孔径滤膜，较滤纸过滤法有很大改进；但不足之处表现为滤膜饱和后会滞留一部分粒径小于滤膜孔径的颗粒物，以及部分可溶性颗粒和叶片中水溶性成分会溶解在水中；此外，叶蜡质包裹的颗粒物并不能被水洗脱。因此，有学者采用了显微图像的方法测定颗粒物粒径，结合颗粒物密度计算叶面颗粒物滞留量。由于两种方法测量仪器不同，因此测定结果差异较大。杨佳等（2015）的结果显示，采用显微图像颗粒物计数法和水洗—滤膜过滤测定的叶面颗粒物滞留量之间存在显著线性关系，但两者数值相差较大，如图 2.3 所示。

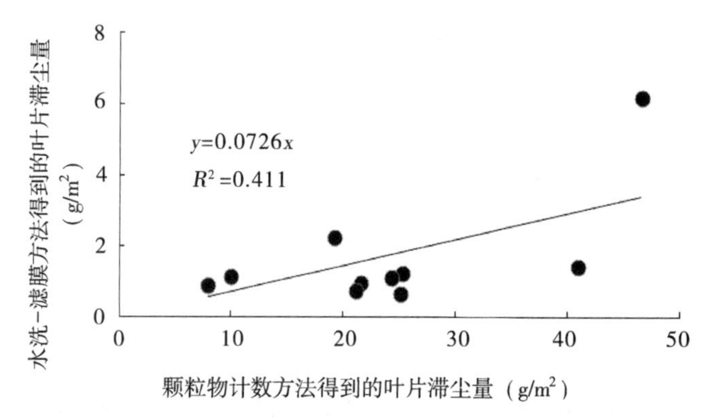

图 2.3 颗粒物计数方法得到的滞尘量与水洗—滤膜方法得到的滞尘量间的关系

由图 2.3 可知，水洗—滤膜法测定的植物叶面滞留颗粒物的数量明显低于基于不同大小颗粒物的数量计算得到的单位叶面积滞尘量。可能原因有三：①颗粒物的溶解性对分析结果有较大影响。韩月梅等（2009）的研究表明，夏季总悬浮颗粒物中无机水溶性离子组分占总悬浮颗粒物量浓度的 37%；雾霾天气中水溶性离子（K^+，SO_4^{2-}和 NO_3^-）的浓度可达非雾霾天气时的 10 倍多（Sun et al.，2006）；恰恰这种水溶性离子在水洗—滤膜法测定时未被考虑，致使结果严重偏低。②水洗—滤膜法并不能测定粒径<0.1μm 的颗粒物，也导致其测定结果偏低。③颗粒物质量与粒径存在三次方关系，若水溶性粒子一旦结合为个体较大但结构松散的颗粒时，或因颗粒物重叠而将几个小颗粒视为大颗粒时，都会使颗粒物计数法得到的单位叶面积滞留量偏高。

另外，颗粒物计数方法测定结果受多种因素影响，叶面尘埃分布不均，由于扫描电子显微镜观测视野较小，同一叶片上的颗粒物数量在不同观测视野间可相差几倍至十几倍，进而在观测重复少时可能会造成滞尘量测定较大的误差；大气颗粒物的密度至今无统一标准（刘红丽等，2009），不同研究中采用值有的为 1.5g/cm^3，或细颗粒物接近 1.0g/cm^3，而较大颗粒物接近 2.5g/cm^3。不同粒径颗粒物的密度可能相差较大，如果采用定值，也会导致误差。

因此，有必要进行严格的控制实验来确定导致差异的主要原因和机制，并借此提出水洗—滤膜法修正技术或发展多种方法的联用技术。但水洗—滤膜过滤法是目前国内外通用的测定植物叶面颗粒物滞留量的方法，且具有一次采样即可返回实验室分析测定、方法简单、成本低等优点，从而在植物叶面滞留大气颗粒物领域得到了广泛应用。

2.4　城市污染环境对植物叶片滞留 $PM_{2.5}$等颗粒物影响的测定方法

2.4.1　大叶女贞和小叶女贞在不同区域的滞尘及颗粒组成特点

以西安南郊为研究对象，以代表性生产区域和交通主干道、次干道路段为主要研究对象，共 22 个点，样点的分布如图 2.4 所示。同时在 7：00～9：00、11：30～14：00、17：00～19：00 三个时间段调查了样点所在位置的交通情况，连续观测 3d，据此估算交通流量。对绿化较好且远离污染的样点 1 以及污染严重的样点 19 和 22 未进行交通流量测定，所测得的交通流量介于（504±93）～（5170±1104）辆/h。依据采样点附近的环境状况，将其分为相对清洁区（CPF）、轻度污染区（LP）、中度污染区（MLP）和重度污染区（SP）。

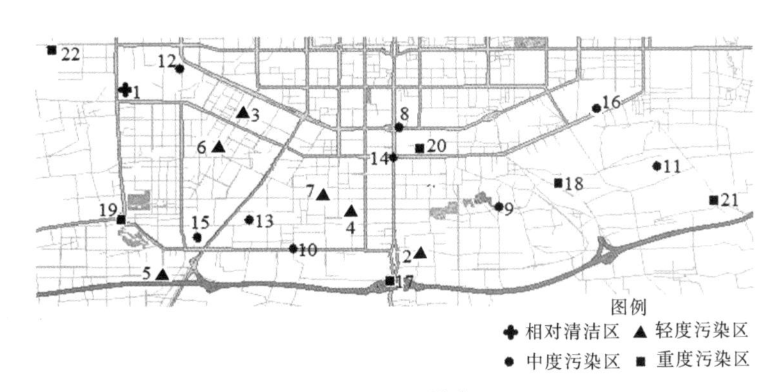

图 2.4　采样点

按照 2.1 所述方法进行样品采集与保存，并进行滞尘量的测定。按下述方法进行叶面降尘及叶面中重金属含量、叶面尘粒径分布、比叶重、光合色素含量和叶片形态结构特征等的测定。

2.4.2　叶面中重金属含量测定

将选取的叶片先用自来水后用蒸馏水反复冲洗，用吸水纸擦干后置于 60℃ 烘箱中烘干，研磨后置于干燥器中备用。用 0.0001g 电子天平称取叶片样品 0.6g 于 50mL 瓷坩埚

中，110~130℃低温碳化至无烟，在450℃马弗炉中灰化6h。将灰化后的样品小心转入50mL烧杯中，加入10mL $HClO_4$和HNO_3混合试剂（体积比为4：1）并震荡使其充分溶解，若有残渣则过滤去除，然后用纯水定容至50mL。每个样品作3个平行样。试样用TAS986型原子吸收分光光度计（北京普希通用仪器有限责任公司，中国）测定Pb、Cd含量。叶片中Pb、Cd的含量以单位干重叶片中所含Pb、Cd的质量表示（mg/kg）。

2.4.3 叶面降尘重金属含量测定

准确称取降尘样0.2000g，置于50mL三角烧瓶中，用少量超纯水润湿后加入10mL浓HCl，于通风橱内的电热板上低温（150℃）加热。待样品初步分解，加5mL浓HNO_3、3mL $HClO_4$，保持中温（250℃）至产生大量白烟，赶尽白烟。若有残渣，加几滴浓HNO_3。取下冷却后，将消解液转移至50mL容量瓶中，用超纯水清洗三角烧瓶，合并至容量瓶中，稀释至标线，混匀待测。同时制作分析空白。试样用TAS986型原子吸收分光光度计（北京普希通用仪器有限责任公司）测定Cu、Zn、Cr、Cd、Pb和Ni含量。叶面降尘重金属Cu、Zn、Cr、Cd、Pb和Ni的含量以单位叶面降尘中所含的质量表示（mg/kg）。

2.4.4 叶面尘粒径分布

将叶面滞尘量的测定中收集的降尘样溶解于100mL蒸馏水中，并使其充分扩散，用激光粒度分析测定仪（LS230/SVM+，美国贝克曼库尔特）在超声分散下（分散时间120s，探针输出功率20W）进行粒径分析。

2.4.5 比叶重

分别选取不同采样点的成熟叶片，大叶女贞8~10片，小叶女贞30~40片，先用自来水后用蒸馏水反复冲洗，用吸水纸擦干后置于扫描仪中扫描后测定叶面积，于60℃烘箱中烘干48h，称干重。干重除以叶面积得到比叶重（g/m^2）。每个样品各设3个重复。

2.4.6 光合色素含量的测定

称取烘干叶片0.2g，去中脉，剪碎后放入研钵中，加少量石英砂和碳酸钙粉及96%乙醇2~3mL，研磨至组织发白，再加96%乙醇10mL，研成匀浆。然后将提取液过滤并用96%乙醇定容至25mL容量瓶中，摇匀，保存于暗处24h，备用待测。每个样品设3个重复。以96%乙醇作为空白对照，分别在波长665、649和470nm下测定吸光度（A_{665}、A_{649}、A_{470}分别表示在3个波长下的吸光值）。根据式（2.7）~（2.12），分别计算出叶绿素a（Chl a）、叶绿素b（Chl b）、叶绿素总浓度［Chl（a+b）］、类胡萝卜素（Car）的浓度和叶绿素a/b（Chl a/Chl b）：

$$C_a = 13.95A_{665} - 6.88A_{649} \quad (2.7)$$

$$C_b = 24.96A_{649} - 7.32A_{665} \quad (2.8)$$

$$C_T = C_a + C_b = 6.63A_{665} + 18.08A_{649} \quad (2.9)$$

$$C_{Car}=(1000A_{470}-2.05C_a-114.8C_b)/245 \tag{2.10}$$

$$C_{a/b}=C_a/C_b \tag{2.11}$$

式中：C_a、C_b和C_T分别为叶绿素 a、b 的浓度和叶绿素总浓度（mg/L）；C_{Car}为类胡萝卜素的浓度（mg/L）；再按式（2.12）求算叶片中单位干重各色素的含量（mg/g）。

色素的含量=色素浓度（mg/L）×提取液体积（L）×稀释倍数/样品干重（g）　（2.12）

2.4.7　叶片形态结构特征

选择健康成熟的叶片用扫描仪扫描后，随机选取 30 个叶片用 Image J 图像分析软件测定叶长、叶宽、叶面积和叶柄长。

2.5　天气状况对植物叶面滞留颗粒物影响的测定方法

2.5.1　降雨对植物叶面滞留颗粒物的影响

以白蜡、大叶黄杨、悬铃木和银杏为例，采样日选择连续 6d 晴天且 2d 出现浮尘天气的 5 月 30 日和连续 6d 降雨后的 6 月 11 日，采用 2.1.1 的方法采集和保存样品，采用显微图像法测定叶面滞留不同粒径颗粒物量。

以白皮松、石楠、木犀、女贞、荷花玉兰和海桐为研究对象，用修枝剪剪下带叶片的枝条（70~80cm），每个物种选择样树 3 株，根据枝条大小每株样树采集数量 10~20 枝不等。将带叶片的枝条用胶带捆好后置于花盆中以盆栽形式用于后续实验研究，每个物种设有 4 个盆栽。采用人工降尘的方法使得叶面滞尘达到最大值后进行模拟降雨实验。模拟降雨实验在黄土高原土壤侵蚀与旱地农业国家重点实验室人工模拟降雨大厅进行。实验所用的降雨设备为下喷式模拟降雨系统，降雨高度为 18m，模拟降雨强度变化范围为 30~350mm/h，降雨特性与天然降雨特征相似，降雨均匀度大于 80%，最大持续降雨时间 12h。待降雨稳定后，将模拟获得最大滞尘量的供试植物盆栽置于模拟降雨系统的下喷区。降雨强度选定为 60 和 90mm/h，整个模拟实验历时 60min，总降雨量为 60 和 90mm。按时间间隔（0、5、10、15、20、30、45、60min）采集降雨前和经降雨淋洗后的叶片样品，用于叶面滞留不同粒径颗粒物的测定。依据叶片大小选择不同时间间隔采集的叶样数量，较小的叶片采集 20~30 片，较大的叶片采集 9~15 片，针叶选择100~150 簇。在采集叶样过程中，考虑到盆栽植物叶量变化可能对降雨洗脱叶面颗粒物的影响，每两个时间间隔的叶样采集自同一盆栽，即 0 和 5min 的叶样采集自同一盆栽，10 和 15min 的叶样采集自同一盆栽，以此类推。由于降雨过程中采集的叶样表面有水，用吸水纸去除叶面明显可见的水滴后，置于自封袋中带回实验室进行后续的分析测定。

2.5.2　风对植物叶面滞留颗粒物的影响

以白皮松、石楠、木犀、女贞、荷花玉兰和海桐为研究对象，用修枝剪剪下带叶片的枝条（70~80cm），每个物种选择样树 3 株，根据枝条大小每株样树采集数量 10~20 枝不

等。将带叶片的枝条用胶带捆好后置于花盆中以盆栽形式用于后续实验研究。采用人工降尘的方法使得叶面滞尘达到最大值后进行风洞实验。风洞实验在西安交通大学航空航天学院风洞实验室进行。风洞设备由可控电机组和由它带动的风扇或轴流式压缩机组成。风扇旋转或压缩机转子转动使气流压力增高来维持管道内稳定的流动。改变风扇的转速或叶片安装角，或改变对气流的阻尼，可调节气流的速度。

待风速稳定后，将模拟获得最大滞尘量的供试植物盆栽置于风洞装置的实验段内，实验段的横断面积为 0.5m×0.5m。风速选定为 2、6、9、12、15m/s，整个模拟实验历时 60min。按时间间隔（0、5、10、20、30、45、60min）采集吹风前和经风洞试验后的叶片样品，用于叶面滞留不同粒径颗粒物的测定。每个试验均设 3 个重复。

2.5.3 典型天气下植物叶面滞留颗粒物动态变化

以油松、女贞、珊瑚树和三叶草为例，选择连续 6d 晴天、连续 12d 晴天、2.3mm 雨后 1d、15.2m/s 大风后 3d、8.8mm 降水后 4d、连续 2d 雨后（17.1、14.8mm）、沙尘天气，采用 2.1.1 的方法采集保存样品，采用重量法测定叶面颗粒物滞留量。

考虑到不同天气状况对叶面滞尘的影响，选择的采样日分别为 2010 年 3 月 21 日（连续 6d 晴天）、3 月 27 日（连续 12d 晴天）、4 月 3 日（2.3mm 雨后 1d）、4 月 10 日（15.2m/s 大风后 3d，当天 12.1m/s 大风）、4 月 19 日（8.8mm 雨后 4d）、4 月 22 日（连续 2d 雨后，17.1、14.8mm）、4 月 26 日（1.2mm 雨后 1d、沙尘天气、14.0m/s 大风）和 5 月 3 日（连续 6d 晴天）。采样地点为紧邻雁塔北路的西安建筑科技大学校园内，在与道路距离相同的位置（约 50m），按照 2.1.1 的方法采集叶样，带回实验室内测定叶面的滞尘量。

2.6 绿化带结构对植物叶面滞留颗粒物影响的测定方法

交通绿化带选择位于同一大环境下的林带，以北京市朝阳区安立路奥林匹克森林公园南园东门至安立路科荟路十字之间路段的西侧植物带为例。安立路为南北方向主干道，车流量大，道路附近空气中大气颗粒物和 $PM_{2.5}$ 浓度较高。该植物带内种植有油松、银杏、紫叶李、垂柳、大叶黄杨、小叶女贞等常见绿化植物。根据实验目的，选取面积约 10m×10m 的样地 16 块。

公园绿地选择北京市朝阳区奥林匹克森林公园南园，奥林匹克森林公园内物种丰富，有 100 余种乔木、80 余种灌木和 100 余种地被。园内种植有油松、毛白杨、槐、白蜡、玉兰、元宝枫、银杏、紫叶李、垂柳、大叶黄杨、小叶女贞等常见绿化植物。根据实验目的，选择面积约 10m×10m 且离开道路距离相近的样地 18 块。

依据 2.1.1 的方法采集叶样。测定样地植物生长指标和林木结构指标，其中样地植物生长指标包括冠幅、各植株总叶面积、株高、胸径/地径；林木结构指标包括郁闭度、疏透度。

2.6.1　样地植物生长指标测定方法

2.6.1.1　冠幅

用卷尺测量其东西与南北方向的冠幅后取几何平均值作为冠幅直径。

2.6.1.2　各植株总叶面积

对乔木，用冠层分析仪（LAI2000，LI-COR，USA）在样地两条对角线方向分别选择6个点测量叶面积指数，并分别乘以各植株树冠垂直投影面积得出其总叶面积。对灌木，利用标准枝法调查整株的叶量（陈芳等，2006），并分别在树冠东、西、南、北四个方向分别测量20片叶片的面积后取平均值，将植物叶片总数与平均单叶面积相乘即为植株总叶面积。

2.6.1.3　株高

用测高仪测各植株高度。

2.6.1.4　胸径/地径

乔木用卷尺在距地面1.3m高处测树干胸径；灌木则在离地面10cm处测其地径。

2.6.2　不同结构林木指标测定方法

2.6.2.1　郁闭度

采用抬头望法，即在林分调查中，机械设计若干样点，在各样点位置上抬头垂直昂视的方法，判断该样点是否被树冠覆盖，统计被覆盖的样点数。

利用式（2.13）计算林分的郁闭度。

$$\text{郁闭度} = n/N \tag{2.13}$$

式中：n 为被树冠覆盖的样点数；N 为样点总数。

2.6.2.2　疏透度

通过照相法获取各林分的照片后，在室内用图像处理软件进行处理，计算出各林分的疏透度。计算式为（2.14）。

$$\beta = a/A \tag{2.14}$$

式中：A 为林分边缘垂直面上的投影总面积；a 为总面积上透光孔隙的面积。

2.6.3　样地基本状况

样地状况包括样地类型、样地面积、植物种类、植株数量、冠幅直径、植株高度、胸径/地径、叶面积指数、郁闭度、疏透度等。

2.7 不同结构交通绿化带和公园防护林对颗粒物的消减作用

2.7.1 不同结构道路防护林的颗粒物消减作用

在2019年4月29日至5月15日，采样时段为7：00～19：00，一共连续进行监测12h。在天气晴朗、无风或者微风（平均风速在0～4.4m/s）的情况下进行观测，测定监测点每样点2台DYLOS空气质量监测仪（分别放置在植被前和植被后，空白对照同样也是一前一后的放置）。

每个采样点设2个监测点（图2.5），监测高度在1.5m和0.7m，分别为A点（机动车道与绿化带相接处/植被前）、B点（绿化带与非机动车道相接处/植被后），且A点与B点纵向对应。C点和D点为空白对照，与A和B两个监测点在同一条道路上但没有绿化带；具体为A点与C点横向对应，B点和D点横向对应。监测点与空白对照点间的距离不小于5m。

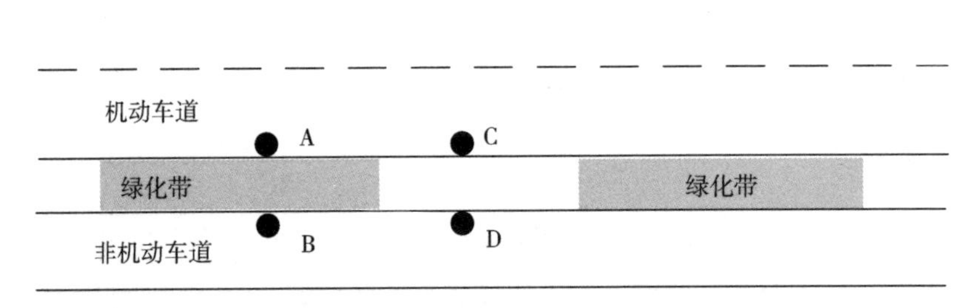

图2.5 监测点示意图

A：机动车道与绿化带相接处/植被前；B：绿化带与非机动车道相接处/植被后；C和D为空白对照

2.7.2 不同结构公园外侧防护林的颗粒物消减作用

选择西安烈士陵园外侧的防护林作为研究对象，选择不同植被配置的防护林，总共9个研究样地和1个空白对照样地，从7：00～19：00进行12h的数据采集。沿道路垂直方向向烈士陵园不同配置结构外侧防护林内设置监测样带，监测点在同一线上，第一个监测点设置在烈士陵园外侧防护林沿道路边缘处，第二个监测点设置在烈士陵园外侧防护林沿道路人行道内侧，第三个监测点设置在烈士陵园外侧不同结构配置防护林的植被前，第四个监测点设置在烈士陵园外侧不同结构配置防护林的植被后，一个监测样地共4个监测点（图2.6）。

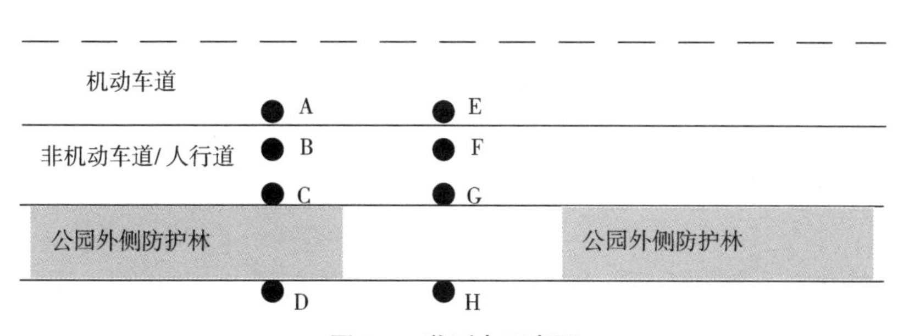

图 2.6　监测点示意图

A：机动车道与非机动车道/人行道相接处；B：非机动车道/人行道；C：非机动车道/人行道与公园外侧防护林相接处/植被前；D：公园外侧防护林后/植被后；E、F、G 和 H 点为空白对照

2.7.3　街道峡谷内道路绿化带对颗粒物扩散的影响

选择曲江新区的翠华南路、曲江池西路、雁南四路 3 个典型街道峡谷内的样地为研究对象，从 7：00～19：00 进行 12h 的数据采集，在 1.5m 处沿着道路、植被后、人行道 3 个点，分别实时监测粒径大于 0.5μm 和大于 2.5μm 的颗粒物浓度，记录一日内颗粒物浓度的变化情况。

一个采样点分别设置 3 个监测点，垂直于道路的直线上，沿人行道、绿化带、道路三点，分别放置 A、B、C 3 台仪器，在没有绿色植被的地方设置空白实验点（图 2.7）。

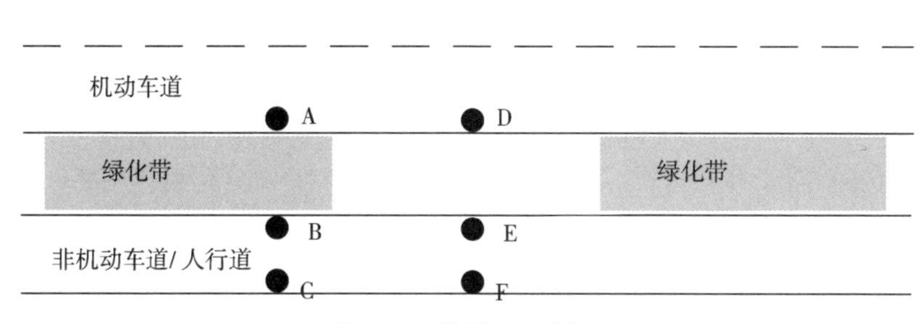

图 2.7　监测点示意图

A：机动车道与绿化带相接处/植被前；B：绿化带与非机动车道/人行道相接处/植被后；C：非机动车道/人行道；D、E 和 F 点为空白对照

2.7.4　植被对空气颗粒物的消减率计算

以道路防护林为例进行消减率计算的说明（图 2.5）。非机动车道中空气中的颗粒污染物在通过城市道路隔离绿化带植物阻滞后较机动车道减少的比率可以称之为城市道路绿化隔离带颗粒污染物阻滞效应，其计算公式为：

$$P_n = (C_A - C_B) / C_A \tag{2.15}$$

式中：P_n 为城市道路绿化隔离带污染物阻滞效应（无量纲）；C_A和 C_B分别为道路监测点 A 和 B 处的颗粒污染物浓度。城市道路中机动车排放废气产生的大气颗粒污染物在向两侧扩散的过程中，与街道路边的植物、建筑物或地面（土壤）相碰撞而被植物叶面吸附或吸收，从而发生重力沉降（干沉降）。因此，为了消除污染物扩散过程中因水平传播距离增加而发生自然沉降或向高处逸散对研究结果的影响，以准确描述绿化带植物对污染物的阻滞效应，引入净效应的概念，其计算公式为：

$$P'_n = (C_A - C_B) / (C_A - C_C) \tag{2.16}$$

式中：P'_n 为绿化带污染物阻滞净效应（无量纲）；C_C为监测点 C 处的大气污染物浓度。

2.8 叶面特征对叶面滞尘影响的测定方法

2.8.1 叶面微结构的显微观察

随机选取 3 片叶片，避开主叶脉，从叶片上、下表面不同部位，用刀片切割出大小为 5mm×5mm 的样品（阔叶）或 5mm 长的针叶样品，用双面胶粘贴至样品台上，用场发射环境扫描电子显微镜（field emission scanning electron microscope，FESEM，Quanta 200，FEG，美国 FEI 公司）在低真空模式（15kV，80Pa）和放大 1000 倍（可清晰观察到叶面微结构和颗粒物）条件下拍摄叶片上、下表面的图像。

2.8.2 叶面润湿性的测定

在室温条件下，用静滴接触角/界面张力测量仪（JC2000C1，上海中晨科技发展有限公司）分别在 15 个叶片上测定叶片正背面的接触角。同一叶片沿中脉分开，分别用作正面和背面接触角的测定。已有研究表明，液滴体积在 1～10μL 时接触角不受液滴体积的影响（Knoll & Schreiber，1998）。根据阔叶树和针叶树叶面积大小，在本研究中液滴体积分别采用 6μL 和 2μL。对于阔叶物种，选取叶片较平坦的表面并尽量避开叶脉，制成约 5mm×5mm 的样本；对于针叶物种，制成约 10mm 长的样本。将待测样本铺平后用双面胶粘贴于玻璃板上后置于静滴接触角/界面张力测量仪的载物台上，然后调节毛细管出水，在叶面上分别形成约 6μL 或 2μL 大小的液滴。利用 CCD 成像后采用量角法测定接触角大小。

2.8.3 叶面表面自由能的计算

Thomas Young 建立了理想状态下纯净液体在一个光滑、均一的固体表面形成接触角的理论（Young，1805）：在其饱和蒸汽（g）中，一滴液体（l）滴在理想固体（s）表面上平衡时，液滴呈球冠状，在液体所接触的固体与气相的分界点处做液滴表面的切线，此切线在液体一方与固体表面的夹角称为接触角（θ），如图 2.8 所示。

根据图 2.8 所示的三相体系，以此推导出平衡状态时接触角与三个相界面表面自由能的定量关系，即 Young 方程：

$$\gamma_{sg} = \gamma_{sl} + \gamma_{lg}\cos\theta \tag{2.17}$$

式中：γ_{lg}、γ_{sg}、γ_{sl}分别为与液体的饱和蒸汽呈平衡时液体的表面自由能、固体的表面自

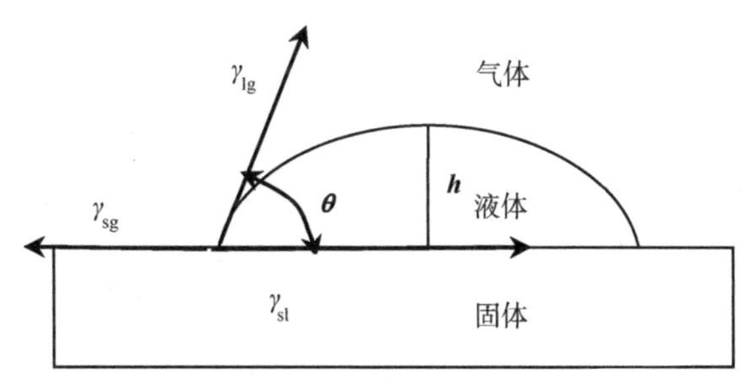

图 2.8　接触角示意图

由能及固液间的界面自由能。

Fowkes（1962）将表面自由能分为极性分量 γ^p 和色散分量 γ^d 两部分，即

$$\gamma = \gamma^d + \gamma^p \tag{2.18}$$

式中：γ^d 为表面自由能的色散分量；γ^p 为表面自由能的极性分量。

而且认为固/液界面上只有色散力起作用：

$$\gamma_{sl} = \gamma_l + \gamma_s - 2\sqrt{\gamma_s^d \gamma_l^d} \tag{2.19}$$

结合式（2.17）和（2.19），得：

$$\gamma_l\ (1+\cos\theta) = 2\sqrt{\gamma_s^d \gamma_l^d} \tag{2.20}$$

由于只考虑了色散作用，其应用受到很大限制，Owens 等（1969）拓展了式(2.19)，认为固液两相间的界面自由能 γ_{sl} 可以表示为色散分量与极性分量几何均值的函数：

$$\gamma_{sl} = \gamma_l + \gamma_s - 2\sqrt{\gamma_s^d \gamma_l^d} - 2\sqrt{\gamma_s^p \gamma_l^p} \tag{2.21}$$

式中：γ_s^d 和 γ_l^d 分别为固体和液体表面自由能的色散分量；γ_s^p 和 γ_l^p 分别为固体和液体表面自由能的极性分量。将式（2.17）和（2.21）合并可得：

$$\gamma_l\ (1+\cos\theta) = 2\ \left(\sqrt{\gamma_l^p \gamma_s^p} + \sqrt{\gamma_l^d \gamma_s^d}\right) \tag{2.22}$$

因此，如果已知两种探测液在固体表面所形成的接触角（γ_l、γ_l^d、γ_l^p 已知），即可根据式（2.22）计算得到固体表面自由能的色散分量（γ_s^d）和极性分量（γ_s^p），进而求出固体的表面自由能：$\gamma_s = \gamma_s^d + \gamma_s^p$。用此种方法计算固体表面自由能要求探测液一种为强极性另一种为非极性。如两个探测液均是可形成氢键的液体（如蒸馏水和甘油），则测出的 γ_s^p 偏高而 γ_s^d 和 γ_s 偏低。根据此原则，在本研究中选择非极性的二碘甲烷（分析纯，北京化学试剂厂）和强极性的蒸馏水作为探测液，探测液的表面自由能（γ_l）、极性分量（γ_l^p）和色散分量（γ_l^d）值见表 2.3。

表 2.3　探测液的表面自由能及其极性和色散分量

探测液	表面自由能 γ_l（MJ/m²）	极性分量 γ_l^p（MJ/m²）	色散分量 γ_l^d（MJ/m²）
蒸馏水	72.8	51.0	21.8
二碘甲烷	50.8	2.3	48.5

第3章 植物叶面对$PM_{2.5}$等颗粒物的滞留

绿色植物因其特殊的叶面特性和冠层结构而具有滞留、吸附/吸收和过滤大气颗粒污染物的功能。因此，各级和各地政府都将其作为一种空气污染的重要治理措施而大力推动营造城市森林，期望利用森林的巨大表面积发挥其特有滞尘、吸尘、阻尘等防护功能，如北京市在2012年启动了百万亩平原造林工程。但是，不同树种的叶面结构、树体大小等方面差别很大，使其吸滞大气颗粒物的能力也差别很大。所以合理选择造林树种是能否取得预期滞尘效果的关键。

目前，国内外学者在城市植被滞留颗粒物能力（Sæbø et al.，2012；Wang et al.，2013；Weber et al.，2014；柴一新等，2002；王会霞等，2010）、作用机理（Beckett et al.，2000；Wang et al.，2013）和滞尘效益（Nowak et al.，2013；陈芳等，2006）等方面都已开展了一些研究。在贝尔格莱德（Tomašević et al.，2005）、沃尔索耳（Freer-Smith et al.，1997）、杭州（Lu et al.，2008）、广州和惠州（邱媛和管东生，2007）、西安（王会霞等，2012）等城市，研究了植物叶面降尘的粒径分布。然而，这些研究多集中于叶面滞留颗粒物的总量或粒径组成，对滞留$PM_{2.5}$数量的研究报道尚不多见。Sæbø 等（2012）虽研究了挪威和波兰的47种乔灌木单位叶面积滞留的$PM_{2.5}$、$PM_{2.5\sim10}$和$PM_{10\sim100}$数量，但鉴于不同植物的树体大小、叶面积指数等存在很大差异，仅考虑单位叶面积滞留$PM_{2.5}$等颗粒物的数量对于指导造林树种选择还远不够。根据北京市地理气候特点，对市内的绿化植物种类和生长情况进行了全面调查，根据绿化植物的多样性和代表性，选择了最常见的23种植物，供试植物的基本性状见表3.1。

表 3.1 供试植物的基本信息（均值±标准差）

植物种	科	生活型	叶习性	叶型	叶形	叶序	叶质	单叶面积（cm^2）	树高（m）	胸径（地径）（cm）	冠幅直径（m）
毛白杨	杨柳科	乔木	落叶	单叶	阔卵形或三角状卵形	互生	革质	33.2±16.1	11.2±3.3	40.6±11.9	6.9±0.7
槐	豆科	乔木	落叶	复叶	小叶呈卵形或卵圆形	对生	革质	8.3±2.0	7.3±0.5	31.0±4.3	5.4±0.3
银杏	银杏科	乔木	落叶	单叶	扇形	互生	革质	15.7±6.7	6.7±1.1	24.5±4.5	3.2±0.5
悬铃木	悬铃木科	乔木	落叶	单叶	阔卵形，上部掌状 5 裂，有时 7 裂或 3 裂	互生	纸质	86.5±39.3	10.8±1.7	45.4±7.9	8.2±0.6
元宝枫	槭树科	乔木	落叶	单叶	掌状五裂，裂片三角形	对生	革质	58.2±14.2	7.9±0.5	22.9±2.6	7.3±0.9
垂柳	杨柳科	乔木	落叶	单叶	狭披针形或线状披针形	互生	革质	6.6±2.3	11.3±0.7	39.5±14.5	5.7±0.9
构树	桑科	乔木	落叶	单叶	广卵形至长椭圆状卵形	互生	纸质	66.8±12.9	5.1±0.9	8.3±1.2	4.3±0.8
白蜡	木犀科	乔木	落叶	复叶	卵形、倒卵状长圆形至披针形	对生	纸质	28.3±7.5	7.0±0.9	23.7±4.4	5.8±1.1
玉兰	木兰科	乔木	落叶	单叶	倒卵形、宽倒卵形或、倒卵状椭圆形	互生	纸质	56.0±15.5	6.9±1.1	12.0±2.3	3.6±0.4
栾树	无患子科	乔木	落叶	复叶	卵形、阔卵形至卵状披针形	对生	纸质	14.8±6.2	10.7±1.0	26.8±4.9	7.4±1.0
榆树	榆科	乔木	落叶	单叶	叶椭圆状卵形、长卵形、椭圆状披针形或卵状披针形	互生	纸质	8.4±2.2	10.2±1.1	31.0±4.3	5.1±0.5
白皮松	松科	乔木	常绿	针叶	针形，三针一束	簇生	革质	1.8±0.2	4.2±1.7	12.8±6.4	3.3±0.8
雪松	松科	乔木	常绿	针叶	针形，多针一束	簇生	革质	0.8±0.3	10.4±1.0	43.9±7.2	4.1±0.4
油松	松科	乔木	常绿	针叶	针形，两针一束	簇生	革质	4.6±0.8	5.8±0.7	17.6±1.9	4.1±0.6
大叶黄杨	黄杨科	灌木	常绿	单叶	卵形、椭圆状或长圆状披针形以至披针形	对生	革质	9.4±2.8	0.9	—	0.7±0.1
紫叶小檗	小檗科	灌木	落叶	单叶	菱形或倒卵形	互生	革质	1.8±0.6	0.8	—	0.6±0.1
紫叶李	蔷薇科	灌木	落叶	单叶	椭圆形、卵形或倒卵形	互生	纸质	15.7±4.3	2.6±0.5	6.0±2.0[a]	1.9±0.2
紫薇	千屈菜科	灌木	落叶	单叶	椭圆形、阔矩圆形或倒卵形	互生	纸质	7.1±1.3	1.2±0.3	—	1.0±0.2
美人梅	蔷薇科	灌木	落叶	单叶	卵圆形	互生	纸质	18.5±3.1	1.8±0.2	7.3±1.1[a]	1.7±0.1
木槿	锦葵科	灌木	落叶	单叶	菱形至三角状卵形	对生	纸质	4.4±1.0	2.0±0.2	5.0±1.0	1.7±0.1
小叶黄杨	黄杨科	灌木	常绿	单叶	阔椭圆形、阔倒卵形、卵状椭圆形或长圆形	对生	革质	1.4±0.3	0.9	—	0.4±0.1
小叶女贞	木犀科	灌木	落叶	单叶	披针形、长圆状椭圆形、椭圆形、倒卵状长圆形至倒披针形或倒卵形	对生	革质	5.4±1.9	0.9	—	0.7±0.1
五叶地锦	葡萄科	藤本	落叶	复叶	倒卵圆形、倒卵椭圆形或外侧小叶椭圆形	互生	纸质	68.1±31.1	—	—	1.6±0.2

注：a表示地径。

3.1 叶面吸附颗粒物的水溶性组分

水溶性离子是大气颗粒物的重要组成部分，大气中细颗粒物中水溶性离子含量约为61%，主要包括SO_4^{2-}、NO_3^-、NH_4^+、Ca^{2+}等，但水溶性组分因采样时间、地点和测定方法等的差异导致测定结果存在较大差异。在太原市的研究结果表明，水溶性离子占PM_{10}的质量分数为28%，夏季最高（40%），冬季次之（31%），春季最低（17%）（曹润芳等，2016）。Sgrigna等（2015）在研究植物叶面颗粒物吸附量与大气颗粒物浓度时发现，叶面水溶性离子含量估算的缺失影响了两者的相互关系。毛白杨等物种叶面尘中水溶性离子平均含量为23.0%，不同树种叶面尘水溶性离子含量存在一定差异。水溶性离子含量最大值出现在毛白杨叶面上，为43.4%；最小值出现在玉兰叶面上，为8.6%；其他树种水溶性离子含量波动较小（图3.1）。

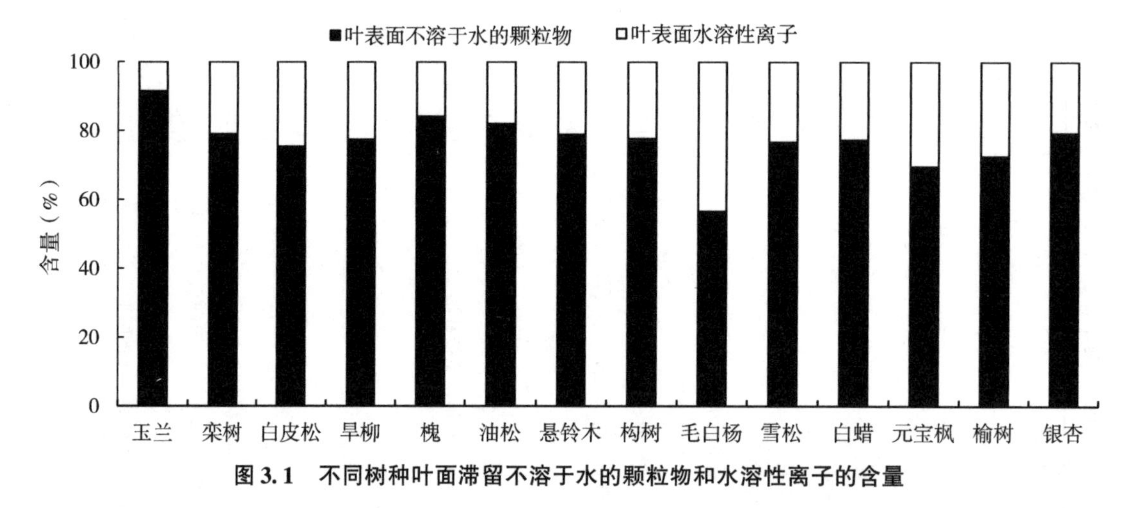

图3.1 不同树种叶面滞留不溶于水的颗粒物和水溶性离子的含量

选取的14种植物叶面水溶性离子质量平均为0.37g/m^2，白皮松叶面水溶性离子质量最大，为0.77g/m^2，银杏叶面水溶性离子质量最小，为0.11g/m^2。其中白皮松、悬铃木、

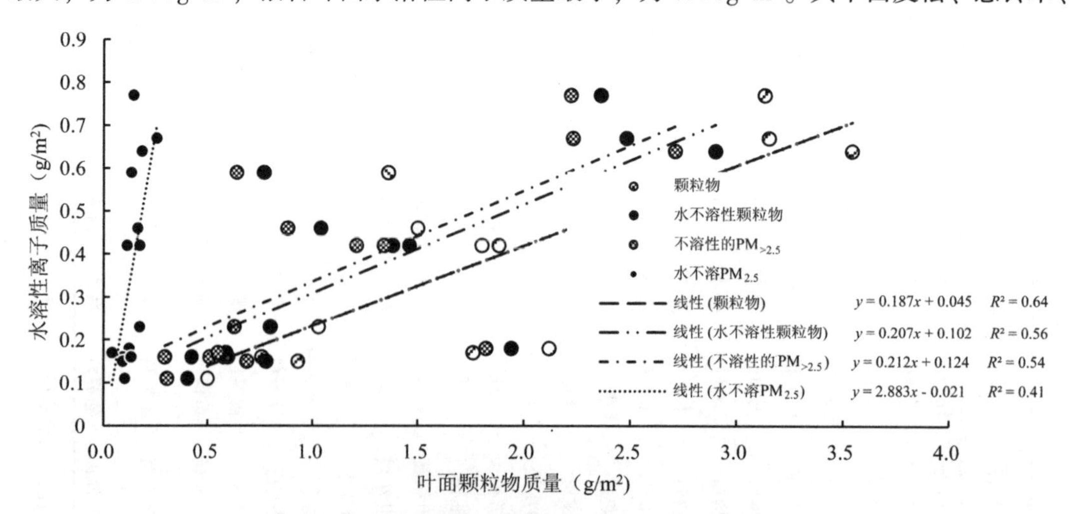

图3.2 叶面滞留颗粒物质量与水溶性离子质量的关系

油松、毛白杨、元宝枫、构树和雪松叶面水溶性离子质量明显高于其他树种。通过相关性分析，不同树种叶面颗粒物滞留量与叶面水溶性离子在 0.01 水平上显著相关。通过回归分析（图 3.2），叶面颗粒物滞留量和水溶性离子存在线性关系。

3.2 单位叶面积叶片对空气颗粒物的滞留分析

3.2.1 单位叶面积叶片对颗粒物滞留的整体情况

单位叶面积叶片颗粒物滞留量的聚类分析结果如图 3.3 所示。由图 3.3 可知，在单位叶面积尺度上，23 种植物对颗粒物的滞留量分为四类：

对颗粒物滞留强的树种有（一类）：木槿、五叶地锦、油松、大叶黄杨；

对颗粒物滞留较强的树种有（二类）：悬铃木、白皮松、玉兰、紫薇；

对颗粒物滞留一般的树种有（三类）：构树、紫叶李、雪松、美人梅、元宝枫；

对颗粒物滞留较差的树种有（四类）：小叶女贞、垂柳、毛白杨、槐、紫叶小檗、小叶黄杨、栾树、白蜡、榆树、银杏。

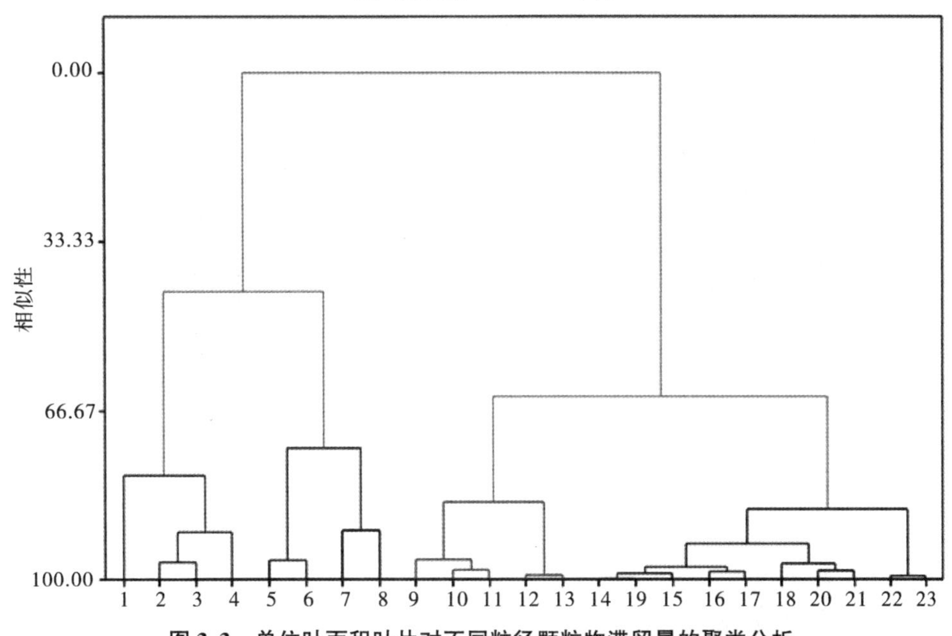

图 3.3 单位叶面积叶片对不同粒径颗粒物滞留量的聚类分析

1：木槿；2：五叶地锦；3：油松；4：大叶黄杨；5：悬铃木；6：白皮松；7：玉兰；8：紫薇；9：构树；10：紫叶李；11：雪松；12：美人梅；13：元宝枫；14：小叶女贞；15：垂柳；16：毛白杨；17：槐；18：紫叶小檗；19：小叶黄杨；20：栾树；21：白蜡；22：榆树；23：银杏

3.2.2 单位叶面积叶片对 $PM_{2.5}$ 等颗粒物的滞留量

23 种供试植物单位叶面积的 PM 滞留量具有显著的物种差异（图 3.4，$P<0.001$），其

中木槿的 PM 滞留量最高，为 3.44g/m^2；五叶地锦次之，为 3.00g/m^2；在 2~3g/m^{2}之间的物种有油松、大叶黄杨、悬铃木和白皮松；在 1~2g/m^{2}之间的物种有玉兰、紫薇、构树、紫叶李等 7 种；在 1g/m^{2}以下的物种有小叶女贞、垂柳、毛白杨、小叶黄杨等 10 种。

供试植物的单位叶面积滞留 $PM_{2.5}$和 $PM_{>2.5}$的数量亦表现出显著的物种差异（图 3.5，图 3.6，$P<0.001$），其变化范围分别为 0.04~0.39、0.29~3.05g/m^2。对 $PM_{2.5}$的滞留量，

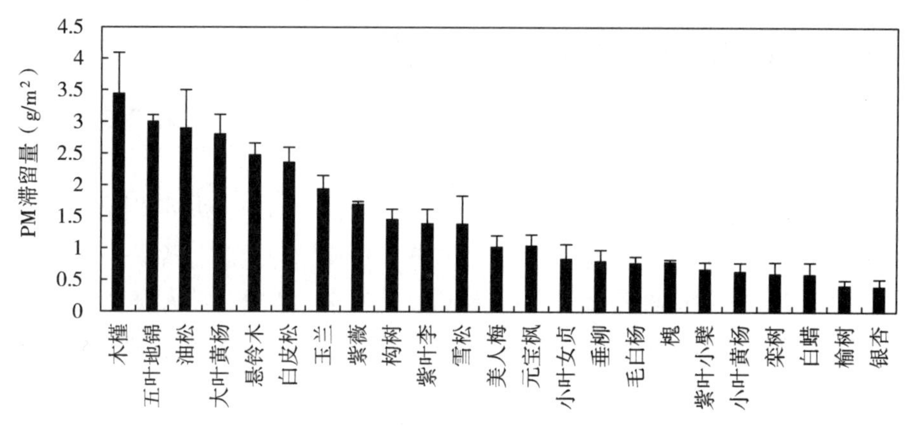

图 3.4　单位叶面积叶片对 PM 的滞留量

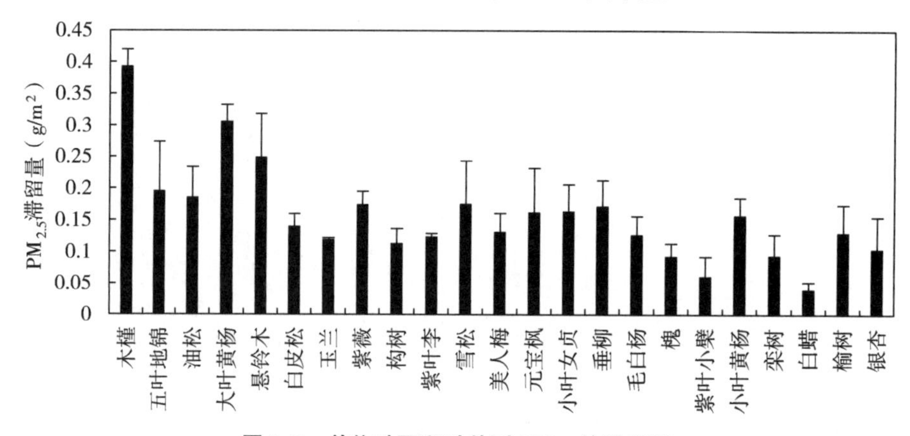

图 3.5　单位叶面积叶片对 $PM_{2.5}$的滞留量

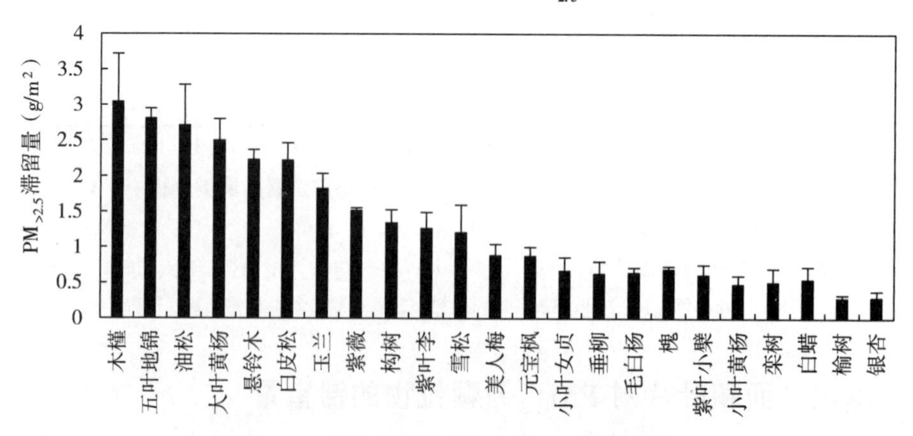

图 3.6　单位叶面积叶片对 $PM_{>2.5}$的滞留量

大于0.2g/m²的物种有木槿、大叶黄杨和悬铃木；在0.1~0.2g/m²之间的物种有五叶地锦、油松、垂柳、雪松等16种；在0.1g/m²以下的有栾树、槐、紫叶小檗和白蜡。对$PM_{>2.5}$的滞留量，木槿超过3g/m²；五叶地锦、油松、大叶黄杨、悬铃木和白皮松5种植物在2~3g/m²之间；玉兰、紫薇、构树、紫叶李和雪松5种植物在1~2g/m²之间；美人梅、元宝枫、小叶女贞等12种植物则小于1g/m²。

3.3　单叶对空气颗粒物的滞留分析

3.3.1　单叶对颗粒物滞留的整体情况

单叶对颗粒物滞留量的聚类分析结果如图3.7所示。由图3.7可知，在单叶尺度上，23种植物对颗粒物的滞留量分为四类：

对颗粒物滞留强的树种有（一类）：五叶地锦、悬铃木；

对颗粒物滞留较强的树种有（二类）：元宝枫；

对颗粒物滞留一般的树种有（三类）：玉兰、构树；

对颗粒物滞留较差的树种有（四类）：木槿、大叶黄杨、紫薇、紫叶李、雪松、美人梅、小叶女贞、紫叶小檗、小叶黄杨、白蜡、榆树、银杏、油松、白皮松、槐、栾树、垂柳、毛白杨。

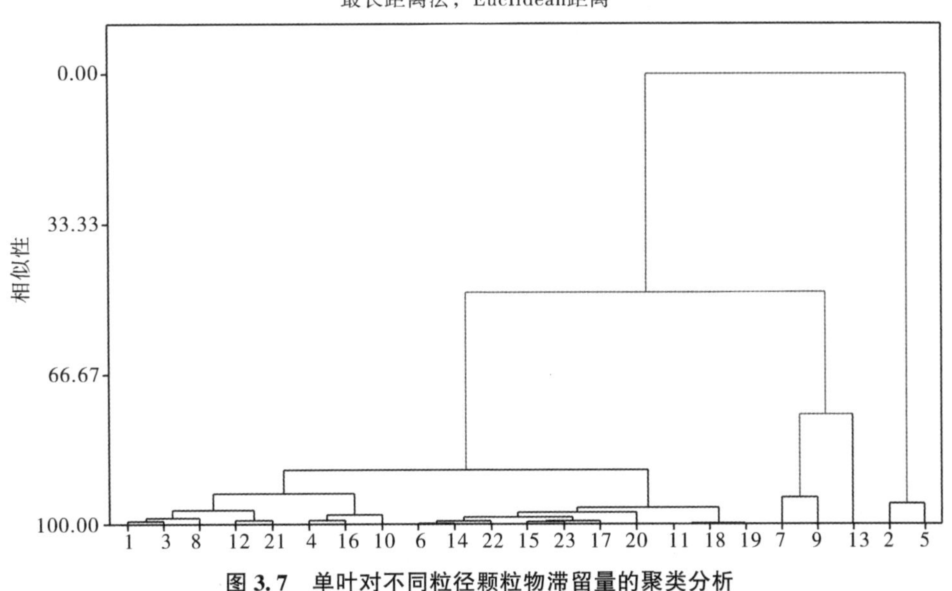

图3.7　单叶对不同粒径颗粒物滞留量的聚类分析

1：木槿；2：五叶地锦；3：油松；4：大叶黄杨；5：悬铃木；6：白皮松；7：玉兰；8：紫薇；9：构树；10：紫叶李；11：雪松；12：美人梅；13：元宝枫；14：小叶女贞；15：垂柳；16：毛白杨；17：槐；18：紫叶小檗；19：小叶黄杨；20：栾树；21：白蜡；22：榆树；23：银杏

3.3.2 单叶对 $PM_{2.5}$ 等颗粒物的滞留量

在供试的23种植物中，单叶面积在 $50cm^2$ 以上的有悬铃木、五叶地锦、构树、元宝枫和玉兰5种；单叶面积在 $10cm^2$ 以下的有大叶黄杨、榆树、槐、紫薇、垂柳、小叶女贞、油松等12种；其他树种单叶面积在 $10\sim50cm^2$（表3.1）。

不同植物的单叶PM滞留量有很大差异（图3.8，$P<0.001$），其中悬铃木最大，高达21.42mg；五叶地锦次之，为20.44mg；玉兰居三，为10.87mg；小叶黄杨最小，为0.09mg。23种植物的单叶滞留 $PM_{2.5}$ 和 $PM_{>2.5}$ 的数量在物种间差异显著（图3.9，图3.10，$P<0.001$），其变化范围（mg）分别为0.01（紫叶小檗）~2.15mg（悬铃木）和0.07（小叶黄杨）~19.27mg（悬铃木）。悬铃木和五叶地锦的单叶 $PM_{2.5}$ 滞留量分别为2.15和1.33mg，$PM_{>2.5}$ 滞留量分别为19.27和19.11mg；而叶子表面积小的小叶黄杨和紫叶小檗等物种的单叶 $PM_{2.5}$ 和 $PM_{>2.5}$ 滞留量均较小。

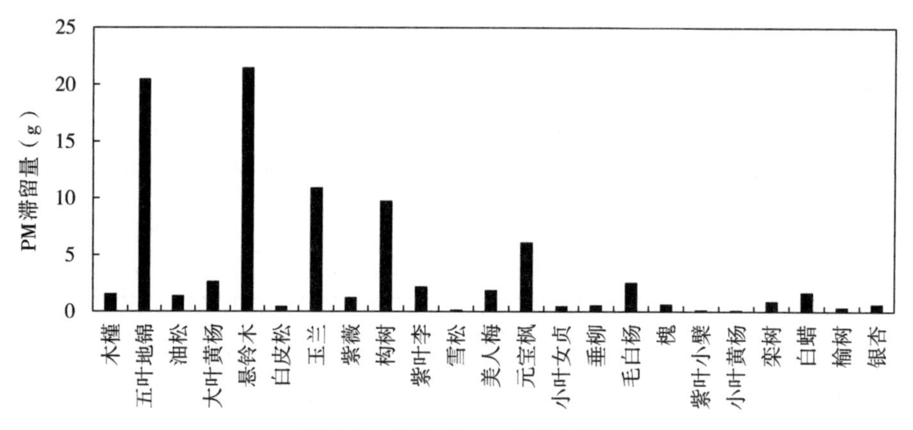

图3.8 单叶对PM的滞留量

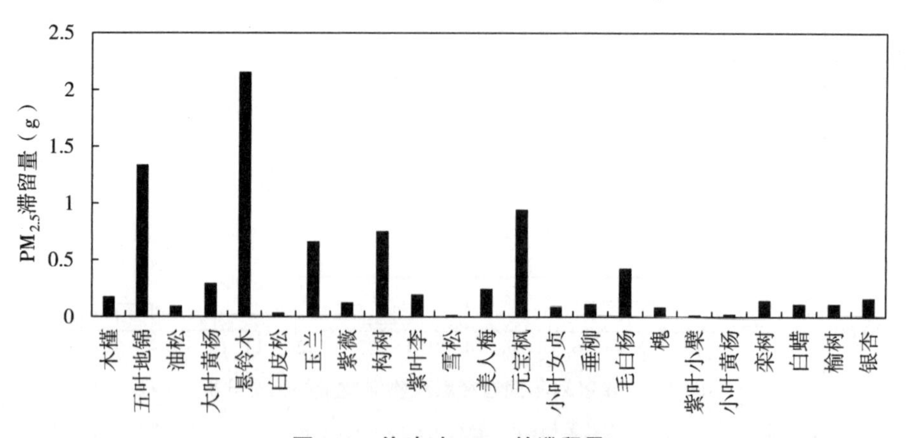

图3.9 单叶对 $PM_{2.5}$ 的滞留量

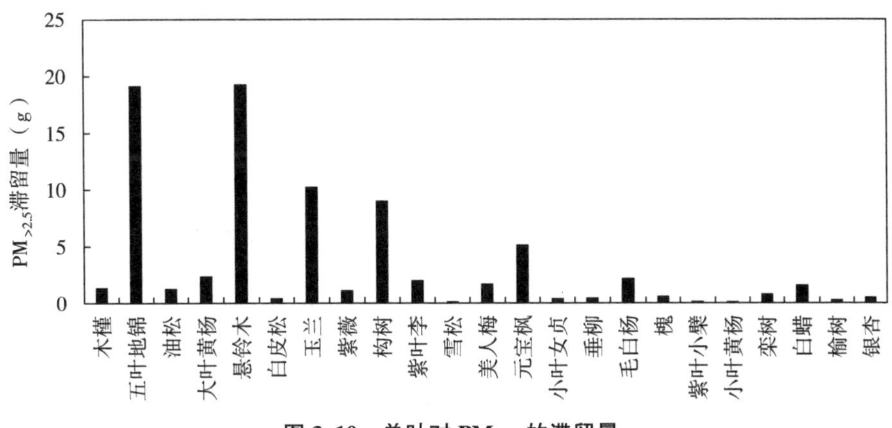

图 3.10　单叶对 $PM_{>2.5}$的滞留量

3.4　单株植物叶片对空气颗粒物的滞留分析

3.4.1　单株植物对颗粒物滞留的整体情况

单株植物对颗粒物滞留的聚类分析结果如图 3.11 所示。由图 3.11 可知，在单株尺度上，23 种植物对颗粒物的滞留分为四类：

对颗粒物滞留强的树种有（一类）：悬铃木；

对颗粒物滞留较强的树种有（二类）：元宝枫、毛白杨；

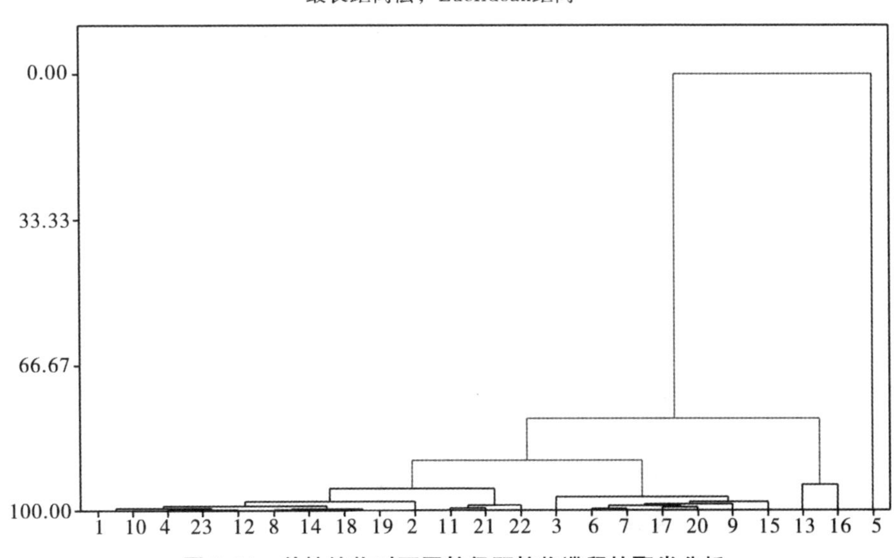

图 3.11　单株植物对不同粒径颗粒物滞留的聚类分析

1：木槿；2：五叶地锦；3：油松；4：大叶黄杨；5：悬铃木；6：白皮松；7：玉兰；8：紫薇；9：构树；10：紫叶李；11：雪松；12：美人梅；13：元宝枫；14：小叶女贞；15：垂柳；16：毛白杨；17：槐；18：紫叶小檗；19：小叶黄杨；20：栾树；21：白蜡；22：榆树；23：银杏

对颗粒物滞留一般的树种有（三类）：油松、白皮松、玉兰、槐、栾树、构树、垂柳；

对颗粒物滞留较差的树种有（四类）：木槿、五叶地锦、大叶黄杨、紫薇、紫叶李、雪松、美人梅、小叶女贞、紫叶小檗、小叶黄杨、白蜡、榆树、银杏。

3.4.2 单株植物对 $PM_{2.5}$ 等颗粒物的滞留量

23种植物单株树木的PM滞留量差异显著（图3.12，$P<0.001$），最高的为悬铃木，高达343.9g；元宝枫次之，为74.4g；毛白杨居三，为53.6g。单株PM滞留量在20~50g的有7种，依次为垂柳>构树>槐 ≈ 栾树 ≈ 玉兰>白皮松>油松。其他13种植物的单株滞留PM量在20g以下，其中小叶黄杨、小叶女贞和紫叶小檗的单株PM滞留量小于1g。

悬铃木单株的 $PM_{2.5}$ 和 $PM_{>2.5}$ 滞留量也最大，分别达34.5和309.4g；最小的为紫叶小檗，二者可差4100和3600倍（图3.13，图3.14）。单株滞留 $PM_{2.5}$ 量大于5g的物种有元宝枫、垂柳、毛白杨、榆树和栾树，小于5g的物种为其他17种植物。单株滞留 $PM_{>2.5}$ 量大于10g的物种有元宝枫、毛白杨、垂柳、构树、玉兰、槐等12种，小于10g的为木槿、大叶黄杨、小叶女贞、小叶黄杨等10种植物。

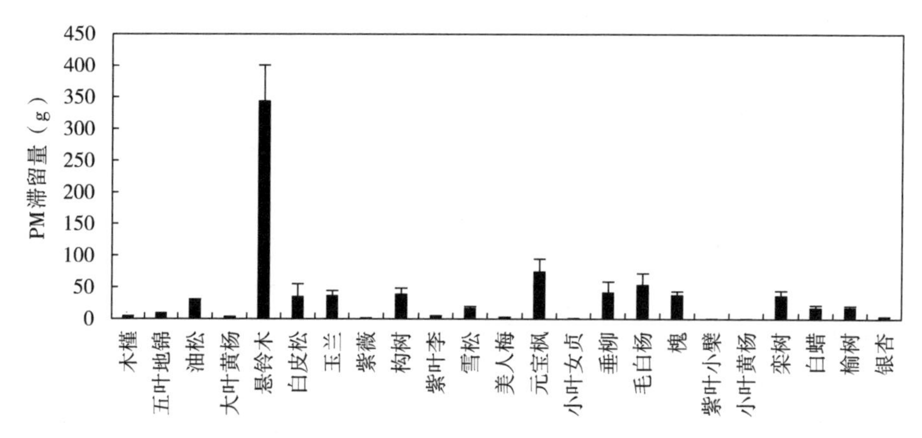

图3.12 单株植物对PM的滞留量

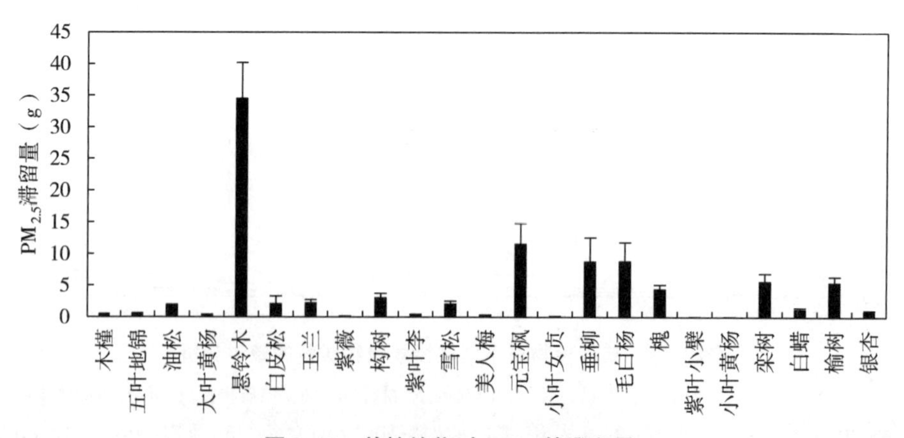

图3.13 单株植物对 $PM_{2.5}$ 的滞留量

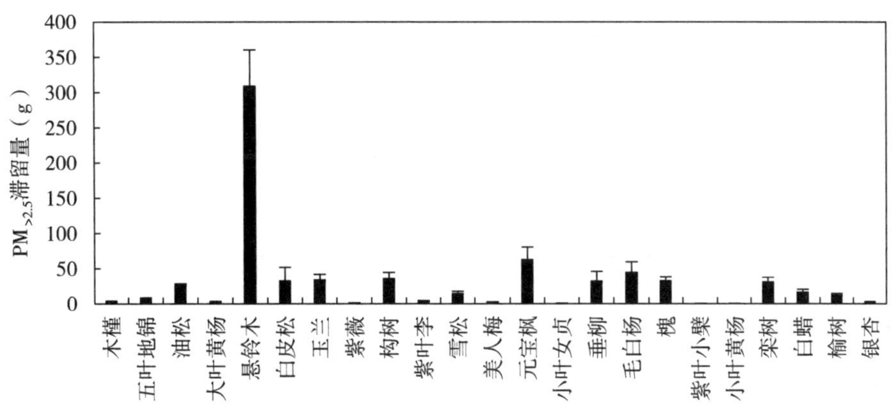

图 3.14　单株植物对 $PM_{>2.5}$的滞留量

3.5　单位绿化面积上植物叶片对空气颗粒物的滞留分析

3.5.1　单位绿化面积上植物叶片对颗粒物滞留的整体情况

单位绿化面积上植物叶片对颗粒物滞留的聚类分析结果如图 3.15 所示。由图 3.15 可知，在单位绿化面积尺度上，23 种植物对颗粒物的滞留量分为四类：

对颗粒物滞留强的树种有（一类）：悬铃木；

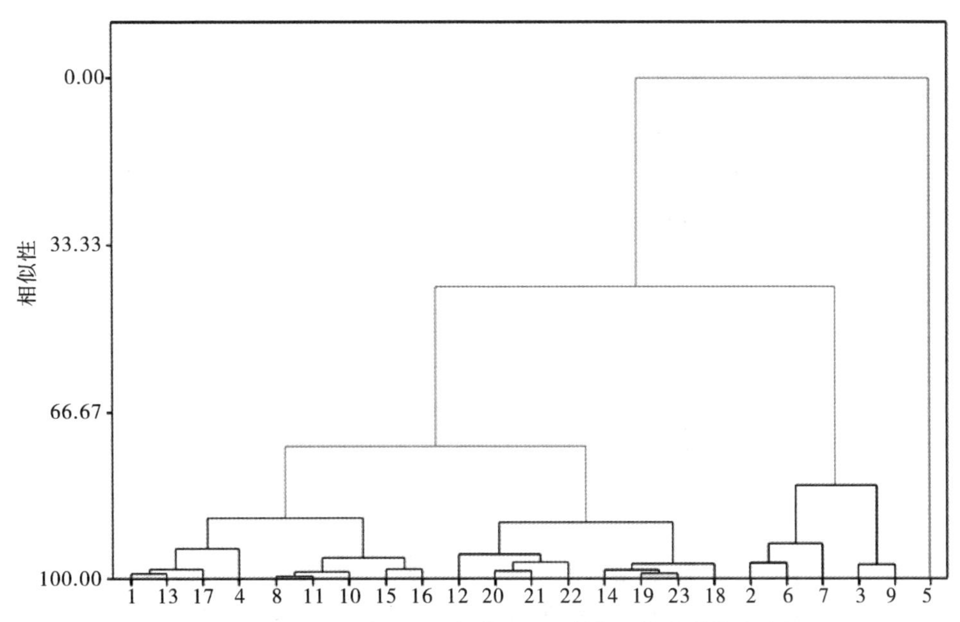

图 3.15　单位绿化面积上植物滞留不同粒径颗粒物的聚类分析

1：木槿；2：五叶地锦；3：油松；4：大叶黄杨；5：悬铃木；6：白皮松；7：玉兰；8：紫薇；9：构树；10：紫叶李；11：雪松；12：美人梅；13：元宝枫；14：小叶女贞；15：垂柳；16：毛白杨；17：槐；18：紫叶小檗；19：小叶黄杨；20：栾树；21：白蜡；22：榆树；23：银杏

对颗粒物滞留较强的树种有（二类）：五叶地锦、油松、白皮松、玉兰、构树；

对颗粒物滞留一般的树种有（三类）：美人梅、小叶女贞、紫叶小檗、小叶黄杨、栾树、白蜡、榆树、银杏；

对颗粒物滞留较差的树种有（四类）：木槿、毛白杨、紫薇、紫叶李、槐、垂柳、雪松、大叶黄杨、元宝枫。

3.5.2 单位绿化面积上植物叶片对 $PM_{2.5}$ 等颗粒物的滞留量

从单位绿化面积植物叶片滞尘量来看，PM 滞留量变化在 1.1～20.6g/m² （图 3.16），其中大于 10g/m²的有悬铃木、五叶地锦、白皮松和玉兰 4 种，在 5～10g/m²的有油松、构树、大叶黄杨、元宝枫、木槿和槐 6 种，其他 13 种植物的单位绿化面积滞留 PM 量在 5g/m²以下。

在单位绿化面积的 $PM_{2.5}$ 和 $PM_{>2.5}$ 滞留量上，悬铃木最强，分别为 2.1 和 18.5g/m²（图 3.17，图 3.18）。单位绿化面积的 $PM_{2.5}$ 滞留量大于 0.6g/m²的有悬铃木、垂柳、榆树、元宝枫、毛白杨、槐等 12 种；小于 0.6g/m²的有油松、雪松、栾树、美人梅等 11 种，其中小叶黄杨、紫叶小檗仅为 0.1g/m²。单位绿化面积 $PM_{>2.5}$ 滞留量超过 10g/m²的有五叶地锦、白皮松和玉兰，在 5～10g/m²之间的有油松、构树和大叶黄杨，小于 5g/m²的有木槿、紫薇、构树、紫叶李等 16 种。

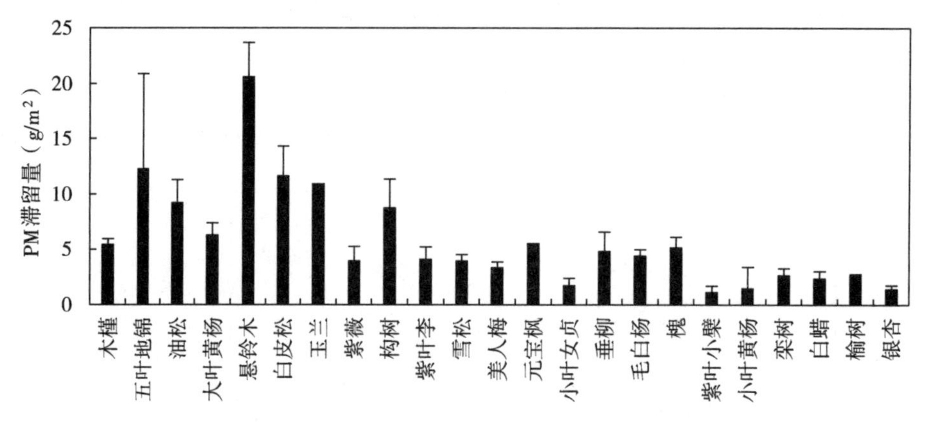

图 3.16 单位绿化面积上植物叶片对 PM 的滞留量

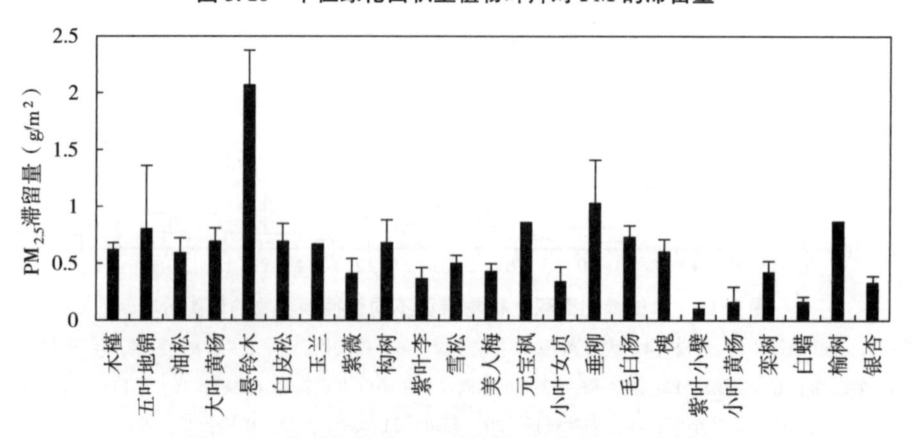

图 3.17 单位绿化面积上植物叶片对 $PM_{2.5}$ 的滞留量

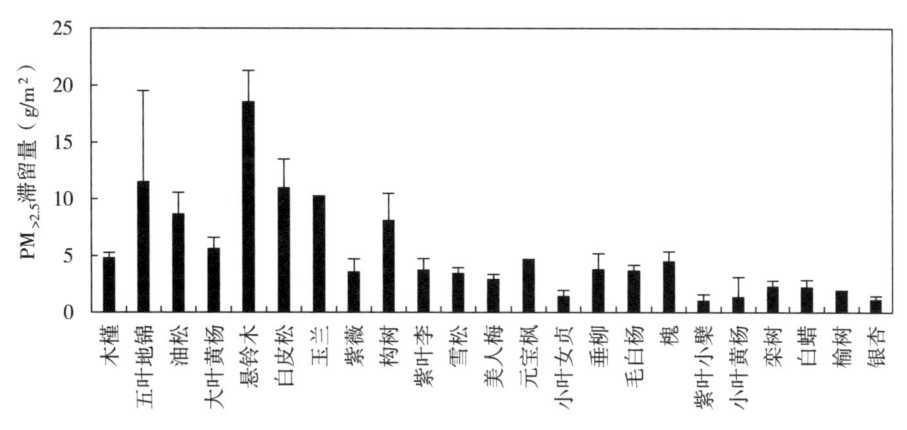

图 3.18　单位绿化面积上植物叶片对 $PM_{>2.5}$的滞留量

3.6　不同生活型和叶习性植物的叶面 $PM_{2.5}$等颗粒物滞留量比较

不同生活型植物的叶面 PM、$PM_{>2.5}$和 $PM_{2.5}$滞留量差异显著（表 3.2，$P<0.05$）。单位叶面积的滞尘量由大到小依次为藤本>灌木>乔木，单叶的滞尘量排序为藤本>乔木>灌木，而单株和单位绿化面积的滞尘量排序则分别为乔木>藤本>灌木、乔木 ≈ 藤本>灌木。

对叶习性而言，单位叶面积的 PM 和 $PM_{>2.5}$滞留量由大到小依次为落叶藤本>常绿乔木>常绿灌木 ≈ 落叶灌木>落叶乔木，$PM_{2.5}$的滞留量为常绿灌木>落叶藤本>常绿乔木 ≈ 落叶灌木>落叶乔木。单叶的 PM、$PM_{2.5}$滞留量均表现为落叶藤本>落叶乔木>常绿灌木 ≈ 落叶灌木>常绿乔木，而对 $PM_{>2.5}$的滞留量表现为落叶藤本>落叶乔木>常绿灌木 ≈ 落叶灌木>常绿乔木。单株的 PM、$PM_{>2.5}$和 $PM_{2.5}$滞留量由大到小均表现为落叶乔木>常绿乔木>落叶藤本>常绿灌木 ≈ 落叶灌木。单位绿化面积的 PM、$PM_{>2.5}$滞留量表现为：落叶藤本>常绿乔木>落叶乔木>常绿灌木 ≈ 落叶灌木，而对 $PM_{2.5}$的滞留量表现为：落叶藤本 ≈ 落叶乔木>常绿乔木>常绿灌木 ≈ 落叶灌木。

不同生活型植物的单位叶面积 PM 及 $PM_{2.5}$、$PM_{>2.5}$的滞留量亦表现出显著差异，由大到小依次为藤本>灌木>乔木。对不同叶习性的物种而言，单位叶面积滞尘量表现为常绿植物>落叶植物。北京的槐在雨后 2 周的 PM 滞留量为 0.68g/m²（戴斯迪等，2013），而干道旁大叶黄杨的滞尘量为 10.28g/m²（史晓丽，2010）。冬青卫矛的 PM 滞留量为 20.80g/m²，而加杨、桃和胡桃分别为 0.78、2.11 和 1.27g/m²（王蕾等，2006）。在重力和风的作用下，颗粒物可沉降在植物表面，然后通过枝叶对颗粒物的截留和吸附作用实现滞尘效应。当含有颗粒物的气流经过树冠时，部分粒径较大的颗粒被树叶阻挡而降落，另有一部分则滞留在枝叶表面（谢英赞等，2014）。藤本与灌木植物较乔木的单位叶面积 PM、$PM_{2.5}$、$PM_{>2.5}$的滞留量较高，可能与以下几个因素有关：①植株距离地面的高度较低，叶片能更多接触到因行人和车辆行驶等造成的二次扬尘；②汽车尾气排放大量 PM，且在加速、减速、停止时会排放更多的尾气（Furusjö et al.，2007）；③轮胎磨损、路面磨损等也能增加低矮植被叶面的 PM 暴露剂量（樊守彬等，2010）；④含有颗粒物的气流在经过高大乔木树冠时会受到阻挡而减速，导致部分颗粒物沉降在高度降低的灌木和藤本植物叶面上。常绿植物叶面能滞留较多颗粒物则可能与其生长期较长从而在污染环境中的暴露时间较长以及叶面上附着的部分颗粒物不易被降水冲洗或风吹掉有关。Kardel 等（2011）认为降水并不能完全将植物叶面上滞留的颗粒物冲洗掉。王蕾等（2006）认为叶面部分颗粒物附着牢固，不能被中等强度的 15mm 降水冲掉或 5~6 级大风吹掉；但其受降水和大风的影响程度因物种而异。

表 3.2　不同生活型和叶习性的植物叶面的 $PM_{2.5}$等颗粒物滞留量（均值±标准误差）

生活型	叶习性	单位叶面积滞尘量（g/m²）			单叶滞尘量（mg）		
		$PM_{2.5}$	$PM_{>2.5}$	PM	$PM_{2.5}$	$PM_{>2.5}$	PM
乔木	常绿	0.17±0.01	2.05±0.44	2.21±0.44	0.04±0.02	0.58±0.34	0.62±0.37
	落叶	0.13±0.02	0.90±0.19	1.02±0.20	0.51±0.19	4.51±1.82	5.01±2.00
	平均	0.14±0.01	1.14±0.21	1.28±0.22	0.41±0.16	3.67±1.49	4.07±1.64
灌木	常绿	0.23±0.06	1.49±0.82	1.72±0.88	0.16±0.11	1.21±0.93	1.36±1.04
	落叶	0.17±0.05	1.33±0.37	1.51±0.42	0.14±0.03	1.09±0.30	1.23±0.33
	平均	0.20±0.04	1.37±0.33	1.56±0.37	0.14±0.04	1.12±0.31	1.26±0.34
藤本		0.19±0.05	2.81±0.08	3.00±0.06	1.33	19.11	20.44

生活型	叶习性	单株滞尘量（g）			单位绿化面积滞尘量（g/m²）		
		$PM_{2.5}$	$PM_{>2.5}$	PM	$PM_{2.5}$	$PM_{>2.5}$	PM
乔木	常绿	2.00±0.07	24.78±5.45	26.77±5.43	0.59±0.05	7.68±2.22	8.28±2.27
	落叶	7.86±2.86	55.76±25.82	63.21±28.59	0.76±0.15	5.54±1.54	6.26±1.67
	平均	6.60±2.32	49.12±20.40	55.40±22.63	0.73±0.12	6.00±1.29	6.69±1.38
灌木	常绿	0.17±0.12	1.42±0.96	1.59±1.08	0.43±0.22	3.47±1.76	3.90±1.97
	落叶	0.22±0.07	1.77±0.61	1.99±0.68	0.38±0.07	2.91±0.59	3.28±0.65
	平均	0.21±0.06	1.68±0.50	1.89±0.56	0.39±0.07	3.05±0.60	3.44±0.67
藤本		0.48±0.11	6.94±1.61	7.42±1.73	0.80±0.19	11.48±2.73	12.28±2.92

选择适宜研究地生长、滞留 $PM_{2.5}$等颗粒物能力较强的树种，并进行不同生活型和不同叶习性植物的合理空间配置，则能提高叶面积指数或绿量水平，既可形成更好的景观结构效果，也可产生较好的净化空气效益。如在北京市百万亩平原造林中栽植滞留 $PM_{2.5}$等颗粒物能力较强的悬铃木、垂柳、榆树、元宝枫等树种，并混交油松、雪松、大叶黄杨等常绿树种和低矮灌木，同时尽可能考虑引入藤本植物（如五叶地锦），会在提高单位绿化面积上的绿量水平的基础上提高植被的滞尘能力，增强植被减轻雾霾危害的功能与治理效果。

3.7　叶面滞留颗粒物的季节变化

槐、悬铃木、银杏和雪松叶面的滞尘量均存在明显的季节性变化（$P<0.001$，图 3.19）。

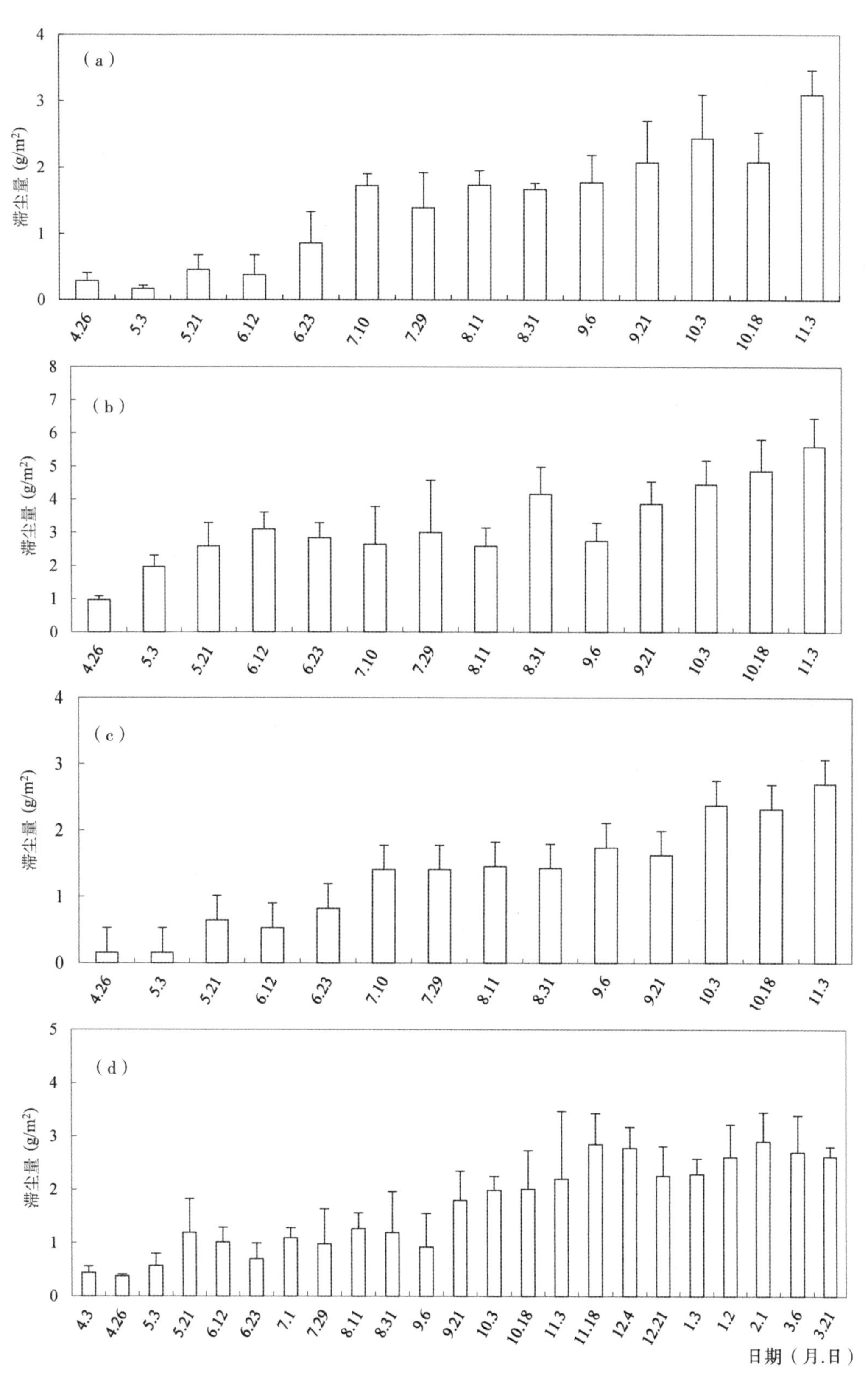

图 3.19　不同树种叶面滞留颗粒物的季节性变化

(a)：槐；(b)：悬铃木；(c)：银杏；(d)：雪松

槐叶面滞尘量从 4 月的 0.29g/m²增加到 11 月落叶前的 3.10g/m²，平均为 1.44g/m²。5 月上旬槐叶面滞尘量最小，为 0.17g/m²，6 月下旬到 7 月上旬是滞尘量变化的转折期，之后滞尘量变化于 1.39~3.10g/m² [图 3.19 (a)]。

悬铃木叶面滞尘量在 4 月为 0.97g/m²，5 月上旬到 8 月中旬滞尘量维持在 2~3g/m²，8 月下旬以后滞尘量增加到 4.86g/m²，9 月滞尘量较 8 月下旬反而有所下降，为 2.74~3.86g/m²，11 月下旬达到落叶前的最大值，为 5.60g/m² [图 3.19 (b)]。整个生长季，悬铃木叶均具有较高的滞尘能力，其滞尘量的均值为 3.24g/m²。

银杏叶面滞尘量从 4 月的 0.16g/m²持续缓慢增加到 11 月落叶前的 2.70g/m²，平均为 1.34g/m²。4 月下旬和 5 月上旬银杏叶面滞尘量较小，为 0.16g/m²，6 月下旬到 7 月上旬是滞尘量变化的转折期，之后滞尘量变化于 1.41~2.70g/m² [图 3.19 (c)]。

雪松作为常绿植物，4 月的滞尘量相对较小，为 0.38~0.44g/m²，从 5 月下旬到 9 月初，滞尘量变化于 0.92~1.80g/m²，10 月以后达到 2.20g/m²以上，最高值为冬季的 2.90g/m²，10 月至翌年 3 月滞尘量较高，介于 1.99~2.90g/m²，其均值为 1.68g/m² [图 3.19 (d)]。

在整个生长季，槐、悬铃木、银杏和雪松叶的平均滞尘量由大到小为：悬铃木、雪松、槐、银杏。悬铃木叶面滞尘量显著高于槐、银杏和雪松 ($P<0.05$)，雪松、银杏和槐叶面滞尘能力差异不显著 ($P>0.05$)。4 种植物叶面滞尘量整体表现为常绿物种较高，落叶物种较低；秋冬季成熟叶较高，春季的新叶较低。

植物叶面的滞尘能力表现出明显的季节性变化，新叶滞尘量较低；随着叶龄的增加滞尘量增大。王会霞等 (2010) 和 Wang 等 (2013) 研究发现，叶正面接触角与滞尘量呈显著负相关，与采用模拟降尘法测定的最大滞尘量与叶接触角间的关系一致。这些结果说明，叶接触角是影响叶面滞尘的重要因素。由于自然环境的变化，随叶龄的增加叶片表皮蜡质受到侵蚀而减少，从而使得叶面由疏水转变为亲水，这可能是影响植物叶面滞尘能力季节性变化的主要因素。在城市绿化过程中，选择具有较高滞尘能力的物种，依据滞尘能力的季节性变化，综合考虑树种的配置，可对大气环境中的各种降尘起到消减作用。

3.8 不同径级白皮松叶面颗粒物滞留量对比

3.8.1 不同径级白皮松叶面单位叶面积滞尘量

表 3.3 为不同径级白皮松的冠径、胸径、LAI 等信息。

表 3.3 白皮松的基本信息 (均值±标准差)

采样地点	株数	冠幅 (m)	植株高度 (m)	胸径 (cm)	LAI
植物园	10	2.1±0.8	4.6±1.7	5.3±1.1	1.80±0.32
	10	1.9±0.6	6.9±2.0	9.3±2.9	2.10±0.70
	15	2.2±0.6	7.9±1.8	15.4±3.5	2.30±0.90
	9	1.8±0.5	9.3±0.8	22.3±3.1	2.35±0.36
	8	2.1±0.4	9.5±1.1	26.2±0.7	2.05±0.47
国贸桥	9	1.4±0.3	3.2±1.2	4.1±1.1	1.72±0.10
	9	2.1±0.8	5.5±0.6	9.6±2.4	1.67±0.15
	8	2.2±0.3	5.6±0.9	15.6±2.8	1.79±0.17
	10	2.1±0.5	5.8±0.4	22.3±3.1	2.22±0.48
	9	2.7±0.9	5.7±1.1	26.1±0.6	2.28±0.43

（续）

采样地点	株数	冠幅（m）	植株高度（m）	胸径（cm）	LAI
黄村	20	1.3±0.3	3.1±1.1	4.5±1.5	1.84±0.41
	20	1.6±0.5	5.3±1.6	9.1±2.6	1.83±0.59
	8	2.3±0.5	6.3±1.2	15.7±2.9	2.12±0.40
	9	1.9±0.3	6.5±0.9	21.9±2.8	2.33±0.62
	9	1.9±0.2	6.6±1.2	26.4±0.8	2.21±0.25

图 3.20 显示了不同污染环境下不同胸径白皮松单位叶面积颗粒物的滞留量。选取的 5 个范围的胸径中，在胸径>25.6cm 时，植物园白皮松的单位叶面积滞纳 $PM_{2.5}$ 效果最佳，可达 0.14g/m^2，而国贸桥和黄村的单位叶面积滞留 $PM_{2.5}$ 达到最大的胸径则为 12.8～19.1cm，其滞留量均可达 0.15g/m^2。植物园滞留 PM_{10} 效果最佳的是胸径>25.6cm 的植株，而国贸桥和黄村的则为 12.8～19.1cm。对 PM 滞纳效果进行比较，可知胸径>25.6cm 时，植物园白皮松的单位叶面积滞留 PM 能力最佳，而在<6.4cm 时其滞纳 PM 的效果较差，变化范围为 0.61～0.72g/m^2。相比之下，在国贸桥的白皮松叶片最佳滞留 PM 胸径为12.8～19.1cm，滞留量为 1.01g/m^2；胸径为6.5～12.7cm 时，其滞纳 PM 的效果较差，为 0.9g/m^2。在 12.8～19.1cm 的胸径范围时，黄村的白皮松单位叶面积滞留 PM 效果最好，为 0.97g/m^2，而当其胸径为<6.4cm 或>25.6cm 时，白皮松单位叶面积滞留 PM 水平较差，均为 0.89g/m^2。

在单叶尺度上，植物园中滞留 $PM_{2.5}$、PM_{10} 和 PM 效果较好的白皮松胸径分别为>25.6cm、12.8～19.1cm 和 19.2～25.5cm，国贸桥的为 12.8～19.1cm、19.2～25.5cm、12.8～19.1cm，而黄村的则为 12.8～19.1cm、19.2～25.5cm、12.8～19.1cm；同一研究地点的不同胸径白皮松的滞尘效果虽有所变化，但差异并不显著（P>

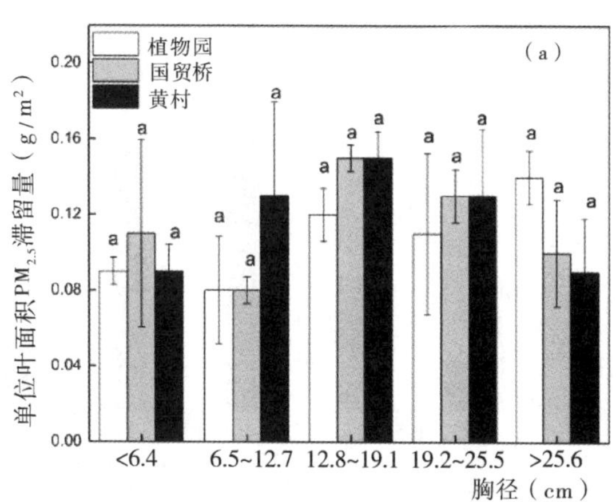

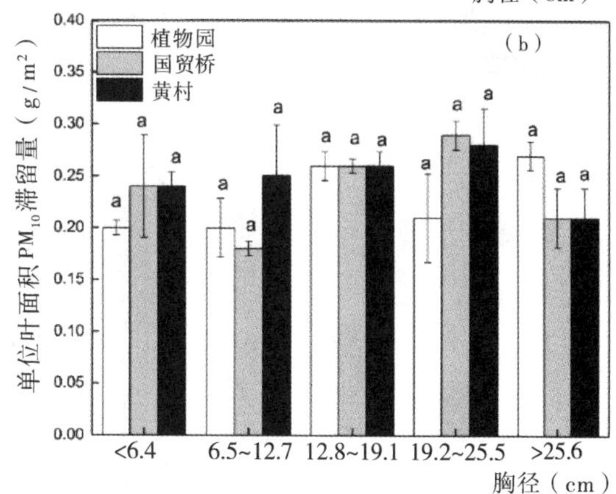

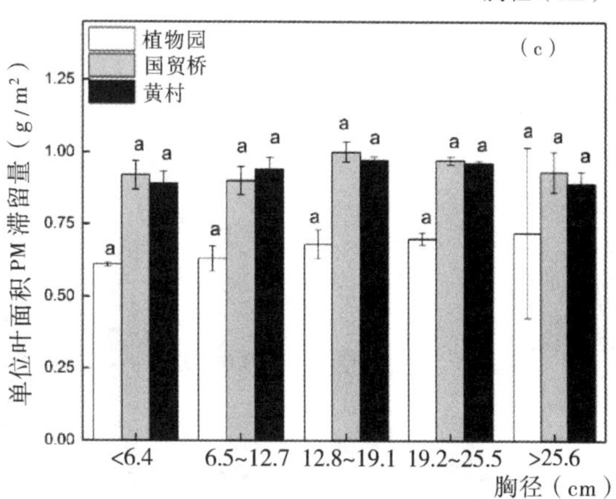

图 3.20　不同径级白皮松单位叶面积滞尘量

0.05)。在单叶尺度上，滞尘数量与叶面的微结构密切相关；从扫描电镜图可见 $PM_{2.5}$ 等颗粒物多存在于表皮气孔周边及沟状组织中，但气孔大小、密度分布以及表面的凸凹结构在不同的胸径上没有显著的变化。说明胸径虽然在宏观上能够表现树冠的一些特征，但其与单叶尺度特征相关性较低；这可能是胸径对于同一环境中的单位叶面积滞纳颗粒物影响不显著的原因。

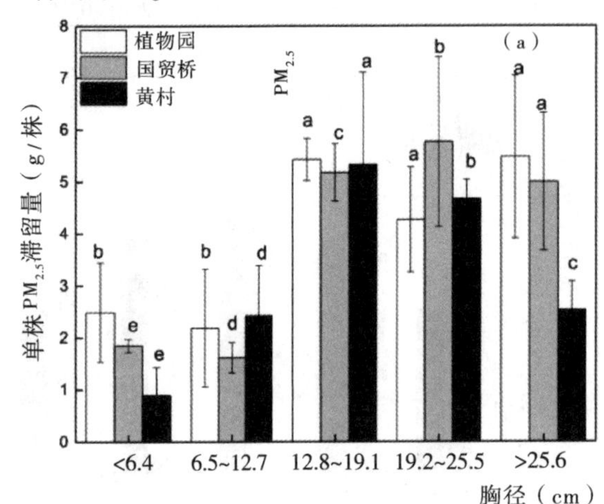

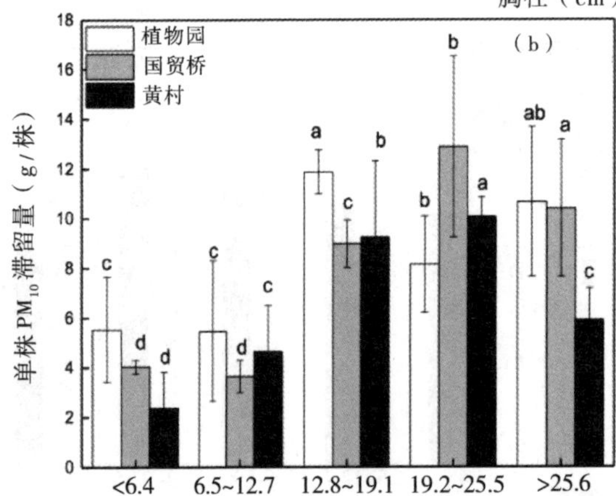

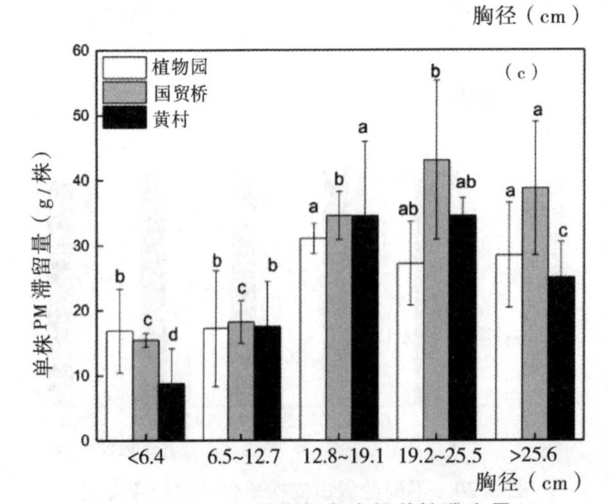

图 3.21　不同径级白皮松单株滞尘量

3.8.2　不同径级白皮松的单株滞尘量

由图 3.21 可见，植物园的白皮松在胸径为>25.6cm 时得到最大的 $PM_{2.5}$ 滞留量，为 5.48g/株，其在 6.5～12.7cm 时滞纳 $PM_{2.5}$ 效果最差；国贸桥白皮松植株对于 $PM_{2.5}$ 的滞留，在胸径 19.2～25.5cm 时最大，为 5.77g/株，而最差的滞纳效果则为胸径 6.5～12.7cm 时的 1.62g/株；在黄村，最佳滞纳 $PM_{2.5}$ 的胸径为 12.8～19.1cm，滞留量达到 5.33g/株，其滞纳 $PM_{2.5}$ 的最低水平（0.89g/株）则在胸径<6.4cm 时得到。对 PM_{10} 的滞纳效果的比较可知，白皮松在 3 个研究点的最佳滞纳胸径范围分别为 12.8～19.1cm、19.2～25.5cm 和 19.2～25.5cm，滞留量分别为 11.88g/株、12.88g/株和 10.06g/株。对于 PM，植物园白皮松的单株 PM 滞留量在胸径为<6.4cm 时最小，为 16.89g/株，在 12.8～19.1cm 时达到最佳滞纳效果 31.06g/株；国贸桥的白皮松 PM 最小滞留量 15.45g/株在胸径<6.4cm 时得到，相较于植物园的较低；PM 滞留量随着胸径的增大先逐渐升高，在胸径为 19.2～25.5cm 时达到最大值 43.08g/株，比相同胸径范围的植物园滞纳量 27.17g/株高出 58.6%，而后又缓慢下降；黄村的 PM 滞留量随胸径基本成倒“V”型变化，最佳滞纳 PM 胸径为 19.2～25.5cm，滞纳量为 34.5g/株，最低滞纳量 8.79g/株的胸径范围则与国贸桥的一致（<6.4cm）。

在单株尺度上，胸径对植物滞纳颗粒物的影响极为显著（$P<0.05$）。植物园中白皮松滞留$PM_{2.5}$、PM_{10}和PM效果较好的胸径分别为>25.6cm、12.8~19.1cm和12.8~19.1cm；国贸桥滞留$PM_{2.5}$、PM_{10}和PM效果较好的胸径均为19.2~25.5cm；黄村的结果显示，$PM_{2.5}$、PM_{10}和PM的较佳滞留胸径为12.8~19.1cm、19.2~25.5cm和19.2~25.5cm。整体来看，胸径大于12cm的白皮松滞纳颗粒物的效果较好。白皮松生长特点是幼年期生长较慢，中龄期生长加快，到成熟期生长率下降。我们调查的白皮松处于中龄期，树木冠幅大、叶片多，特别是胸径在12.8~25.5cm范围的树木，其冠幅大小达到2.0m以上，LAI也在2.0左右。单株滞尘量由单位叶面积滞留颗粒物量、LAI和冠幅来确定，其中单叶尺度的单位叶面积颗粒物滞留量在胸径之间没有显著的差异，冠幅和叶面积指数就成为影响不同胸径大小白皮松单株滞尘量的关键因素。而胸径隐含着诸如冠幅半径、LAI等生长信息，且在快速生长阶段表现出胸径与这些参数的同步增加，因此表现出胸径对单株滞纳颗粒物的显著影响。同时，树冠丰满、枝繁叶茂的植物有利于降低风速，可更好地阻挡大气颗粒物的飞扬，也有利于叶片阻滞粉尘，从而使粉尘更快得到沉降，这从另一方面也增加了胸径的影响。对于常绿树种，在生育期内由于叶表面的微结构变化较小，单位叶面积滞留颗粒物量变化不大，因此与胸径密切相关的冠幅和LAI就成为单株滞尘量的决定因素。而对于落叶树种，存在随着树龄、季节的变化，其单位叶面积滞留颗粒物量变化剧烈，且不同树龄的胸径对应的冠幅、LAI也存在大的变化；导致了落叶树种胸径与单株滞尘量的复杂性。应进一步研究各个树种，了解胸径、冠幅、LAI以及叶季节变化对植物滞纳空气颗粒物和吸收污染物的影响，进而为植物降尘工作提供更加充足的科学数据，通过有效地种植计划和设计来保护脆弱的城市生态区域。

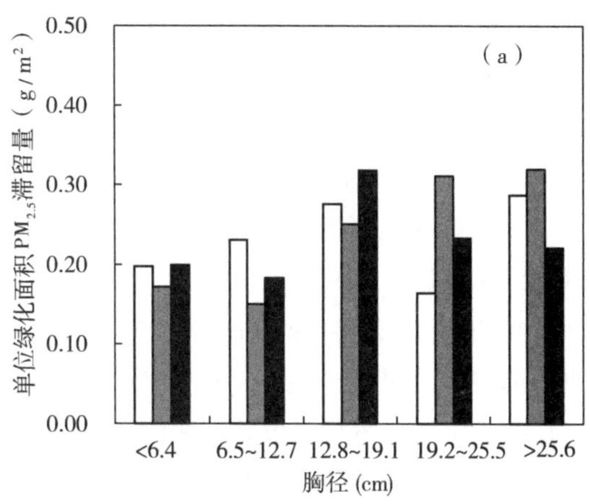

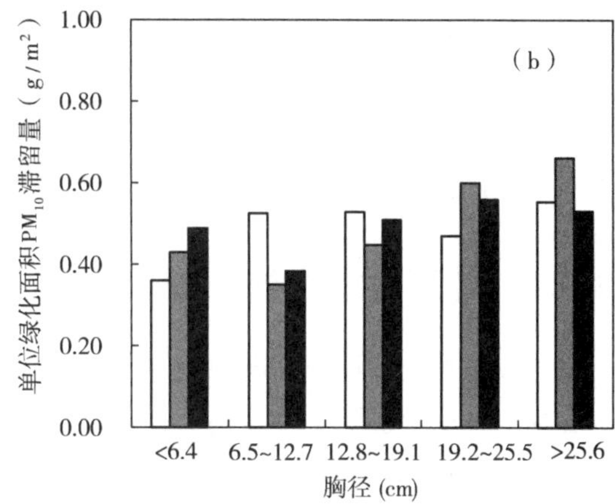

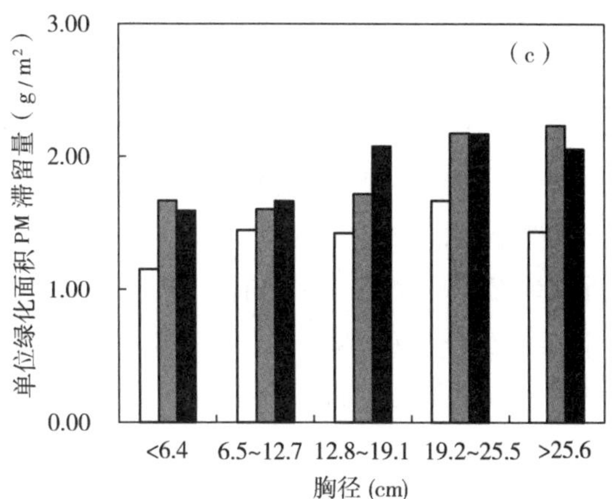

图3.22　不同径级白皮松单位绿化面积滞尘量

3.8.3　不同径级白皮松的单位绿化面积滞尘量

图3.22显示了不同胸径白皮松单位绿

化面积颗粒物的滞留量。选取的5个范围的胸径中，在胸径>25.6 cm时，植物园白皮松的单位绿化面积滞纳$PM_{2.5}$效果最佳，可达0.29g/m^2，而国贸桥和黄村的单位绿化面积滞纳$PM_{2.5}$达到最大的胸径分别为>19.2cm、12.8~19.1cm，其滞留量均可达0.32g/m^2。植物园和国贸桥单位绿化面积PM_{10}滞纳效果最佳的是胸径>25.6 cm的植株，黄村的则为19.2~25.5cm。对PM滞纳效果进行比较，胸径在19.2~25.5cm时，植物园白皮松的单位绿化面积滞纳能力最佳，而在< 6.4cm时其滞纳PM的效果较差，变化范围为1.15~1.67g/m^2。相比之下，国贸桥的白皮松叶片最佳滞纳PM的胸径为>25.6cm，滞留量为2.23g/m^2；胸径为6.5~12.7cm时，其滞纳PM的效果较差，为1.60g/m^2。在19.2~25.5cm的胸径范围时，黄村的白皮松单位绿化面积滞留PM效果最好，为2.17g/m^2，而当其胸径为< 6.4cm时，白皮松单位绿化面积滞留PM水平最差，为1.59g/m^2。

在单位绿化面积尺度上，植物园中滞留$PM_{2.5}$、PM_{10}和PM效果较好的白皮松胸径分别为>25.6cm、>25.6cm和19.2~25.5cm，国贸桥的为>19.2cm、>25.6cm、>25.6cm，而黄村的则为12.8~19.1cm、19.2~25.5cm、19.2~25.5cm；同一研究地点的不同胸径白皮松的滞尘效果差异显著（P<0.05）。在单位绿化面积尺度上，不同胸径白皮松对$PM_{2.5}$、PM_{10}和PM的滞留与单位叶面积滞留量和叶面积指数密切相关。总体来说，胸径较大的白皮松，其叶面积指数相对较大，因此使得随着白皮松的生长，对颗粒物的滞留能力增强；但由于其生长受多因素的影响，如污染状况等，可能导致其叶面积指数略有降低，从而使得在单位绿化面积上对颗粒物的滞留能力略有降低。

3.9 叶面结构特征对$PM_{2.5}$等颗粒物滞留的影响

3.9.1 叶面微结构与$PM_{2.5}$等颗粒物滞留的关系

各供试植物叶面扫描电镜图（图3.23），不同植物叶面粗糙程度不同，叶面微结构也存在如下特征：①除大叶黄杨外，其余6种供试植物叶面均有宽度不同的沟槽（较典型的如图3.23白色箭头所示），并以木槿、紫薇、悬铃木和银杏叶面沟槽较明显。其中，木槿叶面粗糙起伏程度最大，叶片正背面均分布有纵横交错的沟槽，同时有大量褶皱与突起（图3.23 1a、1b）；紫薇和悬铃木叶面粗糙程度不及木槿，二者叶片正面均有沟槽，但宽度较木槿小，深度也较浅，而且二者叶片背面结构与正面不同（图3.23 2a-3b）；银杏叶面细胞排列较为规则，正背面沟槽宽度均较大（图3.23 4a、4b）。②大叶黄杨叶片正背面均无明显沟槽和起伏，其叶面较平整，叶片背面有大量气孔（图3.23 5a、5b）；悬铃木和五叶地锦叶片背面也有气孔（图3.23 3b、6b），但不如大叶黄杨叶面气孔密度大，悬铃木气孔附近有褶皱（图3.23 3b）。③紫叶小檗叶面有蜡质晶体颗粒（图3.23 7a、7b），其余供试植物叶面没有蜡质晶体分布。

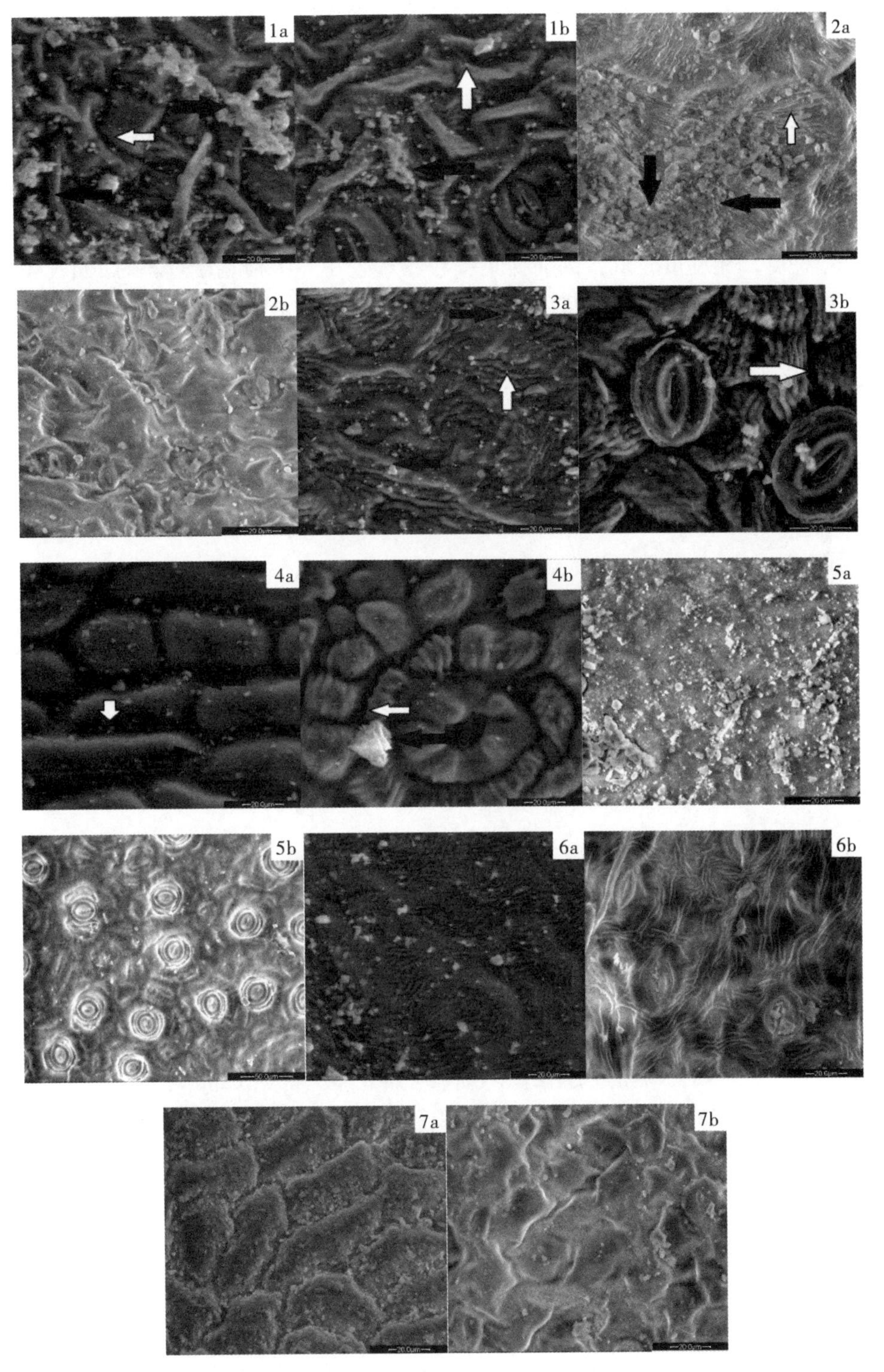

图 3.23　部分植物叶表面微结构扫描电镜图

1：木槿；2：紫薇；3：悬铃木；4：银杏；5：大叶黄杨；6：五叶地锦；7：紫叶小檗；
a：叶片正面，b：叶片背面；黑色箭头指示叶面滞留的颗粒物，白色箭头指示叶面的沟槽微结构

观察各植物叶片扫描电镜图后发现，$PM_{2.5}$等颗粒物主要被滞留在沟槽处（如图 3.23 黑色箭头所示），因此可认为沟槽是叶片捕集 $PM_{2.5}$等颗粒物的主要部位。叶面沟槽纵横交错且分布较为密集的木槿单位叶面积滞留 PM 与 $PM_{2.5}$量均最大，而叶面沟槽深度较木槿浅的紫薇与悬铃木滞留量不及木槿；叶面沟槽最不密集且其宽度较大的银杏单位叶面积滞留 $PM_{2.5}$等颗粒物量也较小。因此，我们认为不同宽度和深度的沟槽会对不同粒径颗粒物产生不同捕集效果。较深的沟槽可拦截较多颗粒物，深度越大颗粒物脱落的可能性越小；较浅的沟槽使叶面粗糙度较低，因而捕集颗粒物量较小。沟槽宽度过小时 $PM_{2.5}$等颗粒物与沟槽接触面积较小，因而滞留量较小，宽度过大则导致 $PM_{2.5}$等颗粒物不易停留在沟槽处且已被拦截的颗粒物容易松动脱落。单位叶面积滞留 $PM_{2.5}$量最大的木槿叶面沟槽宽度在 5μm 左右（表 3.4），其原因在于 $PM_{2.5}$颗粒质量较小，在空气中受到风力作用与其他颗粒物碰撞等因素影响，运动状态较为复杂，从而难以被准确滞留在宽度与其粒径相当的沟槽处。此外，扫描电子显微镜图显示 $PM_{2.5}$颗粒之间会相互附着，使其总体积增大，从而被滞留在宽度较大的沟槽处。

表 3.4　典型植物叶面沟槽宽度

树种	叶片背面沟槽宽度（μm）	叶片背面沟槽宽度（μm）
木槿	5.12 ± 0.32	5.24 ± 0.68
紫薇	1.67 ± 0.31	—
悬铃木	1.77 ± 0.18	2.60 ± 0.36
银杏	7.52 ± 0.31	8.13 ± 0.26

注：“—”指未测定。

同时，我们还发现大叶黄杨和五叶地锦叶面微结构中没有明显的沟槽和突起，叶面粗糙度也较小，但此二者单位叶面积滞留 $PM_{2.5}$量均较大。其原因可能在于上述植物叶面分布有大量气孔，蒸腾作用强烈，使部分亲水性颗粒物吸湿并附着在叶面上；另外，$PM_{2.5}$等颗粒物也可进入悬铃木叶片气孔附近褶皱中。此外，大叶黄杨叶片着生角度与垂直方向夹角较大，Beckett 等（2000）和 Lovett 等（1992）研究发现植物滞尘效果与其叶面倾角有关，可能会有更多颗粒物在重力作用下沉降到其表面。根据 Faini 等（1999）的研究成果，叶面蜡质会减小颗粒物与叶面的接触面积(图 3.24)，因此紫叶小檗叶面的蜡质颗粒微结构不利于其对 PM 及其中 $PM_{2.5}$等颗粒物进行捕集，已被滞留的颗粒物脱落的可能性也更大。

叶面绒毛的分布密度、形态、质地和类型都直接影响着颗粒物在叶面的滞留能力。叶面着生细密绒毛，颗粒物与叶面接触并进入绒毛之间，被绒毛卡住，难以脱落，从而有利于颗粒物的滞留。而绒毛密度较小且呈较长的针状时，难以将微小颗粒物卡住，不利于颗粒物的滞留。李海梅和刘霞（2008）研究发现，叶面密集绒毛的悬铃木具有较强的滞尘能力。陈芳等（2006）的研究也说明不同的绒毛密度对颗粒物的滞留能力有较大的影响。柴一新等（2002）认为银中杨较榆叶梅滞尘能力强是由于银中杨叶面的绒毛比榆叶梅密几倍。同时，不同的绒毛密度导致颗粒物在叶面的滞留方式不同。

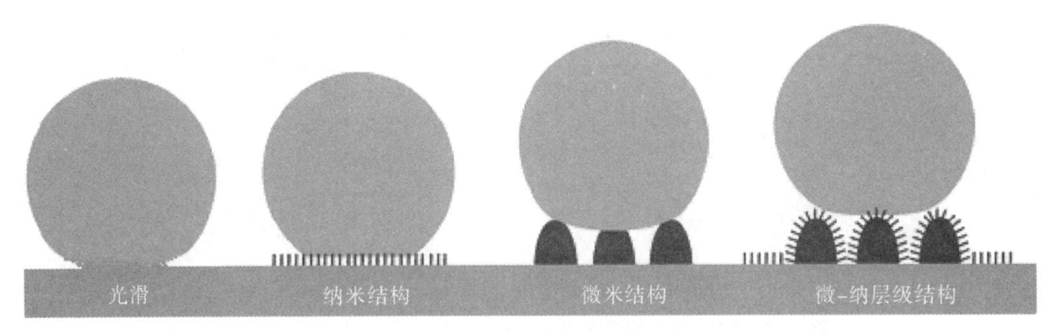

图 3.24　颗粒物与叶面接触状态示意图

3.9.2　不同径级白皮松叶面微结构对 $PM_{2.5}$ 等颗粒物滞留的影响

由图 3.25 可知，植物园的白皮松叶面颗粒物数量最少，且颗粒物以球体为主，分布较均匀，呈分散状，少量结块；而国贸桥的叶面颗粒物数量较多，细颗粒物较其他 2 个研究点多且分布密集，形状多为不规则体；相比之下，黄村的叶片则以粗颗粒物为主，不规则体较多。在相对清洁的植物园，白皮松气孔基本完整无损，沟状突起排列密集有序；国贸桥的白皮松气孔则多数被颗粒物堵塞，细颗粒物多处于沟状突起中；黄村的白皮松气孔大多完好且滞留有颗粒物，沟状突起较植物园的略深且不平滑。

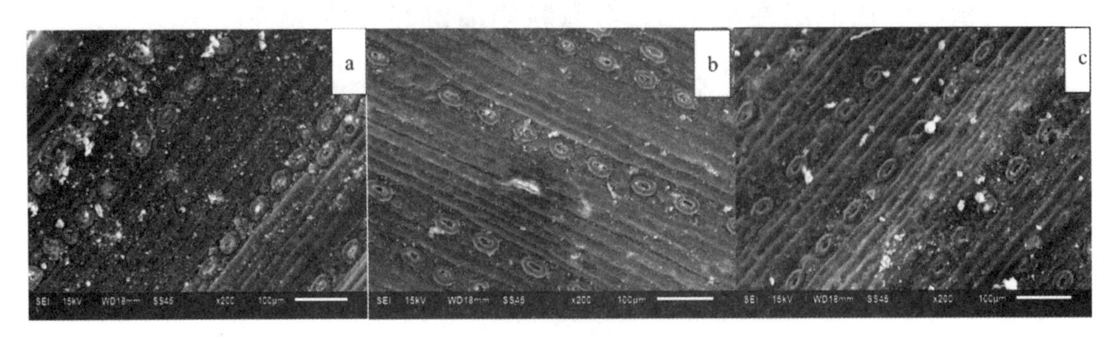

图 3.25　三个研究地点白皮松叶面扫描电镜图

a：植物园；b：国贸桥；c：黄村

由图 3.26 可见，胸径<6.4cm 的白皮松叶面结构较为清晰，且颗粒物数量较少、颗粒物较圆滑，这与不同径级白皮松叶面滞尘量的研究结果一致；而胸径为 6.5~12.7cm 的叶片上颗粒物数量较其他胸径的为多，且不规则体居多；对比胸径为 12.8~19.1cm 及19.2~25.5cm 的白皮松叶面微结构，二者的颗粒物分布较均匀且差别不甚显著，多呈圆体或椭圆体，棱体较少；胸径>25.6cm 的白皮松叶面有部分气孔几乎被颗粒物填满（图 3.26e）；胸径<6.4cm 的白皮松气孔口径略小，沟状体较为平缓，且其中滞纳物较少（图 3.26a）；胸径 6.5~12.7cm 的白皮松沟状体则起伏不一，突起较为粗糙（图 3.26b），其余胸径的白皮松气孔径差异不大，沟状体边缘不甚光滑（图 3.26c-e）。对于常绿树种，如白皮松，在生育期内由于叶面的微结构变化较小，单位叶面积滞留颗粒物量变化不大。

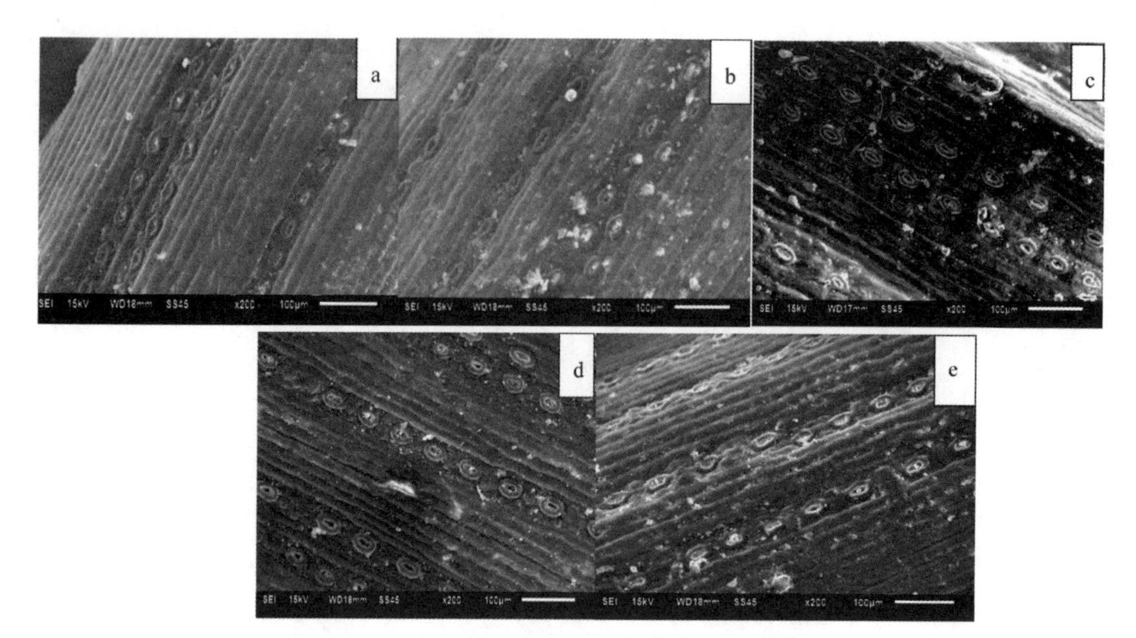

图 3.26　植物园不同径级白皮松叶面扫描电镜图

a：<6.4cm；b：6.5~12.7cm；c：12.8~19.1cm；d：19.2~25.5cm；e：>25.6cm

3.9.3　植物叶面润湿性与 $PM_{2.5}$ 等颗粒物滞留的关系

图 3.27 给出了所研究的 21 种植物叶正面接触角大小结果。单因素方差分析表明，物种间接触角具有显著差异（$P<0.001$）。接触角大小在 40°~140°，平均为 94.6°。在所测

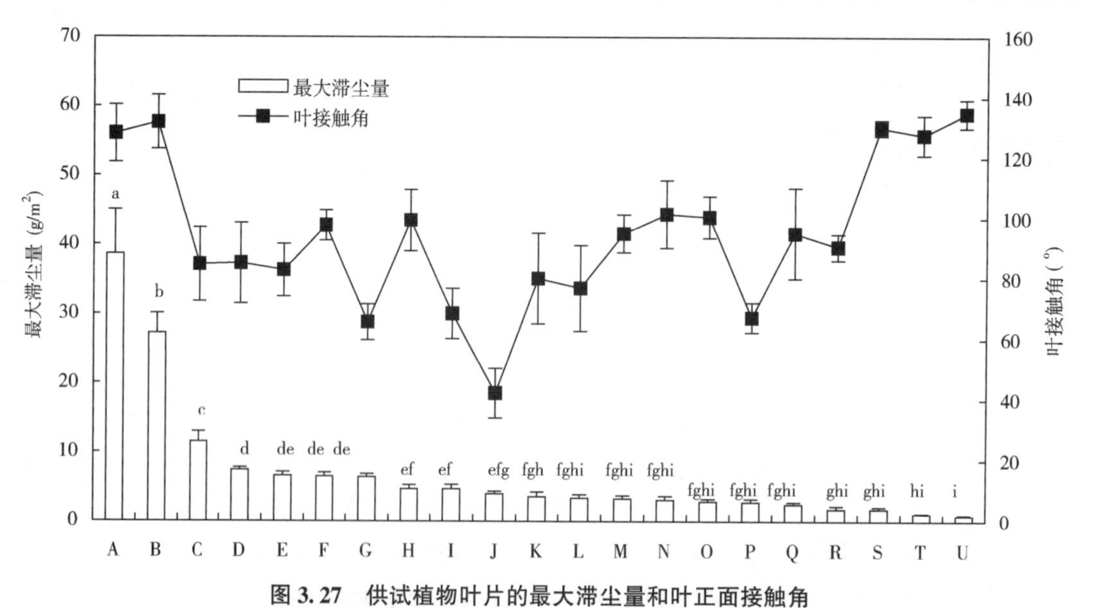

图 3.27　供试植物叶片的最大滞尘量和叶正面接触角

A：悬铃木；B：槐；C：榆叶梅；D：小叶黄杨；E：小叶女贞；F：栾树；G：樱花；H：爬山虎；I：女贞；J：桃树；K：毛楝；L：大叶黄杨；M：海桐；N：丁香；O：月季；P：加杨；Q：紫荆；R：鸡爪槭；S：紫叶小檗；T：银杏；U：三叶草。不同字母表示差异显著（$P<0.05$）

定的 21 种植物中，接触角>90°（不润湿）的物种有三叶草、槐、紫叶小檗、海桐、鸡爪槭、栾树、悬铃木、紫荆、丁香、爬山虎和月季 12 种，占测定总数的 57.1%，接触角<90°（润湿）的有樱花、女贞、小叶女贞、榆叶梅、桃树、毛梾、大叶黄杨、小叶黄杨和加杨 9 种，占测定总数的 42.9%。

21 种植物叶片的表面自由能在 7.8~55.3mJ/m² [图 3.28（a）]，均为低表面能固体表面。色散分量和极性分量的变化范围分别为：7.7~28.9mJ/m² 和 0.1~35.8mJ/m² [图 3.28（b），图 3.28（c）]。对于所研究的植物叶片而言，樱花、大叶黄杨、加杨、女贞、毛梾和桃树 6 个物种叶面的极性分量占到了表面自由能的 20%以上，其他物种的极性分量均在 20%以下。其中悬铃木、槐、三叶草、栾树、爬山虎、鸡爪槭等 12 个物种的色散分量占到了 90%以上，而极性分量在 10%以下。

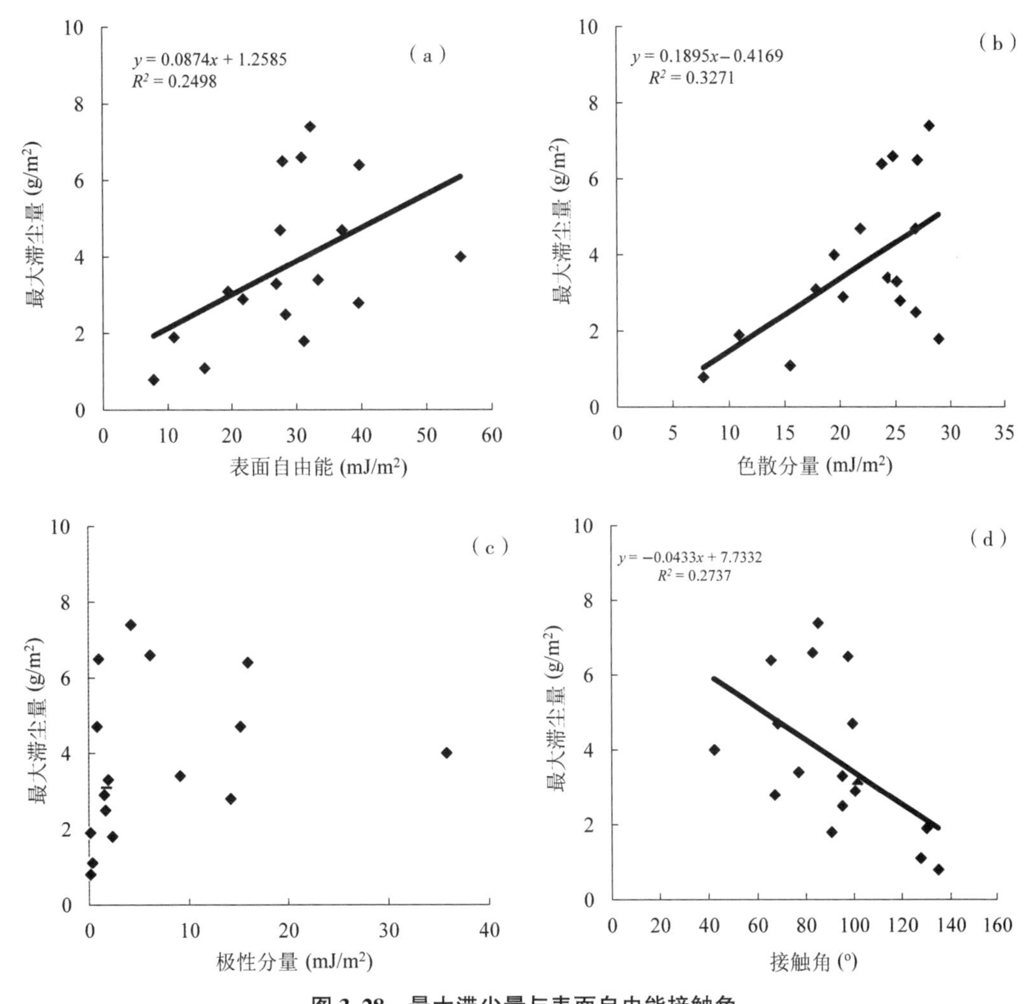

图 3.28　最大滞尘量与表面自由能接触角

（a）：表面自由能；（b）：色散分量；（c）：极性分量；（d）：接触角

由于叶面着生的细密绒毛对滞尘量影响很大，为说明叶面润湿性、表面自由能及其极性和色散分量与最大滞尘量之间的关系，选取悬铃木、槐、榆叶梅和毛梾以外的物种进行分析。结果表明，在所研究的表面自由能和滞尘量范围内，表面自由能及其色散分量与最大滞尘量呈显著正相关［Pearson r=0.500，0.572，P<0.05；图 3.28（a），3.28（b）］，极性分量与最大滞尘量间关系不显著［Pearson r=0.244，P>0.05；图 3.28（c）］。接触角与最大滞尘量呈显著负相关［Pearson r=−0.523，P<0.05；图 3.28（d）］。

21 种植物，除叶表面着生绒毛的槐、悬铃木、榆叶梅和毛梾 4 个物种外，易润湿的叶片具有较强的滞尘能力，不润湿的叶片滞尘能力较小，叶片接触角和滞尘量之间呈显著负相关。叶片接触角较大时，由于叶面表皮细胞突起、角质层折叠、蜡质晶体的微观形态结构及蜡质晶体的疏水性质使得叶片与粉尘等污染物的接触面积较小，从而导致颗粒物与叶面的亲和力较小，滞留的粉尘易于在风、降水等的作用下离开叶面。而对于接触角较小的润湿叶片，叶面的微观结构如凹凸不平、具有沟状组织、脊状皱褶等（Koch 等，2009），使得粉尘等污染物与叶面的接触面积较大，滞留的粉尘不易从叶面脱落，叶片滞留颗粒物的能力也就相对较强。

对植物叶片而言，表面自由能与其化学组成等有关。植物叶片的化学组成主要是羟基脂肪酸、脂肪族化合物、环状化合物等非极性或弱极性的物质（Müller 和 Riederer，2005）。因此叶片表面自由能主要表现为分子间色散力的作用，而极性分量对表面自由能的贡献相对较小，Shen 等（2004）对柿子叶片表面自由能的测定也表明色散分量对表面自由能的贡献达到了 83.8%。当环境中的粉尘等颗粒物运动到足够靠近叶面时，在色散力的作用下，颗粒物被吸附在叶片表面上，因此这种吸附作用与色散力的作用密切相关。表面自由能的色散分量越大对固体颗粒物的吸附作用越强，反之则越弱。因此植物叶面滞尘量与表面自由能的色散分量呈正相关。而反映表面分子间偶极和氢键相互作用的极性分量对表面自由能的贡献相对较小，这可能导致极性分量对叶片滞尘作用的贡献相对较小。但是粉尘等颗粒物的组成非常复杂，当含有的极性官能团与叶面的—OH、—COOH、—CHO 等极性官能团发生相互作用时，极性分量对叶片滞尘能力的影响也是不可忽视的。

第4章 城市不同污染环境下植物叶面滞留$PM_{2.5}$等颗粒物

叶面微形态和环境条件能够影响叶片滞留颗粒物的能力（贾彦等，2012；邱媛等，2008；Räsänen et al.，2013）。Räsänen 等（2013）模拟测定了 NaCl 粒子在欧洲赤松、欧洲桦、椴树和疣枝桦叶面的滞留能力及受叶面特征的影响，但模拟结果与叶片实际滞留$PM_{2.5}$等颗粒物情况存在很大差异。Sæbø 等（2012）在挪威（繁忙的高速公路附近）和波兰（不受交通和工业污染的郊外）研究了 47 个树种的叶面滞留颗粒物量，表明树种间滞留颗粒物数量的差异显著，且随粒径变小而降低，并且滞尘量随环境不同有一定变化。为此本研究在北京市和西安市选择了不同污染程度的样点，测定和比较了常见树种的单位叶面积滞留 $PM_{2.5}$等颗粒物的量、叶面滞留 $PM_{2.5}$等颗粒物的时间进程、叶面微形态结构的影响以及不同污染状态下叶面的响应。

4.1 城市不同污染环境下叶面滞留 $PM_{2.5}$等颗粒物

4.1.1 大叶女贞和小叶女贞在不同区域的滞尘及颗粒组成特点

在 22 个采样点进行的研究，表明大叶女贞和小叶女贞叶面滞尘量的变化范围分别为 $0.96\sim5.56g/m^2$和 $1.04\sim6.70g/m^2$。由表 4.1 可见，2 种植物叶面滞尘量在不同区域具有显著差异（ANOVA，$P<0.05$），小叶女贞叶面滞尘量显著大于大叶女贞（t 检验，$P<0.05$）。大叶女贞和小叶女贞叶面滞尘量在轻度污染区、中度污染区和重度污染区分别较相对清洁区高 14.8%、35.4%和 232.9%；79.5%、243.3%和 286.5%。

表 4.1　大叶女贞和小叶女贞在不同区域的叶面滞尘量　(g/m^2)

不同区域	采样点	大叶女贞		小叶女贞	
		滞尘量	平均滞尘量	滞尘量	平均滞尘量
相对清洁区	1	1.17±0.14[ghij]	1.17±0.14[c]	1.04±0.24[h]	1.04±0.24[d]
轻度污染区	2	1.10±0.05[ghij]	1.34±0.15[c]	2.27±0.73[fg]	1.87±0.79[c]
	3	1.27±0.21[ghij]		1.67±0.39[fgh]	
	4	1.50±0.20[ghij]		1.42±0.18[gh]	
	5	1.11±0.27[ghij]		1.42±0.52[gh]	
	6	1.52±0.24[ghij]		2.13±0.82[fgh]	
	7	1.56±0.39[ghi]		2.29±0.13[fg]	
中度污染区	8	1.82±0.32[gh]	1.58±0.35[b]	6.70±0.57[a]	3.57±2.43[b]
	9	0.96±0.43[j]		1.79±0.53[fgh]	
	10	1.43±0.15[ghij]		3.05±0.98[ef]	
	11	2.54±0.57[ef]		3.11±0.77[ef]	
	12	1.35±0.07[ghi]		1.91±0.68[fgh]	
	13	1.54±0.06[ghi]		5.43±1.16[bc]	
	14	2.18±0.28[fg]		5.28±0.83[bc]	
	15	1.11±0.26[ghij]		2.21±0.03[fg]	
	16	1.33±0.28[ghij]		2.65±0.17[f]	
重度污染区	17	2.94±0.37[de]	3.90±2.33[a]	2.06±0.12[fgh]	4.02±2.87[a]
	18	4.52±0.25[c]		3.97±0.58[de]	
	19	3.26±0.17[d]		2.99±0.26[ef]	
	20	2.20±0.21[fg]		4.33±0.42[cd]	
	21	4.89±0.11[b]		6.00±1.35[ab]	
	22	5.56±0.62[a]		4.77±1.14[cd]	

注：不同小写字母表示 Turkey 多重比较在 $P=0.05$ 水平上差异显著性水平。

由图 4.1 可知，大叶女贞和小叶女贞叶面降尘粒径均小于 60μm，大叶女贞叶面降尘呈双峰分布，而小叶女贞呈单峰分布。将叶面尘粒径分为≤0.5μm、0.5~1μm、1~2.5μm、2.5~5μm、5~10μm 和 10~60μm 6 个粒级。除粒径大于 10μm 的颗粒物，不同区域大叶女贞叶面滞留的颗粒体积分数均大于小叶女贞（表 4.2）；与之对应的则是，大叶女贞叶面尘粒径均值、d_{10}、d_{50}、d_{90}均小于小叶女贞。其中，d_{10}表示一个样品的累计粒度分布达到 10%时所对应的粒径；d_{50}表示一个样品的累计粒度分布达到 50%时所对应的粒径，又称中位粒径或中值粒径；d_{90}表示一个样品的累计粒度分布达到 90%时所对应的粒径。

与相对清洁区相比，大叶女贞叶面上滞留的≤0.5μm、0.5~1μm、1~2.5μm、2.5~5μm、5~10μm 的颗粒物数量在污染区域均有不同程度的提高；而粒径 10~60μm 颗粒物在污染区域较相对清洁区降低。对小叶女贞而言，除粒径为 10~60μm 的颗粒物在轻度污染区和重度污染区较相对清洁区稍有提高，其他 5 个粒级的变化均不明显（表 4.2）。

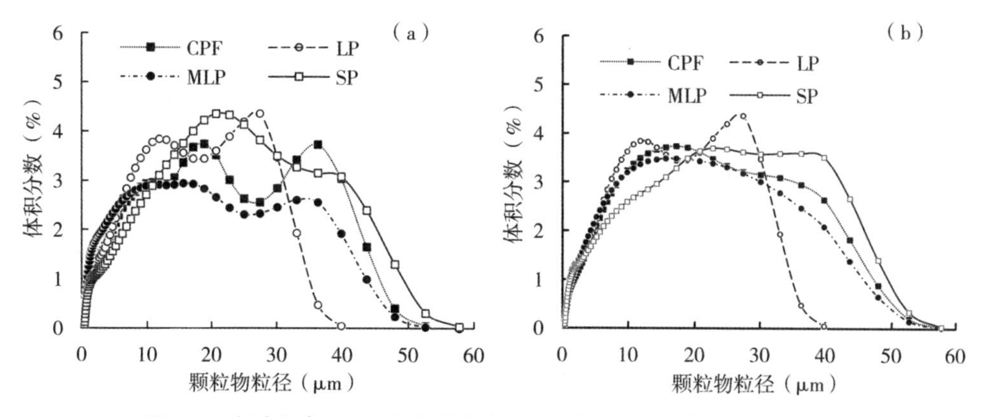

图 4.1　大叶女贞（a）和小叶女贞（b）在不同区域的降尘粒径分布

CPF：相对清洁区；LP：轻度污染区；MLP：中度污染区；SP：重度污染区

表 4.2　大叶女贞和小叶女贞叶面在不同区域的降尘粒径分布

物种	采样区域	体积分数（%）					
		≤0.5μm	0.5~1μm	1~2.5μm	2.5~5μm	5~10μm	10~60μm
大叶女贞	相对清洁区	0.70	4.56	12.62	11.84	20.69	49.59
	轻度污染区	0.81±0.18	5.29±1.08	15.30±2.77	13.93±2.60	23.50±1.80	41.18±7.55
	中度污染区	0.87±0.14	5.65±1.07	16.76±3.95	15.46±3.40	23.34±2.37	37.91±10.41
	重度污染区	0.93±0.21	5.95±1.55	16.13±4.61	13.58±2.84	22.15±2.82	41.26±11.62
小叶女贞	相对清洁区	0.63	3.63	9.63	10.97	21.40	53.74
	轻度污染区	0.58±0.13	3.39±0.84	9.23±2.25	10.32±1.59	19.23±1.96	57.26±6.63
	中度污染区	0.64±0.05	3.80±0.34	10.40±1.54	11.40±1.97	20.84±2.19	52.92±5.86
	重度污染区	0.59±0.08	3.48±0.52	9.06±1.45	9.20±1.12	17.26±1.29	60.42±4.04

物种	采样区域	粒径（μm）				
		平均	d_{10}	d_{50}	d_{90}	粒径峰值
大叶女贞	相对清洁区	8.78	1.55	10.64	35.20	18.86
	轻度污染区	7.24±1.26	1.42±0.19	8.53±1.85	28.19±1.63	14.56±9.32
	中度污染区	6.84±1.54	1.37±0.19	7.90±2.12	28.23±6.32	19.59±10.60
	重度污染区	7.22±2.06	1.37±0.28	8.75±3.23	29.20±4.56	25.11±5.57
小叶女贞	相对清洁区	9.81	1.92	11.95	34.71	17.18
	轻度污染区	10.84±1.89	2.13±0.49	14.93±1.73	37.25±4.39	22.03±4.13
	中度污染区	9.66±1.21	1.85±0.16	11.91±1.78	34.23±4.74	19.50±3.98
	重度污染区	11.51±1.21	2.06±0.28	14.93±1.73	39.69±2.84	24.73±3.21

4.1.2　白蜡、毛白杨、大叶黄杨等9种植物在不同城市污染环境下的叶面滞尘

各树种单位叶面积 PM、$PM_{>10}$、$PM_{2.5\sim10}$滞留量差异极显著（表 4.3，$P<0.001$）。植

物园 9 个树种的 PM、$PM_{>10}$、$PM_{2.5\sim10}$滞留量分别在 0.61～2.25、0.50～1.89、0.04～0.21g/m²之间，而国贸桥分别在 0.76～6.17、0.60～5.13、0.04～0.61g/m²之间。2 个地点滞留 PM 能力较强的树种均为大叶黄杨、玉兰和元宝枫，而毛白杨和垂柳的滞留 PM 能力较弱。2 个地点单位叶面积 $PM_{>10}$的滞留量均占 PM 滞留量的 75%以上，因此各树种叶面 $PM_{>10}$滞留量大小顺序与 PM 一致。植物园 9 个树种单位叶面积 $PM_{2.5\sim10}$滞留量占 PM 滞留量的 3.4%～12.5%，平均值为 8.3%；国贸桥为 4.8%～13.5%，平均值为 7.9%，其中大叶黄杨单位叶面积 $PM_{2.5\sim10}$的滞留量最大，而玉兰和元宝枫在国贸桥也表现出较强的滞留能力，但在植物园却较弱。

各树种单位叶面积 $PM_{2.5}$的滞留量在国贸桥差异显著（$P<0.05$），但在植物园却并不显著（$P>0.05$）。植物园 9 个树种 $PM_{2.5}$的滞留量在 0.04～0.15g/m²，占 PM 的 3.7%～8.7%，平均值为 6.1%；国贸桥在 0.05～0.43g/m²之间，占 PM 滞留量的 5.0%～11.5%，平均值为 8.3%。大叶黄杨和槐的单位叶面积 $PM_{2.5}$的滞留能力较强；另外，白蜡在植物园居第三，而在国贸桥却居第八。

植物园和国贸桥环境空气中 $PM_{2.5}$和 PM_{10}比值分别为 0.82 和 0.74；而这两个地点9 个树种的平均滞留量 $PM_{2.5}/PM_{10}$仅分别为 0.49 和 0.52（表 4.3）。

表 4.3　植物园和国贸桥 9 个树种单位叶面积滞留颗粒物量与组分（g/m²）及其比值

树　种	滞尘量（g/m²）							
	国贸桥				植物园			
	PM	$PM_{>10}$	$PM_{2.5\sim10}$	$PM_{2.5}$	PM^*	$PM^*_{>10}$	$PM^*_{2.5\sim10}$	$PM_{2.5}$
大叶黄杨	6.17ᵃ	5.13ᵃ	0.61ᵃ	0.43ᵃ	2.25ᵃ	1.89ᵃ	0.21ᵃ	0.15ᵃ
玉兰	3.02ᵇ	2.64ᵇ	0.23ᵇ	0.15ᵇ	1.39ᵇ	1.26ᵇᶜ	0.09ᵇᶜ	0.04ᵇ
元宝枫	2.32ᶜ	2.01ᶜ	0.17ᶜ	0.14ᵇᶜ	1.75ᵇ	1.65ᵃᵇ	0.04ᶜ	0.06ᵃᵇ
槐	1.41ᵈ	1.20ᵈ	0.05ᵉ	0.16ᵇ	0.66ᵈᵉ	0.53ᵈᵉ	0.05ᶜ	0.08ᵃᵇ
银杏	1.25ᵈ	1.03ᵈᵉ	0.13ᶜᵈ	0.09ᵇᶜ	0.98ᶜᵈ	0.83ᵈᵉ	0.09ᵇᶜ	0.06ᵃᵇ
紫叶李	1.13ᵈ	0.91ᵈᵉ	0.11ᵈ	0.11ᵇᶜ	1.16ᵇᶜ	0.93ᶜᵈ	0.13ᵇ	0.10ᵃᵇ
垂柳	0.91ᵈ	0.76ᵈᵉ	0.05e	0.10ᵇᶜ	0.61ᵉ	0.50ᵉ	0.07ᵇᶜ	0.04ᵇ
白蜡	0.80ᵈ	0.60ᵉ	0.11ᵈ	0.09ᵇᶜ	1.11ᶜ	0.93ᶜᵈ	0.11ᵇᶜ	0.07ᵃᵇ
毛白杨	0.76ᵈ	0.67ᵉ	0.04ᵉ	0.05ᶜ	0.90ᵈ	0.80ᵈᵉ	0.06ᵇᶜ	0.04ᵇ

树　种	比　值			
	PM/PM^*	$PM_{>10}/PM^*_{>10}$	$PM_{2.5\sim10}/PM^*_{2.5\sim10}$	$PM_{2.5}/PM^*_{2.5}$
大叶黄杨	2.74	2.71	2.90	2.87
玉兰	2.17	2.09	2.56	3.75
元宝枫	1.33	1.22	4.25	2.33
槐	2.14	2.26	1.00	2.00
银杏	1.28	1.24	1.44	1.50
紫叶李	0.97	0.98	0.85	1.10
垂柳	1.49	1.52	0.71	2.50
白蜡	0.72	0.65	1.00	1.29
毛白杨	0.84	0.84	1.00	1.25

注：* 表示植物园树种滞留颗粒物的质量；同列数据后的不同小写字母表示叶面单位叶面积滞留不同粒径颗粒物在 $P=0.05$ 水平上差异显著性水平。

由表4.3可知，国贸桥和植物园9个树种PM、$PM_{>10}$、$PM_{2.5\sim10}$和$PM_{2.5}$平均滞留量的比值分别为1.64、1.60、1.89和2.50。

国贸桥的大叶黄杨、玉兰、元宝枫、槐、银杏和垂柳单位叶面积PM和$PM_{>10}$的滞留量均大于植物园，其中，大叶黄杨差异最大；但紫叶李、白蜡和毛白杨却略小于植物园。国贸桥的大叶黄杨、玉兰、元宝枫和银杏单位叶面积$PM_{2.5\sim10}$滞留量均大于植物园，其中，元宝枫差异最大，垂柳却小于植物园；槐、白蜡和毛白杨单位叶面积$PM_{2.5\sim10}$滞留量相等。另外，国贸桥9个树种单位叶面积$PM_{2.5}$的滞留量均大于植物园。

大叶黄杨单位叶面积PM、$PM_{>10}$、$PM_{2.5\sim10}$和$PM_{2.5}$的滞留量均大于其他树种，部分原因可能是其作为低矮常绿灌木，比其他树种更接近地面尘源，这也是王赞红和李纪标（2006）研究大叶黄杨的主要原因。2个地点白蜡、毛白杨和垂柳的PM滞留能力均较差，这与王蕾等（2006）的研究结果基本一致。

植物园元宝枫单位叶面积PM滞留量大于紫叶李和白蜡，其中单位叶面积$PM_{2.5\sim10}$滞留量却较小；而槐单位叶面积PM的滞留量居第八位，$PM_{2.5}$却居第三位。同样，国贸桥槐单位叶面积PM滞留量居第四位，$PM_{2.5\sim10}$却居第八，但$PM_{2.5}$仅次于大叶黄杨。贾彦等（2012）的研究中也发现，虽然红花檵木叶片滞尘量只有桂花的一半，但$PM_{2.5}$的滞留量却相差不大。由此可知，树种单位叶面积PM滞留能力不能决定其他粒径段颗粒物的滞留能力。

Dzierzanowski等（2011）发现，叶面滞留PM组分以大颗粒物（10~100μm）为主，粗颗粒物（2.5~10μm）次之，细颗粒物（0.2~2.5μm）最小。该研究中，2个地点$PM_{>10}$为PM的绝对主体（75%以上），因为质量与粒径呈立方关系（如直径为30μm和密度为2.5g/cm^{3}的颗粒物的质量是直径1μm和密度1g/cm^{3}的颗粒的67500倍）。另外，贾彦等（2012）和王蕾等（2006）通过对粉尘颗粒物数量的分析得出，叶面主要滞留的颗粒物是PM_{10}和$PM_{2.5}$。该研究单位叶面积$PM_{2.5\sim10}$和$PM_{2.5}$的滞留量相差不大，表明叶面滞留$PM_{2.5}$的数量远大于$PM_{2.5\sim10}$。

2个地点9个树种滞留的$PM_{2.5}/PM_{10}$平均值均小于环境空气中二者的比值，可能与以下几方面有关：①该研究采用水洗法，叶表面滞留的颗粒中部分可溶性颗粒物溶解在水中；水洗时也可能导致部分颗粒粒径发生变化；②在过滤过程中，孔径为10μm的滤膜在达到饱和后也能截留部分细颗粒物；③部分颗粒物可以进入叶面的蜡质层（Jouraeva et al.,2002；Kaupp et al.,2000），采用水洗方法无法测定蜡质层中的颗粒物量。

Nowak等（2006）和Tallis等（2011）利用UFORE模型得出，污染物的沉降量为沉降速率与污染浓度的乘积，并且汽车尾气排放已经成为北京大气颗粒物的第一污染源（郝吉明等，2001；吉木色等，2013），2013年5~10月国贸桥$PM_{2.5}$和PM_{10}浓度的平均值均高于植物园，由此导致国贸桥和植物园9个树种PM、$PM_{>10}$、$PM_{2.5\sim10}$和$PM_{2.5}$平均滞留量的比值分别为1.64、1.60、1.89和2.50。在研究中我们还发现，树种滞留能力存在地点差异并随着粒径减小呈增大的趋势。

国贸桥的大叶黄杨单位叶面积PM、PM_{10}、$PM_{2.5\sim10}$的滞留量均大于植物园，但毛白杨却较小。Sæbø 等（2012）的研究发现，疣枝桦在污染程度较大的挪威，$PM_{2.5}$的滞留能力最强，而 PM 的滞留能力较弱；而在较清洁的波兰却表现出很高的 PM 滞留量。由此可知，污染严重的地点树种叶片滞留的各粒径段颗粒物的能力并不一定强。

4.1.3 城市不同污染环境下叶面微形态结构

2 个地点 9 个树种上、下叶面的微形态结构和特征测量值如表 4.4、表 4.5、图 4.2 和图 4.3 所示。由图 4.2 和图 4.3 可知，国贸桥槐上表面较植物园粗糙，突起显著。在同样放大倍数下，国贸桥垂柳上表面条状组织较植物园紧密，间隙距离为 1~5μm（图 4.2D 和图 4.3D）；植物园紫叶李叶上表面的条状组织间隙只有 1~3μm（图 4.2I），而国贸桥并不明显(图 4.3I)。植物园白蜡上表面发现绒毛，而国贸桥却没有。国贸桥毛白杨上表面较植物园光滑。由表 4.5 可知，植物园元宝枫的气孔密度最大，为 $445\pm24N/mm^2$，是垂柳的 4.09 倍，而国贸桥元宝枫的气孔密度是垂柳的 4.29 倍；2 个地点紫叶李下表面气孔密度变化较大。单叶面积较大的毛白杨、玉兰和元宝枫在 2 个地点相差较大，其余树种相差不大。

表 4.4 不同树种上、下叶面结构特征

物种	上表面结构特征	下表面结构特征
大叶黄杨	叶片革质，分布紧密排列的突起	突起边缘间的尺寸较宽
玉兰	块状突起，沟槽缝隙间距大	气孔较多，深沟槽
元宝枫	叶脉显著，条状突起有沟槽	气孔多
槐	有绒毛	密集沟槽，有绒毛
银杏	粗大的条状组织	保护细胞突起，无其他结构
紫叶李	密布极细的网状浅沟组织	多浅沟组织
垂柳	分布着气孔与较浅的纹理组织	密布条状组织
白蜡	多深沟槽	突起较多
毛白杨	浅沟槽较多	气孔周围密布条状组织

4.1.4 城市不同环境下叶面润湿性

植物园 9 个树种中上表面接触角最小的为垂柳，最大的为银杏；下表面接触角小于 90°的有白蜡、毛白杨、大叶黄杨、元宝枫和紫叶李，接触角大于 90°的有垂柳、玉兰、银杏和槐。国贸桥上表面接触角最小的为毛白杨，最大的为槐；下表面接触角小于 90°的有白蜡、毛白杨、大叶黄杨、紫叶李、元宝枫、槐和垂柳，大于 90°的有银杏、玉兰（表 4.5）。

利用 PCA 对植物园和国贸桥的 9 个树种的叶面特征（表 4.5）在滞留颗粒物方面的重要性进行分析，前 2 个主成分的载荷如图 4.4 所示。由图 4.4 可见，植物园的成分 1 和成分 2 所占比例为 72.3%（图 4.4A），国贸桥前 2 个主成分所占比例为 74.7%（图 4.4B），均可近似表示各树种叶面的 7 个微形态特征，并且在 2 个地点叶片上表面接触角、下表面气孔长宽比对滞尘影响较大，下表面气孔宽度影响较弱，但 2 个地点的树种叶片 7 个形态

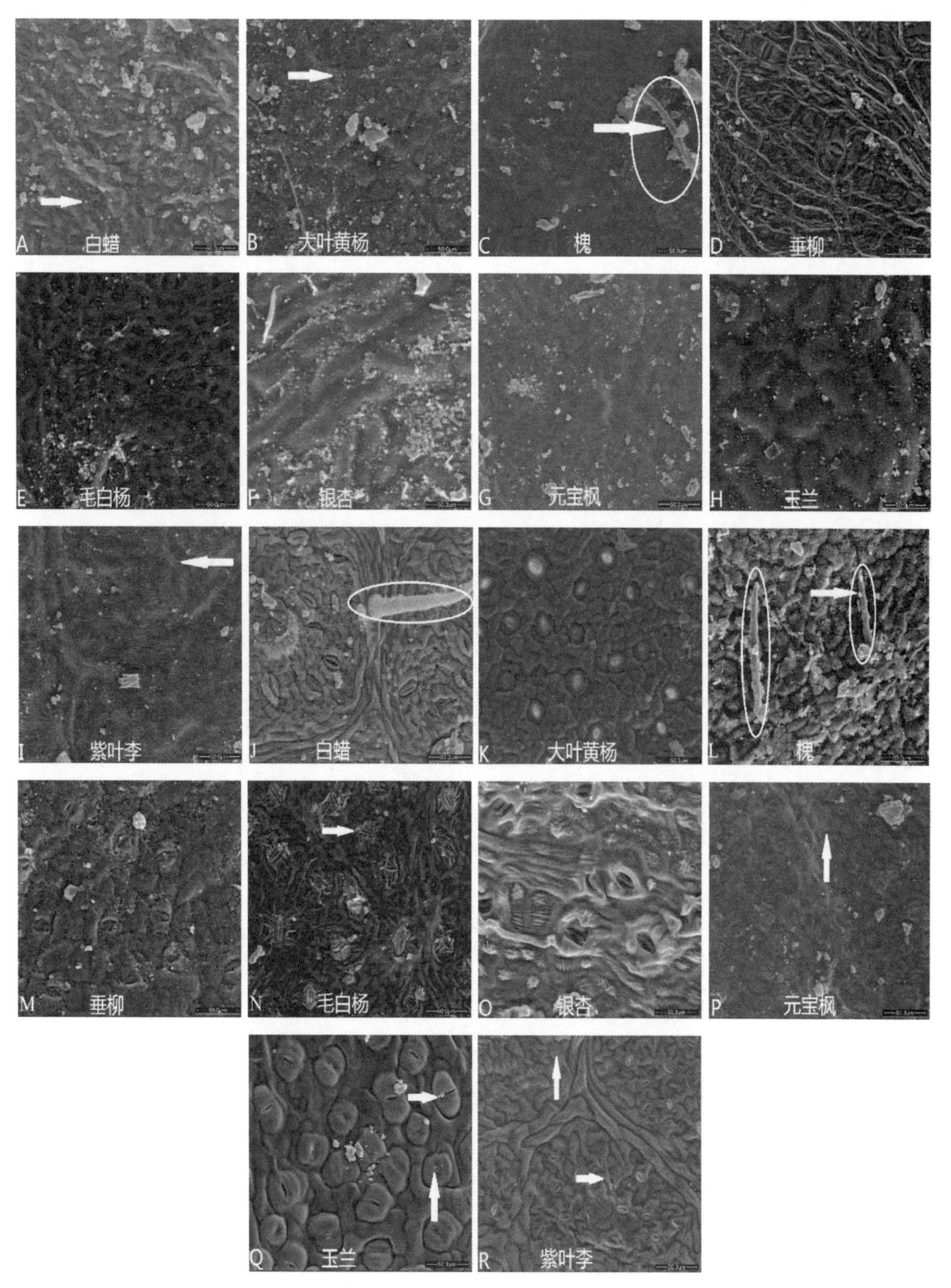

图 4.2　植物园不同树种叶片扫描电镜图

放大倍数为 1000；A~I 为叶片上表面；J~R 为叶片下表面；箭头指示滞留的 $PM_{2.5}$；椭圆指示绒毛

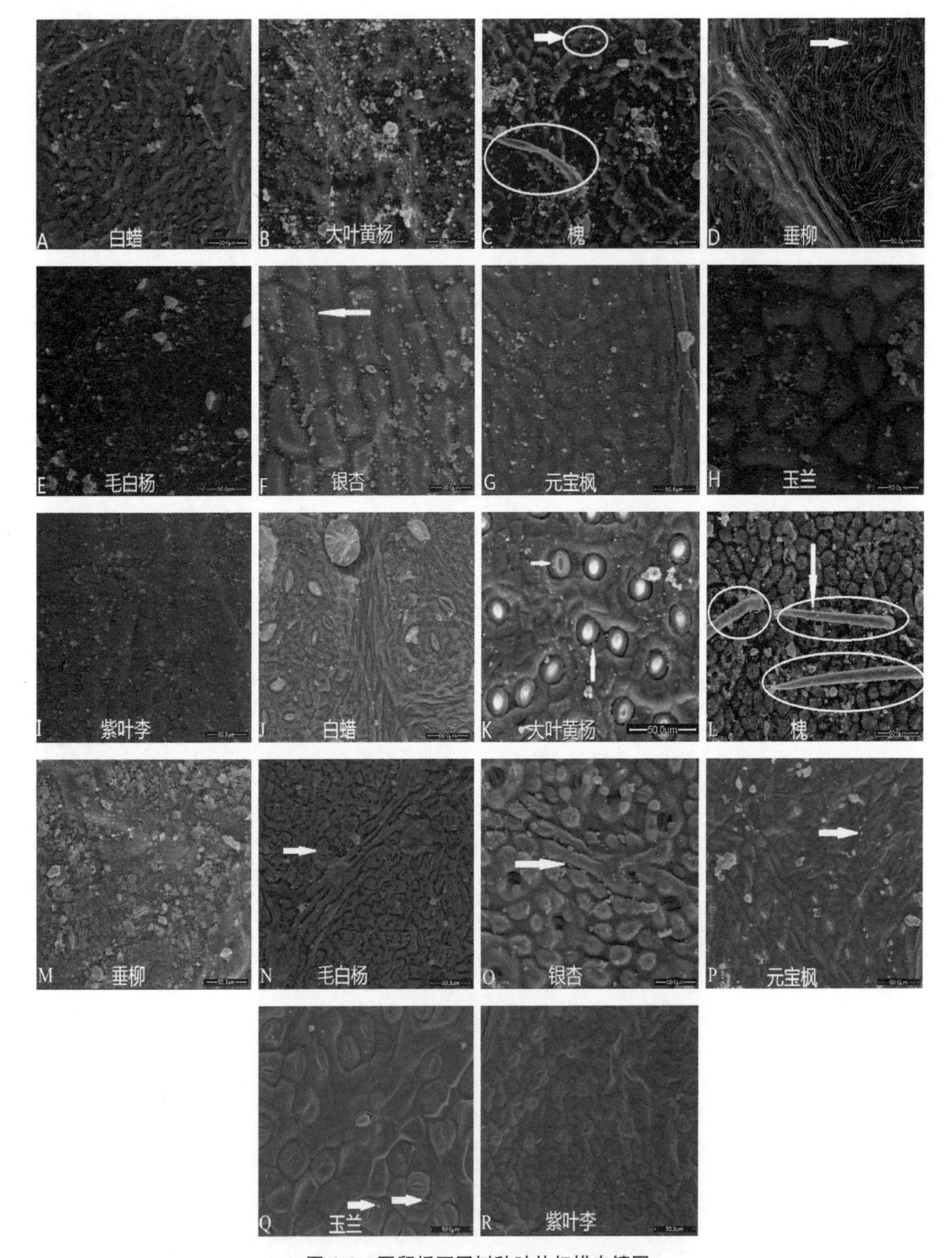

图 4.3　国贸桥不同树种叶片扫描电镜图

放大倍数为 1000；A~I 为叶片上表面；J~R 为叶片下表面；箭头指示滞留的 $PM_{2.5}$；椭圆指示绒毛

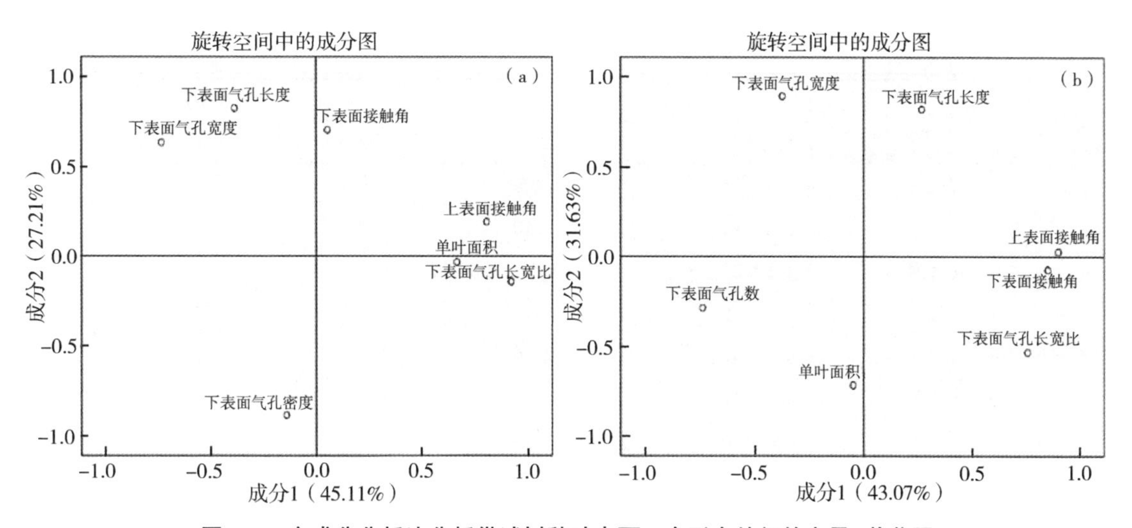

图 4.4　主成分分析法分析供试树种叶表面 7 个形态特征的变量-载荷图

(a)：植物园；(b)：国贸桥

特征的滞尘量影响程度并不相同。并且依据 Holder（2007）的判断标准，9 个树种的上、下表面均易润湿（表 4.5）。

表 4.5　植物园和国贸桥各树种的叶表特征测量值（均值±SD）

采样点	物种	气孔密度 (N/mm^2)	气孔长度 (μm)	气孔宽度 (μm)	气孔长宽比	单面叶面积 (cm^2)
植物园	大叶黄杨	247±2. 8	19. 62±0. 01	15. 30±0. 83	1. 30±0. 07	13. 71±0. 55
	玉兰	217±0. 7	19. 13±0. 37	7. 97±0. 10	2. 45±0. 08	80. 24±16. 8
	元宝枫	445±24. 0	9. 76±0. 04	5. 20±0. 06	1. 91±0. 03	37. 09±1. 32
	槐	—	—	—	—	7. 46±0. 29
	银杏	69±1. 3	23. 14±0. 25	11. 34±0. 31	2. 04±0. 19	17. 97±0. 35
	紫叶李	395±7. 8	14. 99±0. 38	7. 42±0. 08	2. 04±0. 03	16. 39±1. 13
	垂柳	109±4. 2	29. 44±0. 22	23. 51±0. 63	1. 26±0. 02	13. 41±0. 65
	白蜡	138±4. 9	23. 52±0. 80	11. 25±0. 76	2. 19±0. 09	24. 91±2. 02
	毛白杨	178±9. 2	17. 76±0. 19	7. 38±0. 11	2. 54±0. 01	75. 09±3. 10
国贸桥	大叶黄	198±4. 2	24. 01±1. 42	16. 51±1. 04	1. 50±0. 05	12. 51±1. 52
	玉兰	207±2. 1	18. 24±0. 08	7. 59±0. 26	2. 44±0. 09	36. 19±7. 31
	元宝枫	296±12. 3	8. 52±0. 12	3. 98±0. 21	2. 21±0. 07	30. 95±0. 26
	槐	109±2. 7	16. 45±1. 65	9. 94±1. 32	1. 66±0. 43	5. 76±0. 35
	银杏	89±1. 9	17. 32±0. 68	7. 44±0. 45	2. 33±0. 33	21. 55±2. 83
	紫叶李	277±5. 7	16. 22±0. 17	7. 90±0. 24	2. 09±0. 10	18. 30±0. 45
	垂柳	69±0. 7	17. 10±0. 69	6. 98±0. 47	2. 53±0. 10	13. 01±2. 97
	白蜡	227±24. 1	22. 49±0. 19	13. 16±0. 05	1. 72±0. 03	16. 60±1. 51
	毛白杨	168±3. 5	17. 06±0. 31	7. 16±0. 28	2. 46±0. 08	57. 32±0. 79

（续）

采样点	物种	接触角（°）		绒毛密度（N/mm²）	
		上表面	下表面	上表面	下表面
植物园	大叶黄杨	64.96±1.56	70.03±1.35	—	—
	玉兰	68.22±1.42	113.20±2.10	—	—
	元宝枫	58.14±1.32	70.15±1.38	—	—
	槐	67.50±1.79	97.70±0.69	0.80±0.50	2.00±1.20
	银杏	74.00±1.96	103.14±2.66	—	—
	紫叶李	62.56±2.12	75.90±1.23	—	—
	垂柳	53.09±1.00	115.90±0.84	—	—
	白蜡	58.78±3.30	60.16±2.30	—	0.40±0.20
	毛白杨	70.39±4.20	68.23±2.90	—	—
国贸桥	大叶黄	56.62±0.89	67.74±0.09	—	—
	玉兰	70.52±1.20	114.07±0.50	—	—
	元宝枫	62.42±3.23	71.06±1.04	—	—
	槐	85.43±1.36	82.04±0.29	—	1.50±1.00
	银杏	68.82±1.42	103.17±1.37	—	—
	紫叶李	60.65±3.18	68.40±0.29	—	—
	垂柳	69.96±0.05	86.16±1.65	—	—
	白蜡	63.39±3.84	62.42±1.96	—	—
	毛白杨	56.42±0.42	64.16±0.75	—	—

贾彦等（2012）、王蕾等（2006）和王会霞等（2010）认为粗糙程度大、接触角较小、微形态结构密集和深浅差别大的叶面，增加了叶面与颗粒物的接触面积，所以叶片对颗粒物的滞留量较高。刘璐等（2013）研究表明，叶面气孔密度较大，则滞尘能力较强。该研究中，滞尘能力较强的大叶黄杨、玉兰、元宝枫和紫叶李叶片表面的突起和条状组织密布，润湿性强（接触角都小于71°），气孔密度（>189 N/mm²）且上表面沟槽的间隙距离较大；而银杏、垂柳的气孔密度（69~109 N/mm²），下表面润湿性差（接触角大于85°），滞尘能力较弱；毛白杨的沟槽浅（表4.4）不利于颗粒物的滞留。

刘玲等（2013）认为，气孔吸附主导型（无绒毛、气孔密度和开度大）的叶面主要吸附细颗粒物。Burkhardt等（1995）的风洞试验表明，直径约为0.5μm的细小颗粒多积聚在针叶的气孔附近。贾彦等（2012）研究发现，叶面粗糙程度对颗粒物的滞留能力与叶面沟状结构的尺寸有关，叶面微结构尺寸对细颗粒物具有筛选作用；沟壑宽度小于或等于粉尘颗粒粒径时，将不会增强植物叶片的滞尘能力。该研究中，气孔密度（N/mm²）较大的植物园紫叶李（395），国贸桥的玉兰（207），元宝枫（296）滞留 $PM_{2.5\sim10}$ 的能力均较高，另外毛白杨气孔附近滞留了少量细颗粒物，但气孔密度较小（168和178）不利于滞留 $PM_{2.5\sim10}$，因此推断气孔密度较大（>207）利于 $PM_{2.5\sim10}$ 的滞留，由于该次试验研究数据有限，详细结论还需要进一步分析。另外，植物园紫叶李的沟壑（图4.2I）的尺寸小于3μm，并且沟壑密集，滞留较多的$PM_{2.5}$。国贸桥的垂柳叶片上表面条状组织紧密，间隙距离为1~5μm（图4.3D），增大了$PM_{2.5}$附着的可能；国贸桥的元宝枫比植物园的突起更为显著（图4.2G和图4.3G），有利于$PM_{2.5\sim10}$的滞留。

王会霞等（2010）研究发现，叶面绒毛数量及其形态、分布特征对滞尘能力有重要影响。该研究中的植物园槐叶片上、下表面均发现有绒毛，植物园白蜡叶片上表面有绒毛，但国贸桥则没有。由图4.3和4.4可以看出，2个地点的叶片绒毛上都黏附有细颗粒物。并且2个地点槐叶片滞留$PM_{2.5}$的质量仅次于植物园的紫叶李和国贸桥的大叶黄杨。植物园白蜡叶片考虑其他因素的影响，如气孔密度（138）居第六，单叶面积（24.91cm^2）居第四，但其$PM_{2.5}$滞留量居第三；而在国贸桥白蜡$PM_{2.5}$滞留量则居第七，气孔密度（227N/mm^2）居第三，单叶面积（16.60cm^2）居第六位，因此可由白蜡在植物园有绒毛而在国贸桥无绒毛来解释，表明叶片有绒毛对滞留$PM_{2.5}$有很大的增强作用。

国贸桥的垂柳下表面接触角和植物园相比变小（表4.5），润湿性更好，也部分增强了对$PM_{2.5}$的滞留能力。植物园和国贸桥的紫叶李、元宝枫叶片的气孔密度大且气孔长度和宽度小，气孔周围滞留了大量细颗粒物，导致$PM_{2.5}$滞留量大。毛白杨和玉兰的单叶面积大，其气孔长而宽，因此气孔密度小，不利于滞留细颗粒物。这与Räsänen等（2013）的研究结论有一定出入。Räsänen等（2013）发现，叶片大小与细颗粒物的滞留效率有关，并且有绒毛、气孔密度小、低润湿性的阔叶树种细颗粒物滞留效率较高，这可能是因为滞尘能力受树种和污染程度的影响较大。

4.2　城市不同污染环境下植物叶面滞留$PM_{2.5}$等颗粒物的时间进程

植物叶片的滞尘量有一个限度，超过这个极限，滞尘效果就会下降，直至处于一个动态平衡（王蕾等，2006；Rodríguez-Germade et al.，2014；王会霞等，2010；王赞红和李纪标，2006）。目前，王赞红和李纪标（2006）、邱媛等（2008）和Wang等（2013）研究了城市植物叶片滞留颗粒物的量随时间的变化，发现植物的滞尘量是时间的函数。由于叶面微结构可能会对滞留的颗粒物粒径起到筛选的作用（贾彦等，2012），但目前的研究并未涉及叶面滞留不同粒径的颗粒物。为此，本研究在北京市选择了有不同污染程度的3个地点，测定和比较了7种常见植物（大叶黄杨、毛白杨、白蜡、悬铃木、银杏、油松、小叶女贞）的单位叶面积滞留$PM_{2.5}$等颗粒物的时间进程。

7次采样期间，在达到饱和之前，7种植物叶面$PM_{>10}$、PM滞留量随时间延长而增大；$PM_{2.5}$和$PM_{2.5\sim10}$滞留量，尤其是$PM_{2.5}$，随时间变化不明显（图4.5、图4.6和图4.7）。

经Post Hoc多重比较LSD方差检验，植物园的白蜡、大叶黄杨、毛白杨、悬铃木、小叶女贞、银杏和油松叶面滞留$PM_{>10}$和PM可分别在24、16、16、16、16、16和28d达到饱和或接近饱和；叶面滞留$PM_{2.5}$、$PM_{2.5\sim10}$可分别在4d、12d达到饱和或接近饱和。黄村的白蜡、大叶黄杨、毛白杨、悬铃木、小叶女贞、银杏和油松叶面滞留$PM_{>10}$和PM可分

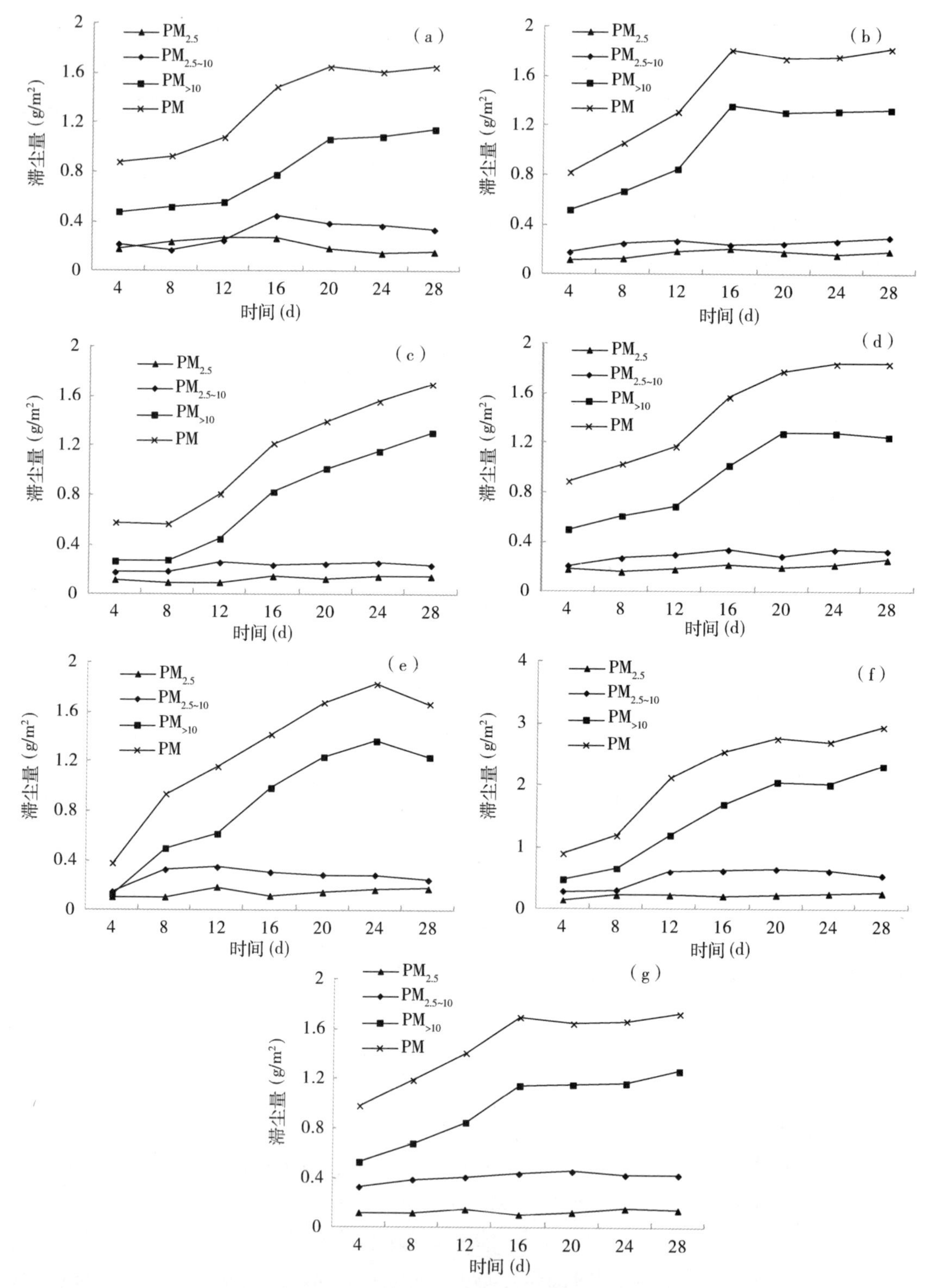

图 4.5　植物园 7 种植物叶面滞留 $PM_{2.5}$ 等颗粒物时间进程

(a)：大叶黄杨；(b)：毛白杨；(c)：白蜡；(d)：悬铃木；(e)：银杏；(f)：油松；(g)：小叶女贞

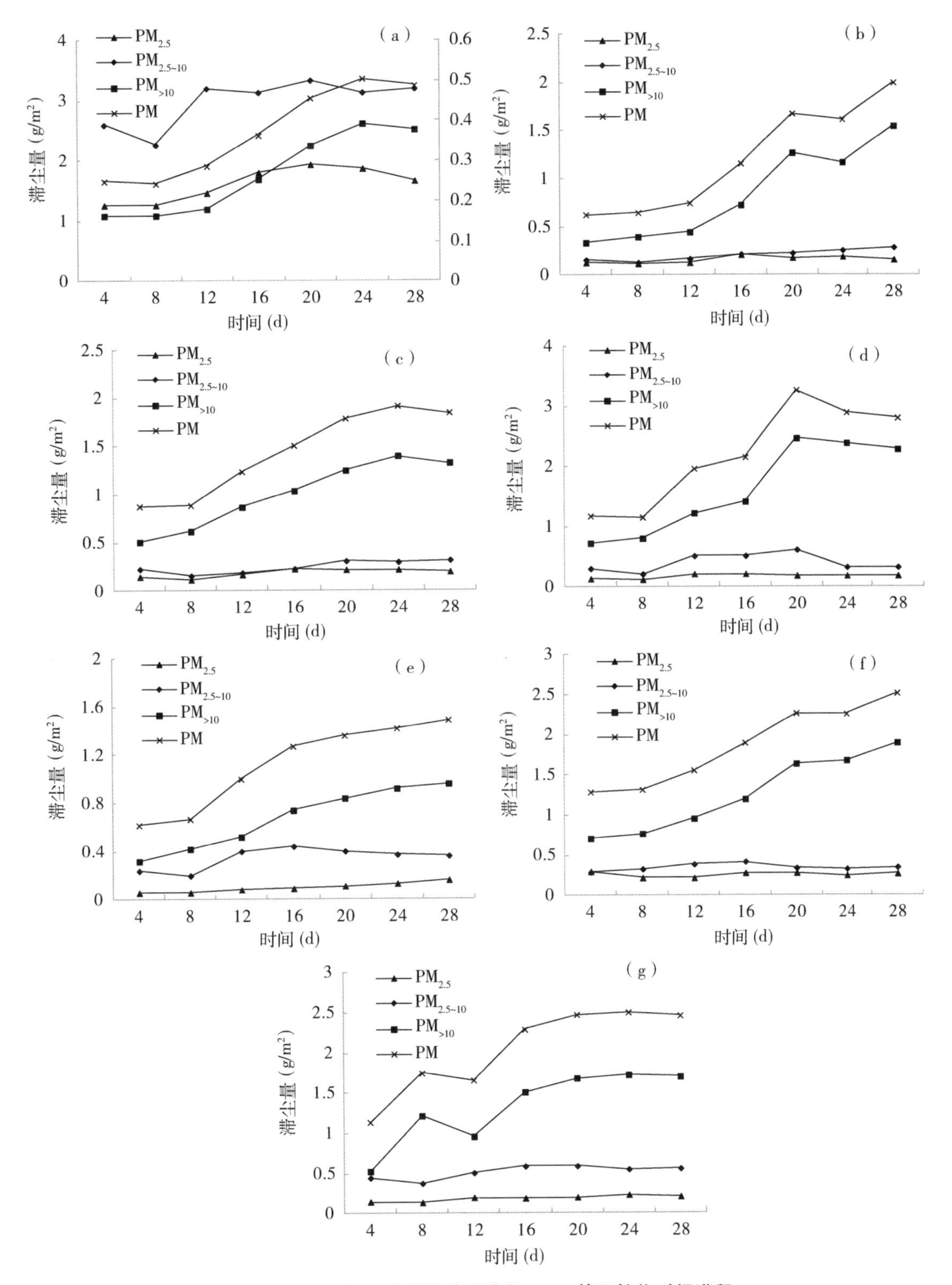

图 4.6　国贸桥 7 种植物叶面滞留 $PM_{2.5}$ 等颗粒物时间进程

(a)：大叶黄杨；(b)：毛白杨；(c)：白蜡；(d)：悬铃木；(e)：银杏；(f)：油松；(g)：小叶女贞

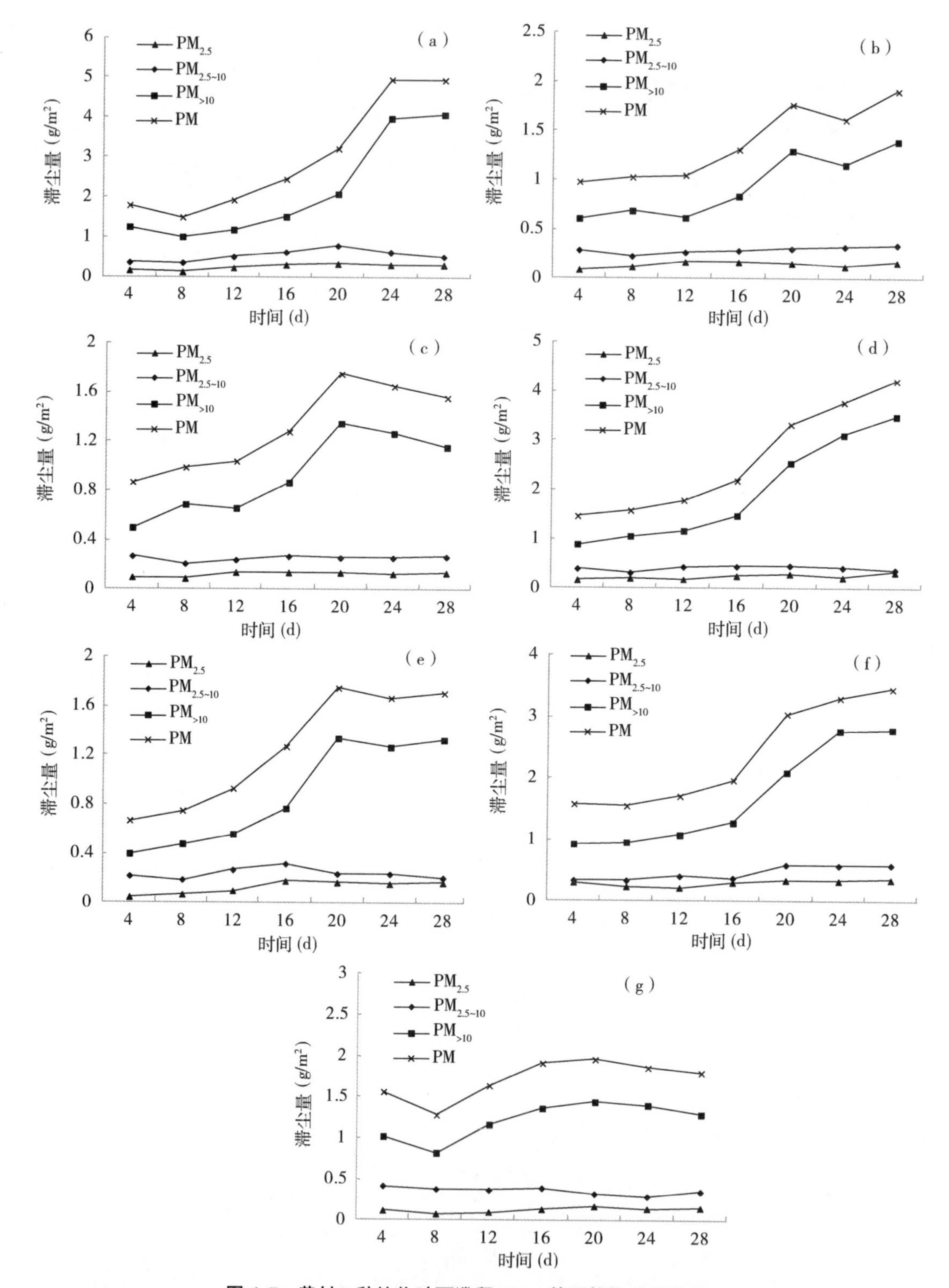

图 4.7　黄村 7 种植物叶面滞留 $PM_{2.5}$ 等颗粒物时间进程

(a)：大叶黄杨；(b)：毛白杨；(c)：白蜡；(d)：悬铃木；(e)：银杏；(f)：油松；(g)：小叶女贞

别在16、24、28、24、16、20和20d达到饱和或接近饱和；叶面滞留$PM_{2.5}$、$PM_{2.5\sim10}$可分别在4d、8d达到饱和或接近饱和。国贸桥的白蜡、大叶黄杨、毛白杨、悬铃木、小叶女贞、银杏和油松叶面滞留$PM_{>10}$和PM可分别在20、20、28、24、16、20和16d达到饱和或接近饱和；叶面滞留$PM_{2.5}$、$PM_{2.5\sim10}$可分别在4d、4~12d达到饱和或接近饱和。

叶面滞尘达到饱和的时间会因物种和大气中颗粒物浓度的不同而异。王赞红和李纪标（2006）的研究表明，在晴朗、微风的情况下，15d是大叶黄杨单叶片滞尘饱和的最大时限。为保持叶片滞尘能力，在北方城市的秋冬季连续干燥无雨情况下，最多15d就需要对大叶黄杨叶片进行人工冲洗。高金晖等（2007）在北京地区的研究表明，1d内植物叶片累积滞尘量与时间不呈线性关系，是一个复杂的动态过程。姜红卫等（2006）在苏州地区的研究表明，植物的滞尘量与滞尘时间呈线性关系，两者显著正相关。但进一步研究发现，由于苏州地区正常情况下3周内必然会下雨，因此，植物叶片的滞尘量一般不会达到饱和。Liu等（2012）在广州不同功能区的研究发现，大叶榕、小叶榕、红花羊蹄甲和芒果叶面滞尘可在28d达到饱和。邱媛等（2008）研究认为大叶榕、小叶榕、高山榕和紫荆叶面滞尘可在20d达到饱和。张新献等（1997）研究的北京居住区内槐等10个树种的滞尘能力在4周后仍未饱和。

白蜡、大叶黄杨、毛白杨、悬铃木、小叶女贞、银杏和油松叶面滞留PM和$PM_{>10}$饱和时间相近，但不同物种的饱和时间不同。同时我们还发现，污染严重的国贸桥和黄村的叶面滞尘饱和时间较植物园短，这可能与叶面滞留PM和$PM_{>10}$的相对量有关。而$PM_{2.5\sim10}$、$PM_{2.5}$的滞留则可在短时间达到饱和。但叶面滞尘量与4.1.2不同环境条件下叶面$PM_{2.5}$等颗粒物的滞留量相比较，均较小。第一次采样时，叶面上滞留的颗粒物在大气中暴露的时间很长，叶面上滞留的颗粒物受到降水和大风等天气状况的影响而未完全清除，仍有较多的颗粒物滞留在叶面上。小粒径的颗粒物$PM_{2.5\sim10}$、$PM_{2.5}$在不同环境条件下达到相对饱和的时间较短，是否与叶面微结构对小粒径颗粒物的选择性滞留有关，还有待于进一步的研究。

4.3　城市不同污染环境下叶面的响应

4.3.1　城市不同污染环境下（污染程度）叶片Pb、Cd含量

大叶女贞和小叶女贞叶片中Pb、Cd的含量在不同环境条件下具有显著差异（ANOVA，$P<0.001$）。2种植物叶片中Pb、Cd的含量无显著差异（t检验，$P>0.05$）。对大叶女贞而言，叶片中Pb含量的变化范围为9.66~128.58mg/kg，Cd含量的变化范围为11.82~46.58mg/kg［图4.8（a）］。对小叶女贞而言，Pb、Cd的含量分别变化于13.11~135.96mg/kg和13.11~52.92mg/kg［图4.8（b）］。大叶女贞叶片中Pb、Cd的含量在轻度污染区、中度污染区和重度污染区分别比相对清洁区高123.48%、163.59%、297.70%；63.96%、73.04%、161.76%［图4.8（c）］。小叶女贞叶片中Pb、Cd的含量在轻度污染区、中度污染区和重度污染区分别比相对清洁区高61.89%、173.66%、221.50%；3.65%、15.92%、25.26%［图4.8（d）］。

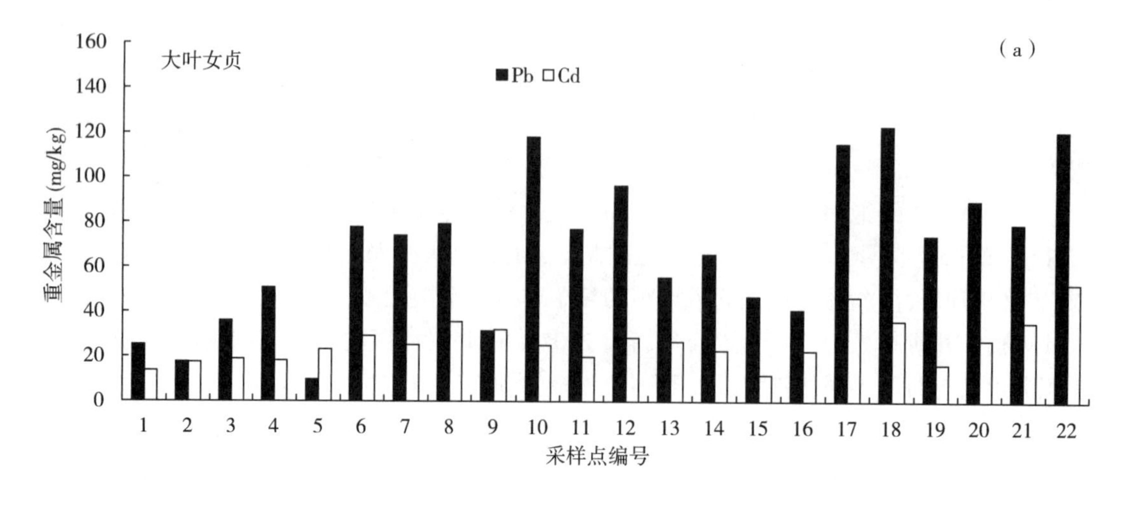

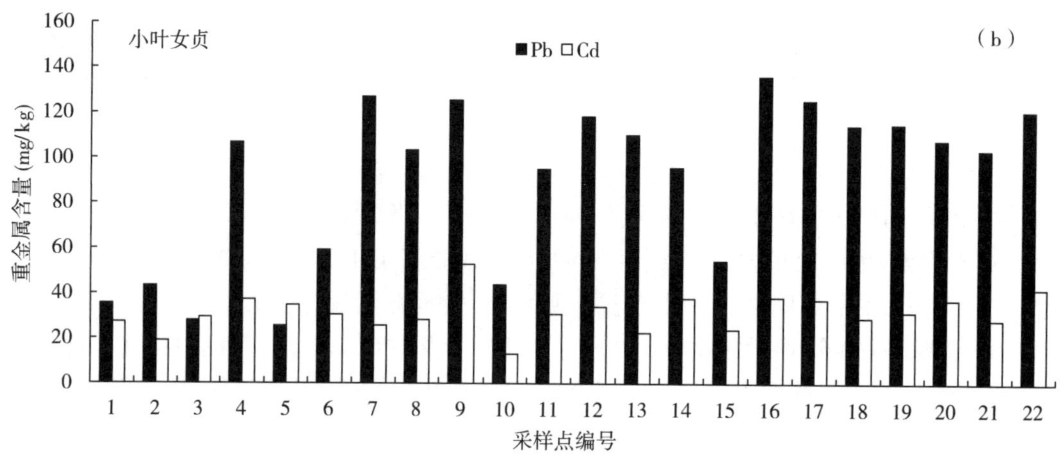

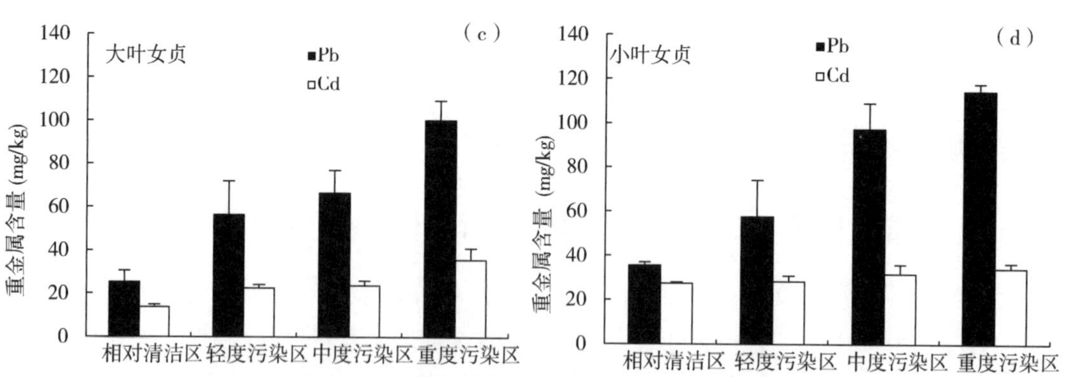

图 4.8　不同城市环境条件下叶片中 Pb、Cd 含量

4.3.2　城市不同污染环境下（功能区）叶面尘中 Pb、Cd 等重金属含量

不同功能区大叶女贞和小叶女贞叶面尘重金属含量差异显著（$P<0.001$），物种间差异不显著（$P>0.05$）。不同功能区大叶女贞叶面尘中 Cu、Zn、Cr、Cd、Pb、Ni 含量分别为 289.4～398.4、2059.6～5201.4、164.9～695.8、27.7～46.0、564.2～1536.2、198.7～

518.0mg/kg，小叶女贞则分别为169.7～446.1、3141.6～5404.1、231.8～467.3、24.7～43.4、792.9～1511.8、226.7～544.7mg/kg。Zn、Pb、Ni、Cr以工业区最高，Cu、Cd以交通枢纽区最高，商业区各重金属含量居中，居住文教区和相对清洁区相对较低。叶面尘中Cu、Zn、Cr、Pb、Ni有明显的富集，分别为土壤背景值的7.9～20.8、29.7～77.9、2.6～11.1、26.4～71.8、6.9～18.9倍。Cd污染尤其严重，达到了背景值的262.8～489.4倍，但相对清洁区大叶女贞叶面尘Cd含量高达46.0mg/kg（图4.9）。

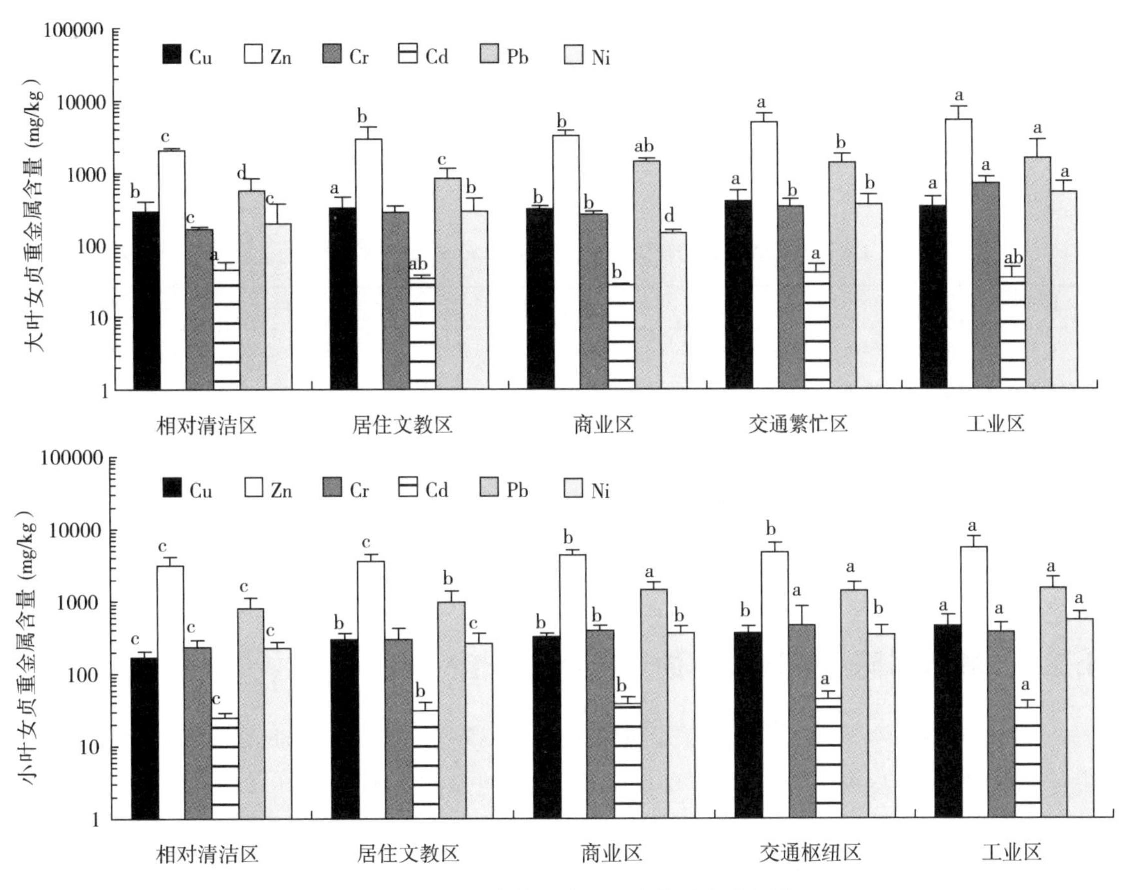

图4.9　不同功能区叶面降尘的重金属含量

从采样点的环境特征及各重金属质量比发现，工业区Zn、Pb、Ni、Cr等污染严重，可能与该区域内的特种钢厂、化工厂等的生产活动有关。区域内大量房屋的建设，废弃物、包装物、建筑物的金属、涂料等的腐蚀剥落也能导致叶面尘重金属含量增加（de Miguel et al.，1997）。同时，工业发展造成了区域内土壤污染，土壤扬尘附着在叶片上，也能导致叶面尘污染。人口密集、车流量较大的交通枢纽区和商业区各元素在叶面尘中的质量比较高，是由于区域内人类活动频繁，交通繁忙，汽车轮胎磨损和排放废气中含有Pb、Cd、Zn、Cu等金属元素，富集了大量金属元素的空气粉尘以及地面扬尘被植物叶片捕获，从而导致叶面尘污染。在绿化较好的区域内，各重金属元素也有不同程度的富集，可能是由于携带大量重金属的细粒子的远程迁移（邱媛和管东生，2007）。此外，大气降水中含有大量的Ni、Cu、Zn、Cd和Pb等痕量金属（白莉等，2010），一定程度上增加了表土中重金属的负荷。

研究区域内叶面尘中Zn、Cd、Pb和Ni的含量比广州、惠州（邱媛和管东生，2007）、浙江（杨东伟和章明奎，2010）、南京（张银龙等，2010）、佛罗伦萨（Monaci et al.，2000）等地区高（表4.6）。一些研究表明，随颗粒物粒径减小，有害金属元素富集趋势明显，且含量大于粗颗粒。范雪波等（2011）的研究表明，对人体危害较大的金属元素Cu、Zn、As、Se、Sb和Cd主要集中在细颗粒物（<3.0μm）中，0.49~0.95μm粒径段富集最为强烈。杨建军等（2003）认为，对人体危害较大的金属元素Pb、Zn和As等70%~80%富集在粒径小于2.0μm的气溶胶细颗粒上。与广州、惠州、浙江、南京等地区叶面尘粒径相比，大叶女贞和小叶女贞叶面尘粒径相对较小，小的粒径有利于重金属元素的富集。

表4.6 不同城市叶面降尘中Cu、Zn、Cr、Cd、Pb和Ni的含量 mg/kg

城市	Cu	Zn	Cr	Cd	Pb	Ni
广州	568.1±134.6	1594.7±1052.8	394.9±103.3	10.7±2.1	857.3±302.3	
惠州	603.3±488.3	1059.8±807.9	364.7±315.1	8.6±2.4	410.4±129.7	
浙江	235.0±83.5	559.0±230.6	205.0±44.3	4.9±2.5	363.0±165.7	78.0±29.7
南京	96.1±25.6	440.8±95.8	75.2±14.7		150.5±24.1	38.2±3.0
佛罗伦萨	10.3±3.8	40.1±23.9	1.4±1.0		40.0±35.1	1.5±0.7
本研究	325.5±72.6	3965.6±1112.9	349.2±149.3	35.3±6.8	1182.0±355.1	324.1±129.5

4.3.3 城市不同污染环境下的比叶面积（LMA）

大叶女贞和小叶女贞叶片LMA分别变化于65.35~157.31、36.88~65.37g/m^2，其均值分别为97.28、48.97g/m^2，大叶女贞叶片LMA明显高于小叶女贞（t检验，$P<0.05$，图4.10）。相对清洁区、轻度污染区、中度污染区和重度污染区大叶女贞叶片LMA均值分别为93.83、90.39、91.02、113.89g/m^2，重度污染区叶片LMA值高于其他3个区域，较相对清洁区高21.38%（图4.10）。小叶女贞叶片LMA在相对清洁区、轻度污染区、中度污染区和重度污染区分别为42.79、52.60、49.19和51.31g/m^2；与相对清洁区相比，轻度污染区、中度污染区和重度污染区叶片LMA增高了22.93%、14.96%和19.91%（图4.10）。

不同污染程度下叶片LMA具有显著差异，随污染程度的加剧，LMA值增大。Carreras等（1996）对不同交通和工业污染胁迫下的大叶女贞和三色女贞的叶片性状参数进行了研究，发现交通污染和工业污染程度的增加导致三色女贞叶片LMA值增大；大叶女贞在工业污染程度高的环境条件下叶片LMA值增大，而交通流量高的生境下叶片LMA值反而减小。Gratani等（2000）对位于不同污染环境下的冬青栎的分析表明，随着污染胁迫的加剧比叶面积（SLA）增大，相应地LMA减小。他们还发现，在污染环境下生长的植物叶

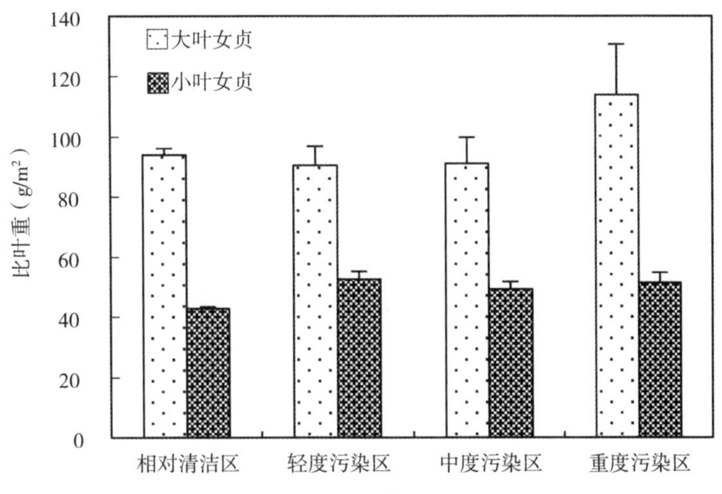

图 4.10 不同城市环境条件下 2 植物 LMA

片角质层、栅栏组织、海绵组织、叶肉均变厚导致叶片厚度增大。同时，污染严重的采样点生长的植物出现枯黄、落叶等症状，导致绿量降低，较清洁区植物叶片接受到的光照充足，叶片的光合速率高，光合碳同化的物质积累也较多，叶片密度也会变大，所以单位面积的叶干物质含量较高。并且，夏季正午光照强度会超过叶片光合作用的光饱和点而对叶片造成伤害，为了减少光灼烧，叶片也会增大叶片密度，即增大 LMA 以减少光在叶肉组织中的传播（何春霞等，2010）。然而，有研究表明，在污染生境下，植物叶片 LMA 降低，致使叶面积增大，以增强捕光能力，有利于光合作用和碳的积累（Gratani et al.，2000）。这与多数情况下植物在胁迫条件下形成厚度较大而面积较小的叶片不一致。不同生境下植物叶片 LMA 的变化不同，可能与研究的物种有关。同种植物不同的研究者所得出的结果也会存在差异，如 Carreras 等（1996）对不同工业和交通污染等级下大叶女贞得到的研究结果与本研究稍有不同，可能与研究区域的气候条件（温度、湿度、风速、风向等）以及不同环境条件下污染物组分、浓度等不同有关，对此有待于进一步研究。

4.3.4 城市不同污染环境下的叶片光合色素含量

22 个采样点 Chl a、Chl b、Chl（a+b）、Car 含量及 Chl a/Chl b 具有显著差异（ANOVA，$P<0.001$），小叶女贞光合色素含量高于大叶女贞（t 检验，$P<0.05$，图 4.11）。植物在大气受到污染的环境中，其叶片 Chl a、Chl b 遭到不同程度的破坏且 Chl b 破坏的程度高于 Chl a，导致 Chl（a+b）含量下降，Chl a/Chl b 值上升（图 4.11）。大叶女贞叶片 Car 含量变化不明显，小叶女贞 Car 含量增大（图 4.11）。在 22 个采样点中，处于相对清洁环境中的植物，其 Chl a/Chl b 值较小，Chl（a+b）含量较大。大叶女贞叶片 Chl a、Chl b、Chl（a+b）含量在轻度污染区、中度污染区和重度污染区分别比相对清洁区减小 9.84%、25.51%、15.46%；35.75%、46.98%、40.21%；43.52%、59.18%、48.63%。相应的，小叶女贞则分别减小 28.86%、31.29%、29.50%；35.37%、51.07%、40.11%；

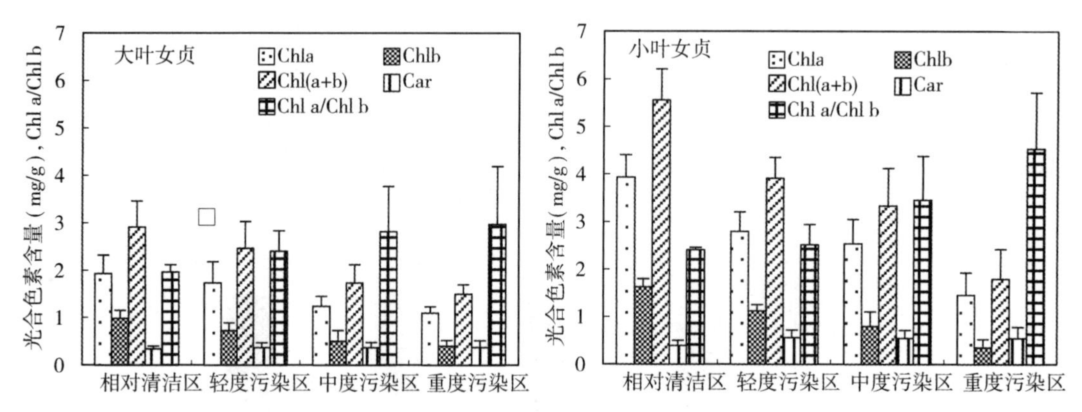

图 4.11 不同环境条件下叶片光合色素含量

62.85%、78.53%、67.63%。

叶绿素含量的变化，可以反映植物叶片光合作用功能的强弱以及表征逆境胁迫下植物组织、器官的衰老状况。不同污染程度下叶片 Chl a、Chl b、Chl（a+b）、Car 含量以及 Chl a/Chl b 具有显著差异，且随着污染程度的加剧，Chl a、Chl b 和 Chl（a+b）降低，而 Chl a/Chl b 升高，这是因为植物生长于受到污染的环境中，大气中的二氧化硫、一氧化碳、氯气、臭氧等有毒气体（陈刚才等，2004）以及悬浮颗粒物和重金属氧化物（王伯光等，2008）在叶片表面形成覆盖层可使植物体内的各种酶以及光合器官等遭到破坏，植物叶中的 Chl a、Chl b 及 Chl（a+b）都将发生变化。在对叶绿素的破坏中，Chl a 和 Chl b 都会受到破坏而分解，并且具较多辅助及保护作用的 Chl b 较对植物光合作用起主要作用的 Chl a 更易分解，致使 Chl（a+b）下降，而 Chl a/Chl b 值上升（彭长连等，2002）。重金属胁迫对植物叶绿素的影响与重金属浓度和物种等有关。低浓度的 Cd 胁迫使球果蔊菜叶绿素含量略有升高，而后随着 Cd 浓度的升高叶绿素呈下降趋势。廖柏寒等（2010）发现，Cd 对大豆幼苗、花荚和成熟期叶绿素含量的影响不同；在幼苗和成熟期，大豆植株的叶绿素含量下降，而在花荚期由于超氧化物歧化酶和过氧化物酶等保护性酶的活性急剧升高，叶绿素含量呈上升趋势。Carreras 等（1996）的研究发现，大叶女贞在工业污染胁迫下 Chl a、Chl b、Chl（a+b）、Car 含量以及 Chl a/Chl b 增大，而在交通污染胁迫下光合色素含量均有不同程度的降低。三色女贞叶片光合色素含量的变化则不同，在工业污染等级高时，Chl a 含量升高，Chl b 含量降低，Car 和 Chl（a+b）含量基本不变；而在交通污染等级较高时，Chl a、Chl b、Chl（a+b）、Car 含量均增大。Gratani 等（2000）对冬青栎的研究也表明 Chl（a+b）和 Car 含量均呈增大趋势。在胁迫大气环境条件下，叶片会提高体内的叶绿素含量以便充分利用光能进行生长，提高 Car 含量则是为了避免植物受到伤害，这也是植物在叶片水平上抵抗环境污染的一种机制。

大叶女贞和小叶女贞叶片 Chl a、Chl b 和 Chl（a+b）在不同污染环境中受到破坏分解的程度不同，从而导致 Chl a/Chl b 值增大的程度不同。Chl a/Chl b 以及 Car 含量在不同的环境中发生变化的大小都与植物的抗性和适应性有关。抗性和适应性强的植物，受环境的影响较小；反之，则受环境的影响较大。大叶女贞在受污染的环境中光合色素的分解程度低于小叶女贞，从这个意义上来讲，大叶女贞较小叶女贞具有更强的抗性和适应性。

4.3.5　城市不同污染环境下的叶片形态结构

大叶女贞叶面积、叶长、叶宽和叶柄长度显著大于小叶女贞；大叶女贞叶片在不同区域发生了明显的变化；位于重度污染区（长安立交）的大叶女贞叶片质地较其他采样点坚韧，叶子变黄（图 4. 12a）。轻度污染区叶长、叶面积均较相对清洁区稍有升高；而中度和重度污染区的叶宽、叶面积降低；叶柄长度随污染程度的加剧而明显变小（表 4. 7）。与大叶女贞相比，小叶女贞的叶片形态结构变化不明显（图 4. 12b）。叶长、叶宽和叶面积均较相对清洁区稍有增大，叶柄长变化不明显（表 4. 7）。

图 4. 12　大叶女贞（a）和小叶女贞（b）叶片在不同区域生长状况

CPF：相对清洁区；LP：轻度污染区；MLP：中度污染区；SP：重度污染区

表 4. 7　不同区域大叶女贞和小叶女贞叶片形态结构和气孔特征

物种	采样区域	叶长（cm）	叶宽（cm）	叶面积（cm^2）	叶柄长度（cm）	气孔密度（个/mm^2）	气孔面积（μm^2）
大叶女贞	相对清洁区	7. 29±1. 40	4. 16±0. 55	24. 19±6. 44	1. 69±0. 33	267. 21±28. 50	143. 20±34. 45
	轻度污染区	8. 36±0. 88	4. 08±0. 44	27. 38±5. 00	1. 30±0. 15	256. 38±32. 29	163. 89±35. 07
	中度污染区	7. 60±0. 63	3. 76±0. 55	23. 16±4. 82	1. 20±0. 32	295. 25±70. 26	144. 82±35. 25
	重度污染区	7. 24±1. 83	3. 15±0. 81	19. 05±9. 18	0. 96±0. 21	307. 29±152. 44	134. 63±34. 96
小叶女贞	相对清洁区	2. 36±0. 75	1. 48±0. 35	2. 90±1. 44	0. 24±0. 13	172. 05±27. 55	43. 21±12. 01
	轻度污染区	2. 88±0. 37	1. 70±0. 25	4. 04±1. 06	0. 24±0. 05	385. 17±94. 51	47. 06±10. 14
	中度污染区	2. 83±0. 56	1. 68±0. 38	3. 62±1. 04	0. 20±0. 02	443. 94±122. 81	46. 84±12. 39
	重度污染区	2. 65±0. 43	1. 55±0. 34	3. 22±1. 18	0. 26±0. 02	519. 70±130. 04	46. 60±16. 54

由表 4. 7 可知，大叶女贞和小叶女贞气孔密度在不同区域具有显著差异（$P<0.05$）。大叶女贞气孔密度主要分布在 200～300 个/mm^2，平均为 286. 7 个/mm^2。小叶女贞气孔密度主要分布在 300～500 个/mm^2，平均为 436. 2 个/mm^2。随污染程度的加剧，气孔密度增

大，小叶女贞气孔密度增加的程度较大叶女贞高。大叶女贞气孔密度在中度污染区和重度污染区分别较相对清洁区高 10.5%、15.0%，而轻度污染区略低于相对清洁区。相应的，小叶女贞的气孔密度在轻度污染区、中度污染区和重度污染区分别较相对清洁区高 123.9%、158.0%、202.1%。大叶女贞在轻度污染区气孔面积显著高于其他三个区域，而小叶女贞的气孔面积在轻度污染区、中度污染区、重度污染区较相对清洁区高。

第5章 天气状况对植物叶面滞留 $PM_{2.5}$ 等颗粒物的影响

城市植被叶面滞留颗粒物受单叶滞留量、生物量、天气状况、污染程度等多种因素的影响（Wang et al.，2019；王会霞等，2015），是个复杂的动态变化过程。其中，降水和风等天气状况能够影响大气颗粒物在植物叶面的滞留和叶面上颗粒物的再悬浮。降水能够冲刷叶面颗粒物，使叶子重新滞尘；而风对叶面滞留颗粒物的影响则表现为在合适风速时，植物叶面颗粒物滞留能力表现得最为突出，若在一段时间内风速过高，植物叶面上滞留的颗粒物则能再悬浮。因此，研究降水和风对植物叶面滞留颗粒物的影响，并在此基础上定量评估植物叶面的颗粒物滞留效能对于依据不同的防护目标选择绿化树种以及规划、管理城市森林植被都有重要意义。

5.1 降雨对叶面滞留颗粒物的影响

降雨强度为60和90mm/h时，对木犀、海桐、女贞、石楠、荷花玉兰、白皮松叶面上各粒径颗粒物均有明显的洗脱作用，且90mm/h降雨时对PM和$PM_{>10}$的洗脱率较60mm/h高，但对$PM_{2.5\sim10}$和$PM_{2.5}$的影响不明显（图5.1及彩图1）。降雨强度为60mm/h时，降雨对叶面PM、$PM_{>10}$、$PM_{2.5\sim10}$和$PM_{2.5}$的洗脱率分别变化于：54.55%~95.07%、49.83%~96.00%、63.15%~93.63%和78.37%~90.20%。降雨强度为90mm/h时，降雨对叶面PM、$PM_{>10}$、$PM_{2.5\sim10}$和$PM_{2.5}$的洗脱率分别变化于：68.37%~89.28%、67.22%~89.73%、67.57%~93.47%和75.80%~91.84%。

当降雨强度是60mm/h时，对海桐和荷花玉兰叶面$PM_{2.5}$的洗脱率最高，分别达到了

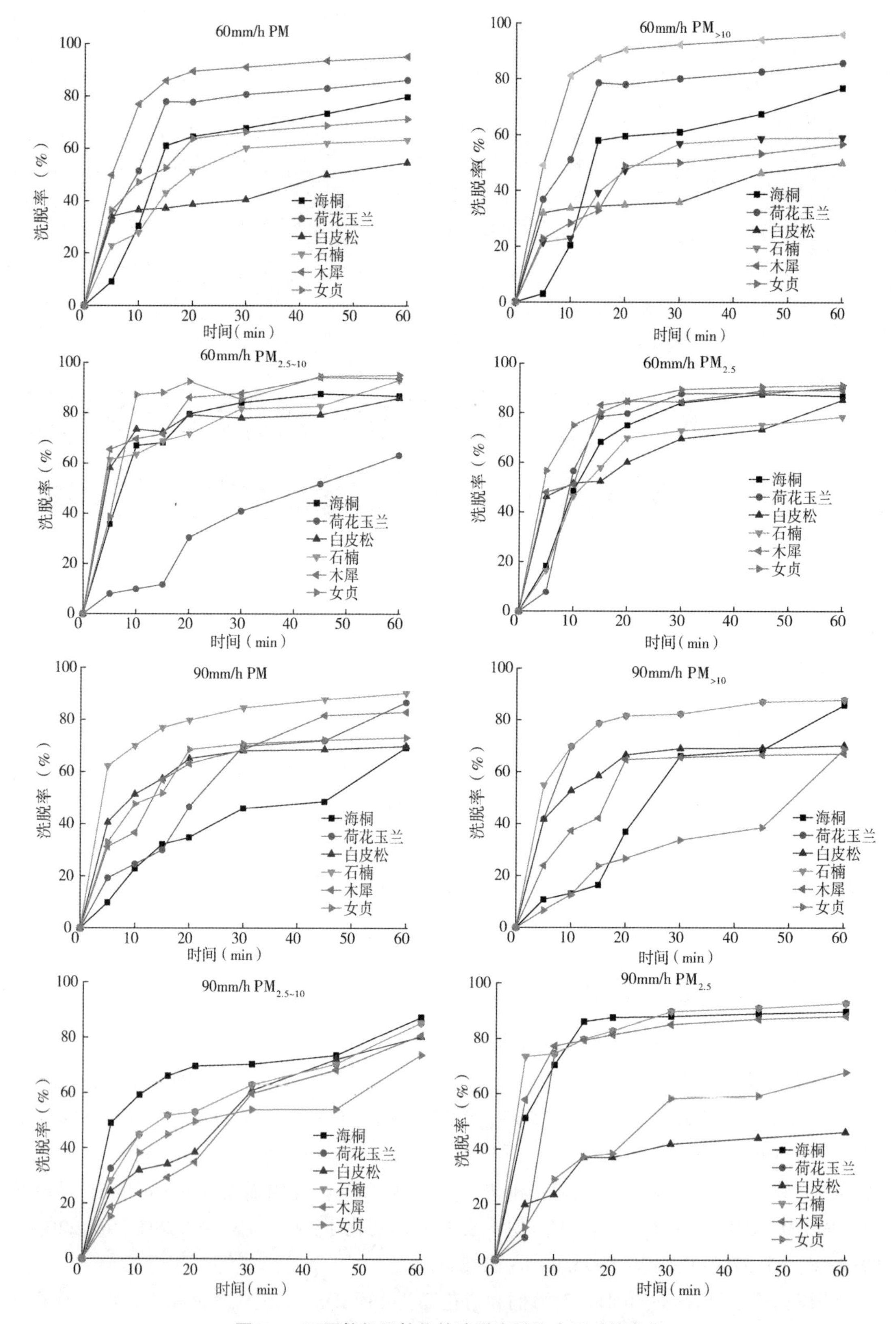

图 5.1　不同粒径颗粒物的洗脱率随降水历时的变化

86.71%和90.20%；对白皮松、石楠、女贞叶面$PM_{2.5\sim10}$的洗脱率最高，达到85.83%、92.97%以及94.97%；对于木犀叶面$PM_{>10}$的洗脱率最高达96%。当降雨强度为90mm/h时，对女贞、白皮松、木犀叶面$PM_{2.5}$的洗脱率最高，分别为86.38%、75.81%、86.98%；对海桐和荷花玉兰叶面$PM_{2.5\sim10}$的洗脱率最高，分别为93.47%和80.32%；对石楠叶面$PM_{>10}$的洗脱率最高，为89.73%。

60和90mm/h降雨强度时，6种植物叶面各粒径颗粒物洗脱率在降雨10min内显著上升，但上升幅度与物种和颗粒物粒径有关，30min以后基本趋于稳定状态（图5.1及彩图1）。在30min内，降雨强度为60和90mm/h时，降雨对叶面PM、$PM_{>10}$、$PM_{2.5\sim10}$和$PM_{2.5}$的洗脱率分别变化于：40.46%～91.08%、35.77%～92.25%、40.90%～87.77%、65.94%～84.38%；46.99%～82.99%、43.49%～83.04%、61.89%～88.06%、42.64%～88.97%。在降雨强度为60mm/h时，木犀叶面的PM、$PM_{>10}$洗脱率随降雨时间的增加上升的最快；对$PM_{2.5\sim10}$和$PM_{2.5}$的洗脱率，除荷花玉兰明显较低外，其他5个物种间差异不明显。在降雨强度为90mm/h时，白皮松叶面PM洗脱率上升速率较其他5个物种低；荷花玉兰和石楠叶面的$PM_{>10}$洗脱率上升速度最快，而海桐和女贞相对较小；海桐叶面上$PM_{2.5\sim10}$颗粒物在前10min内上升速度最快，之后依次为荷花玉兰>石楠>白皮松>木犀>女贞；对$PM_{2.5}$而言，在前10min内，石楠叶面上$PM_{2.5}$的洗脱率上升至77.81%，呈快速上升的趋势，木犀和海桐次之，其洗脱率分别升高至77.18%和70.31%；而白皮松、女贞、荷花玉兰则上升较缓慢。

5.2　降雨对叶面滞留颗粒物个数的影响

白蜡、大叶黄杨、悬铃木和银杏叶面滞留$PM_{2.5}$、$PM_{2.5\sim5}$、$PM_{5\sim10}$、$PM_{>10}$、PM的数量均具有显著差异（ANOVA，$P<0.001$，图5.2，5.3，5.4，5.5）。其中悬铃木的PM滞留量最高，$PM_{2.5}$、$PM_{2.5\sim5}$、$PM_{5\sim10}$、$PM_{>10}$和PM分别为：36961、13622、3030、192、53806个/mm^2；大叶黄杨次之，$PM_{2.5}$、$PM_{2.5\sim5}$、$PM_{5\sim10}$、$PM_{>10}$和PM分别为：23416、7456、1626、154、32651个/mm^2；白蜡居三，$PM_{2.5}$、$PM_{2.5\sim5}$、$PM_{5\sim10}$、$PM_{>10}$和PM分别为：14 536、4156、731、135、19558个/mm^2；银杏最小，$PM_{2.5}$、$PM_{2.5\sim5}$、$PM_{5\sim10}$、$PM_{>10}$和PM分别为：7165、1045、234、58、8324个/mm^2。

叶片上下表面的粒径组成见表5.1。可看出，叶面滞尘中的颗粒物数量主要由PM_{10}（>90%）组成。降雨前$PM_{2.5}$的比例为银杏较高，而悬铃木较低。降雨前4种植物叶上表面滞留$PM_{2.5}$、$PM_{2.5\sim5}$、$PM_{5\sim10}$、$PM_{>10}$颗粒物数量占颗粒物总数的71.7%～83.7%、12.8%～23.7%、2.8%～6.0%和0.4%～0.8%；下表面$PM_{2.5}$、$PM_{2.5\sim5}$、$PM_{5\sim10}$、$PM_{>10}$分别占颗粒物总数的59.7%～95.5%、3.0%～30.3%、1.5%～9.8%和0～0.5%。降雨后4种植物叶上表面滞留$PM_{2.5}$、$PM_{2.5\sim5}$、$PM_{5\sim10}$、$PM_{>10}$颗粒物数量占颗粒物总数的61.3%～89.4%、8.3%～35.1%、2.2%～3.8%和0%～0.7%；下表面$PM_{2.5}$、$PM_{2.5\sim5}$、$PM_{5\sim10}$、$PM_{>10}$分别占颗粒物总数的40.8%～74.0%、23.7%～38.9%、2.1%～15.4%和0.2%～5.6%。

对白蜡、大叶黄杨、悬铃木和银杏而言，大叶黄杨叶面上滞留的 $PM_{2.5}$ 等颗粒物数量较降雨前显著增加（t 检验，$P< 0.05$）；而悬铃木、白蜡和银杏叶面颗粒物数量明显降低（t 检验，$P< 0.05$）。

白蜡叶面滞留的 $PM_{2.5}$、$PM_{2.5\sim5}$、$PM_{5\sim10}$、$PM_{>10}$、PM 降雨后较降雨前分别降低了 48.4%、10.4%、38.2%、85.7% 和 38.4%；上表面滞留的 $PM_{2.5}$、$PM_{2.5\sim5}$、$PM_{5\sim10}$、$PM_{>10}$、PM 降雨后较降雨前分别降低了 57.7%、-7.9%、33.3%、90.0%和 42.1%；下表面滞留的 $PM_{2.5}$、$PM_{2.5\sim5}$、$PM_{5\sim10}$、$PM_{>10}$、PM 降雨后较降雨前分别降低了 30.7%、33.5%、43.3%、75.1%和 32.2%。

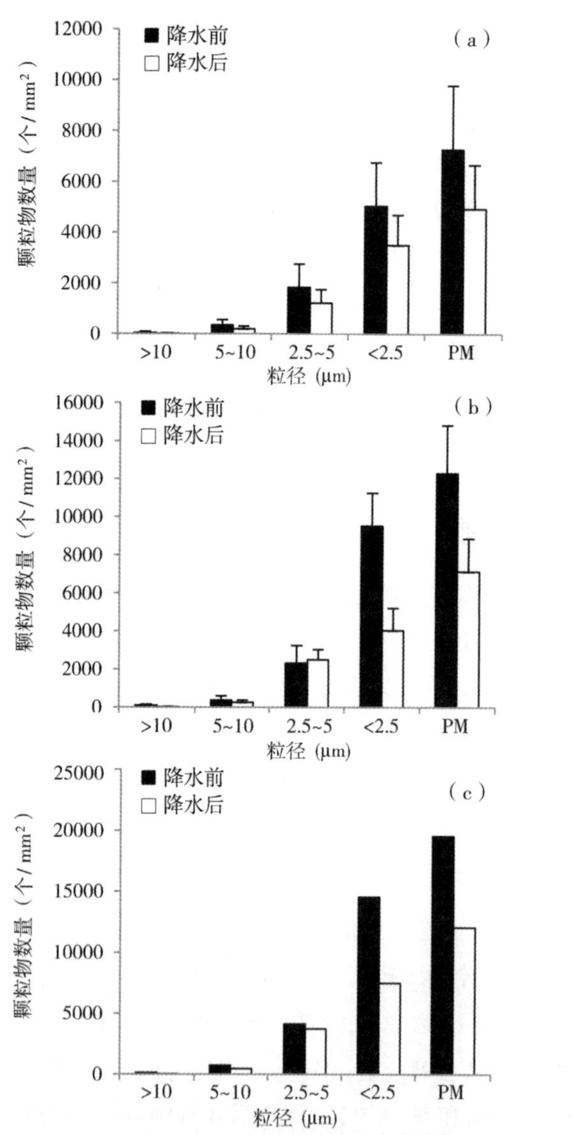

图 5.2　白蜡降水前后叶面颗粒物数量变化

a：上表面；b：下表面；c：上下表面总颗粒物数

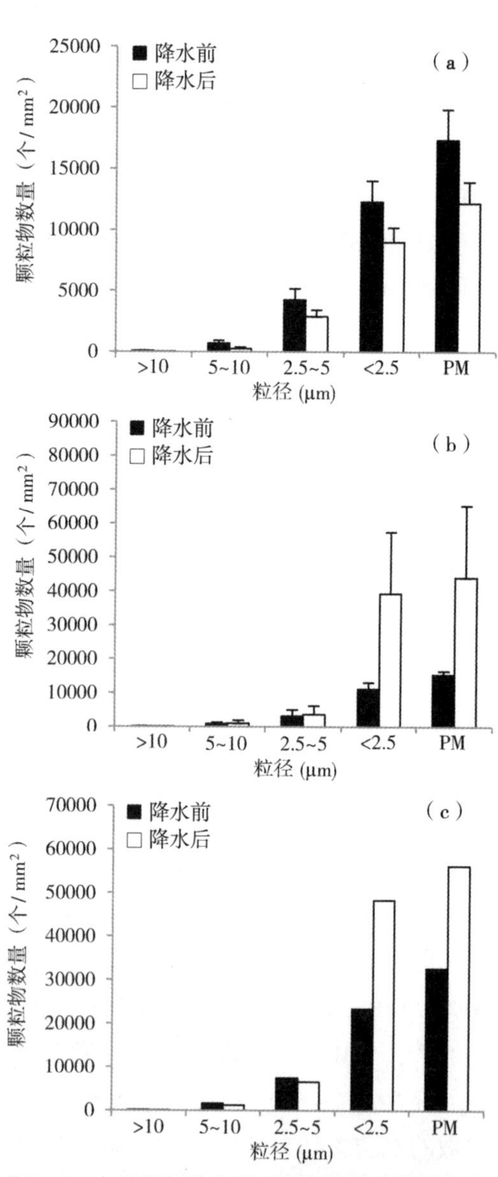

图 5.3　大叶黄杨降水前后叶面颗粒物数量变化

a：上表面；b：下表面；c：上下表面总颗粒物数

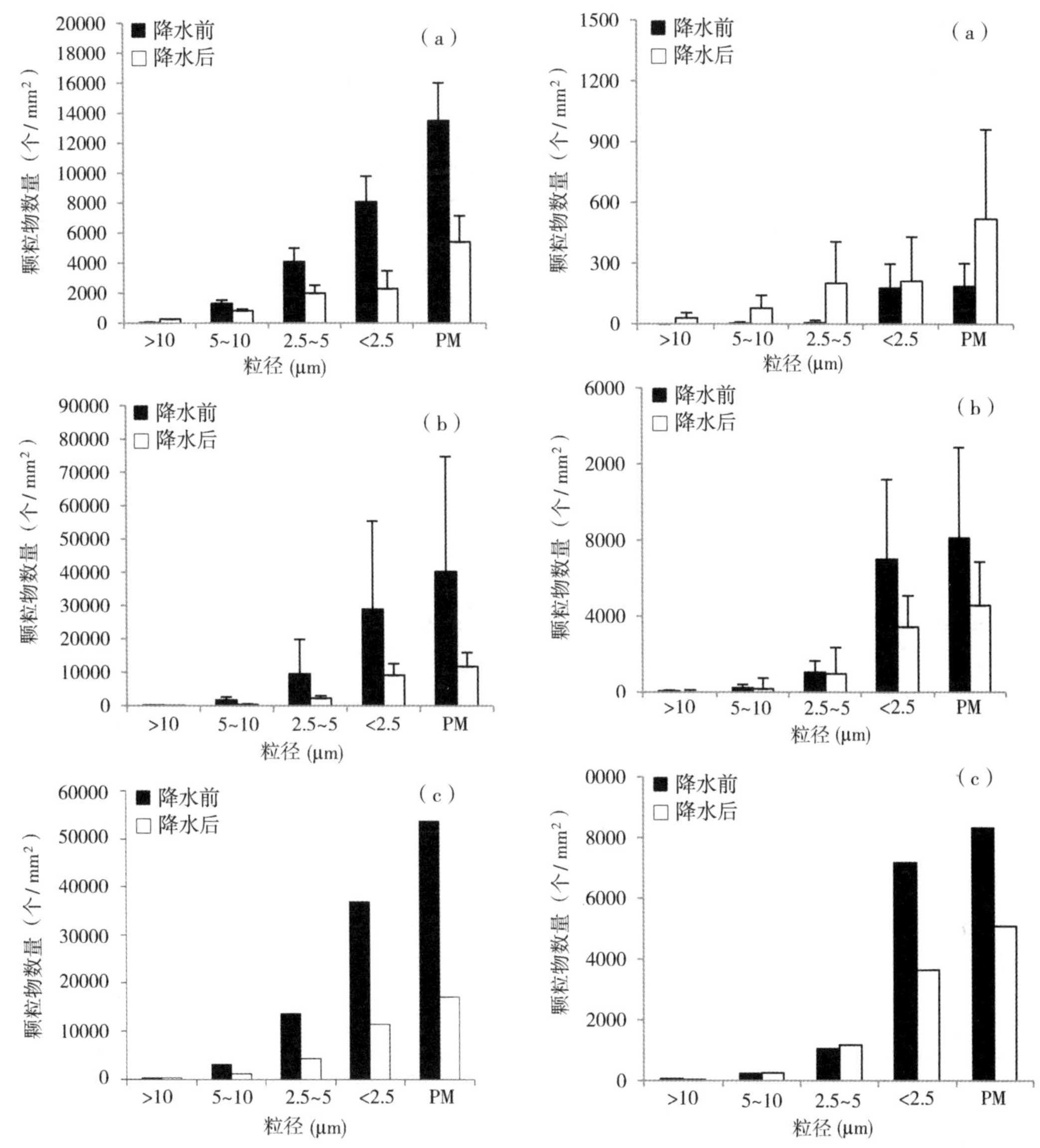

图5.4　悬铃木降水前后叶面颗粒物数量变化

a：上表面；b：下表面；c：上下表面总颗粒物数

图5.5　银杏降水前后叶面颗粒物数量变化

a：上表面；b：下表面；c：上下表面总颗粒物数

悬铃木叶面滞留的$PM_{2.5}$、$PM_{2.5\sim5}$、$PM_{5\sim10}$、$PM_{>10}$、PM降雨后较降雨前分别降低了69.1%、68.7%、62.2%、-85.0%、68.1%。上表面滞留的$PM_{2.5}$、$PM_{2.5\sim5}$、$PM_{5\sim10}$、$PM_{>10}$、PM降雨后较降雨前分别降低了68.5%、76.4%、81.9%、47.0%和70.8%。下表面滞留的$PM_{2.5}$、$PM_{2.5\sim5}$、$PM_{5\sim10}$、$PM_{>10}$、PM降雨后较降雨前分别降低了71.4%、50.9%、37.0%、-832.2%和59.9%。

银杏叶面滞留的$PM_{2.5}$、$PM_{2.5\sim5}$、$PM_{5\sim10}$、$PM_{>10}$、PM降雨后较降雨前分别降低了49.2%、-12.4%、-7.0%、49.9%和38.9%。上表面滞留的$PM_{2.5}$、$PM_{2.5\sim5}$、$PM_{5\sim10}$、$PM_{>10}$、PM降雨后较降雨前分别降低了51.0%、6.5%、24.5%、-100.0%、43.9%。由于

降雨前，银杏叶表面未观察到粒径>10μm 的颗粒，而降雨后则增加较多。下表面滞留的 $PM_{2.5}$、$PM_{2.5\sim5}$、$PM_{5\sim10}$、PM 降雨后较降雨前有所增加，分别增加了 19.7%、3512.5%、2650%和 180.5%。

表 5.1　降水前后供试树种叶面滞留颗粒物数量的粒径比例组成　　%

项目	植物	上表面			
		$PM_{2.5}$	$PM_{2.5\sim5}$	$PM_{5\sim10}$	$PM_{>10}$
降水前	白蜡	77.3	18.8	3.7	0.8
	大叶黄杨	72.6	20.9	6.0	0.6
	悬铃木	71.7	23.7	4.2	0.4
	银杏	83.7	12.8	2.8	0.7
降水后	白蜡	61.3	35.1	3.5	0.1
	大叶黄杨	89.4	8.3	2.2	0.1
	悬铃木	77.5	19.2	2.6	0.7
	银杏	74.9	21.3	3.8	0.0
项目	植物	下表面			
		$PM_{2.5}$	$PM_{2.5\sim5}$	$PM_{5\sim10}$	$PM_{>10}$
降水前	白蜡	69.2	25.3	4.9	0.5
	大叶黄杨	71.0	24.5	4.1	0.4
	悬铃木	59.7	30.3	9.8	0.2
	银杏	95.5	3.0	1.5	0.0
降水后	白蜡	70.8	24.9	4.1	0.2
	大叶黄杨	74.0	23.7	2.1	0.2
	悬铃木	42.6	37.1	15.4	5.0
	银杏	40.8	38.9	14.8	5.6
项目	植物	上下表面总颗粒物数			
		$PM_{2.5}$	$PM_{2.5\sim5}$	$PM_{5\sim10}$	$PM_{>10}$
降水前	白蜡	74.3	21.2	3.7	0.7
	大叶黄杨	71.7	22.8	5.0	0.5
	悬铃木	68.7	25.3	5.6	0.4
	银杏	84.0	12.5	2.8	0.7
降水后	白蜡	62.3	30.9	3.8	0.2
	大叶黄杨	86.1	11.6	2.2	0.1
	悬铃木	66.4	24.8	6.7	2.1
	银杏	71.5	23.1	4.9	0.6

大叶黄杨叶面滞留的 $PM_{2.5\sim5}$、$PM_{5\sim10}$、$PM_{>10}$ 降雨后较降雨前降低，分别降低了 12.3%、24.8%和 62.5%；而 $PM_{2.5}$ 和 PM 则分别增加了 106.4%和 72.0%。上表面滞留的

$PM_{2.5}$、$PM_{2.5\sim5}$、$PM_{5\sim10}$、$PM_{>10}$、PM 除 $PM_{>10}$外，均表现出降雨后较降雨前增加，分别增加了 253.6%、14.1%、5.3%、和 187.0%。下表面滞留的 $PM_{2.5}$、$PM_{2.5\sim5}$、$PM_{5\sim10}$、$PM_{>10}$、PM 降雨后较降雨前分别降低了 26.7%、32.1%、63.5%、71.5%和 29.7%。

一般认为，15mm 的降雨可冲掉叶面附着的颗粒物（Liu et al.，2013），但从研究结果来看，叶面部分颗粒物附着牢固，较难被雨水冲掉。降雨对叶面滞留 $PM_{2.5}$等颗粒物的影响因物种和颗粒物粒径而异。连续 6d 降雨后，白蜡、悬铃木和银杏叶面滞留颗粒物数量分别降低了 38.4%、68.1%和 38.9%；大叶黄杨叶面上滞留的颗粒物数量反而上升，尤其是细颗粒物。降水对叶面上滞留的颗粒物冲洗程度则随粒径的增加而增加。

Kaupp 等（2000）发现 20%的叶面污染物能够被水冲洗掉。欧洲赤松叶面 30%~40%的颗粒物能够被 20mm 的降雨冲洗掉（Przybysz et al.，2014）。Rodríguez-Germade 等（2014）认为降雨能够有效清洗掉悬铃木叶面上附着的颗粒物。王蕾等（2006）对北京市部分针叶树种叶面滞尘量进行了观测，发现侧柏和圆柏叶面密集的脊状突起间的沟槽可深藏许多颗粒物，且颗粒物附着牢固，不易被中等强度（14.5mm）的降雨冲掉。然而，Beckett 等（2000）认为，降雨并不能冲洗掉叶面上滞留的颗粒物。王赞红和李纪标（2006）对大叶黄杨叶片上表面的滞尘颗粒物进行了扫描电镜观察，叶面颗粒物被清洗的程度与模拟降雨的强度和降雨量有关，即使深度清洗也不能去除叶面上粒径小于 1μm 的颗粒物。

大叶黄杨叶面滞留的细颗粒物数量增加，可能是降雨冲洗使颗粒物形态发生变化、颗粒物中可溶解性成分溶解，由于降雨的冲洗作用原有的大颗粒被粉碎。但是，Ruijgrok 等（1997）研究发现，干燥大气中直径 0.5μm 的硫酸盐颗粒在湿度饱和状态下粒径可增大至 3.5μm。大气颗粒物含有硫酸盐、硝酸盐和氯化物等可溶性组分，这些颗粒的粒径在水中将增大。这两种作用同时存在，可能由于前者的作用程度高于后者，从而导致了叶面上滞留的颗粒物数量较降水前增多。

降雨对不同植物叶面颗粒物的清洗作用因物种而异，与叶面结构、叶滞留颗粒物粒径和降雨特性密切相关。自然界的降雨过程对叶面上滞留颗粒物的冲洗作用是植物恢复滞尘功能的关键因素，但降雨洗刷叶面滞尘的作用大小与降雨量、降雨强度、降雨历时等有关。

5.3　风对叶面滞留颗粒物的影响

当风速为 2、6、9、12 和 15m/s 时，对叶片上的颗粒物均有较为明显的再悬浮作用，如图 5.6 及彩图 2 所示。当实验风速为 2m/s 时，海桐对粒径为大于 10μm 的颗粒物再悬浮作用最明显，再悬浮率达到 70.40%；荷花玉兰和木犀对粒径为 2.5~10μm 颗粒物的再悬浮率最高，为 78.63%以及 78.90%；白皮松、石楠、女贞对粒径为 2.5μm 的颗粒物再悬浮效果最好，再悬浮率分别为 94.43%、88.01%、80.94%；女贞对总颗粒物的再悬浮率最高，为 72.77%。当实验风速设置为 6m/s 时，海桐和木犀对于粒径大于 10μm 的颗粒物再悬浮作用强，为 60.28%和 68.12%；女贞对粒径为2.5~10μm 的颗粒物再悬浮率最高，为 85.21%；荷花玉兰、白皮松、石楠对 $PM_{2.5}$的再悬浮率最高，为 81.44%、93.13%、

74.73%；海桐对于 PM 的再悬浮效果最好，为 83.48%；当风速为 9m/s 时，白皮松对粒径大于 10μm 的颗粒物再悬浮率最高，为 68.64%；木犀对 2.5～10μm 粒径的颗粒物再悬浮率最高，为 77.03%；海桐、荷花玉兰、石楠、女贞对 $PM_{2.5}$再悬浮效果好，再悬浮率最高达到 84.64%、94.48%、87.04%、60.28%；总颗粒物再悬浮率的最大值为白皮松的 89.05%。当实验风速达到 12m/s 时，对于 $PM_{>10}$再悬浮率的最大值为白皮松，57.81%；海桐、荷花玉兰、石楠、木犀对于粒径为 2.5～10μm 的颗粒物再悬浮率最大，分别为 78.53%、78.34%、65.05%、77.36%；女贞则对 $PM_{2.5}$的再悬浮率最高，为 77.31%；荷花玉兰对总颗粒物的再悬浮率最大，为 70.22%。当风速设定为 15m/s 时，白皮松和女贞

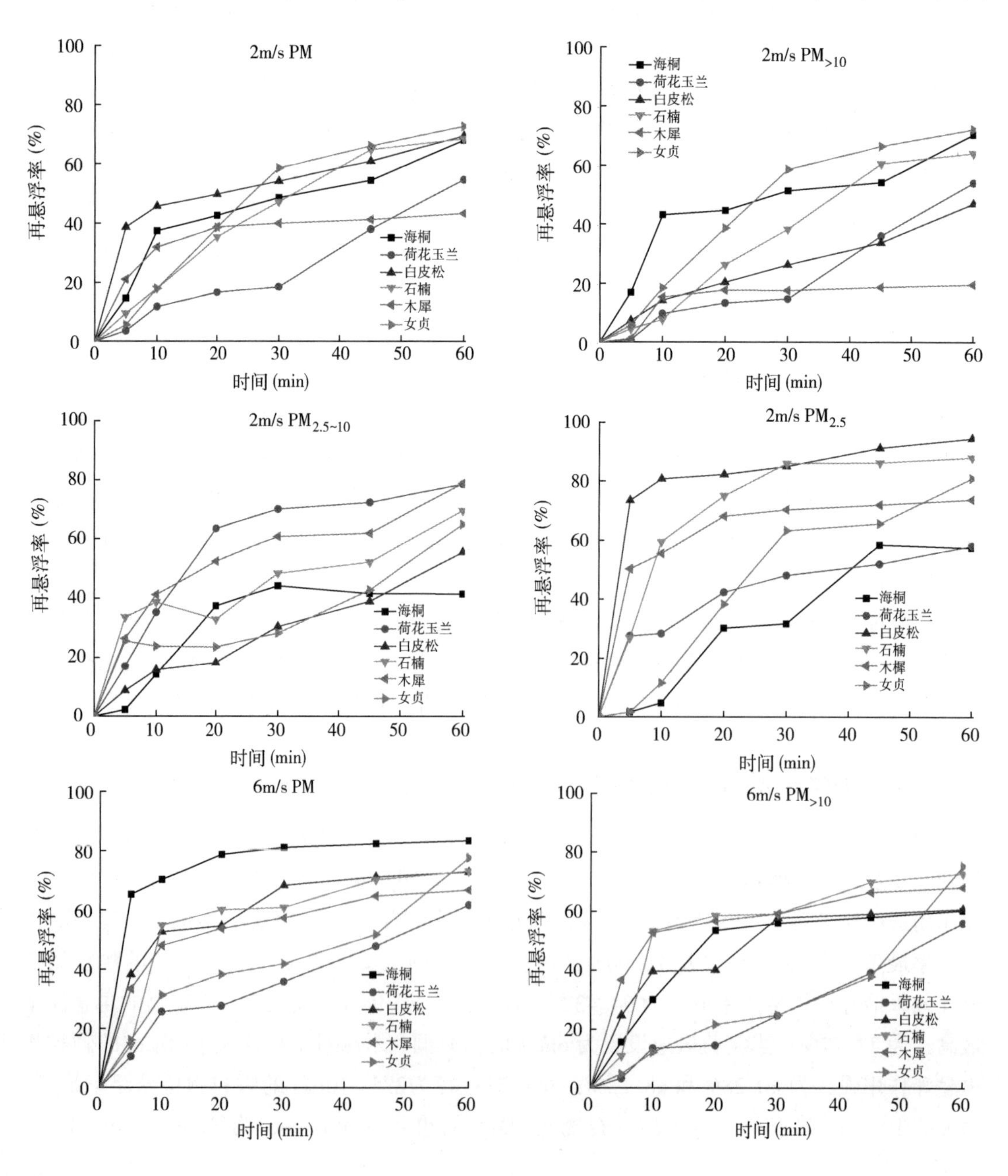

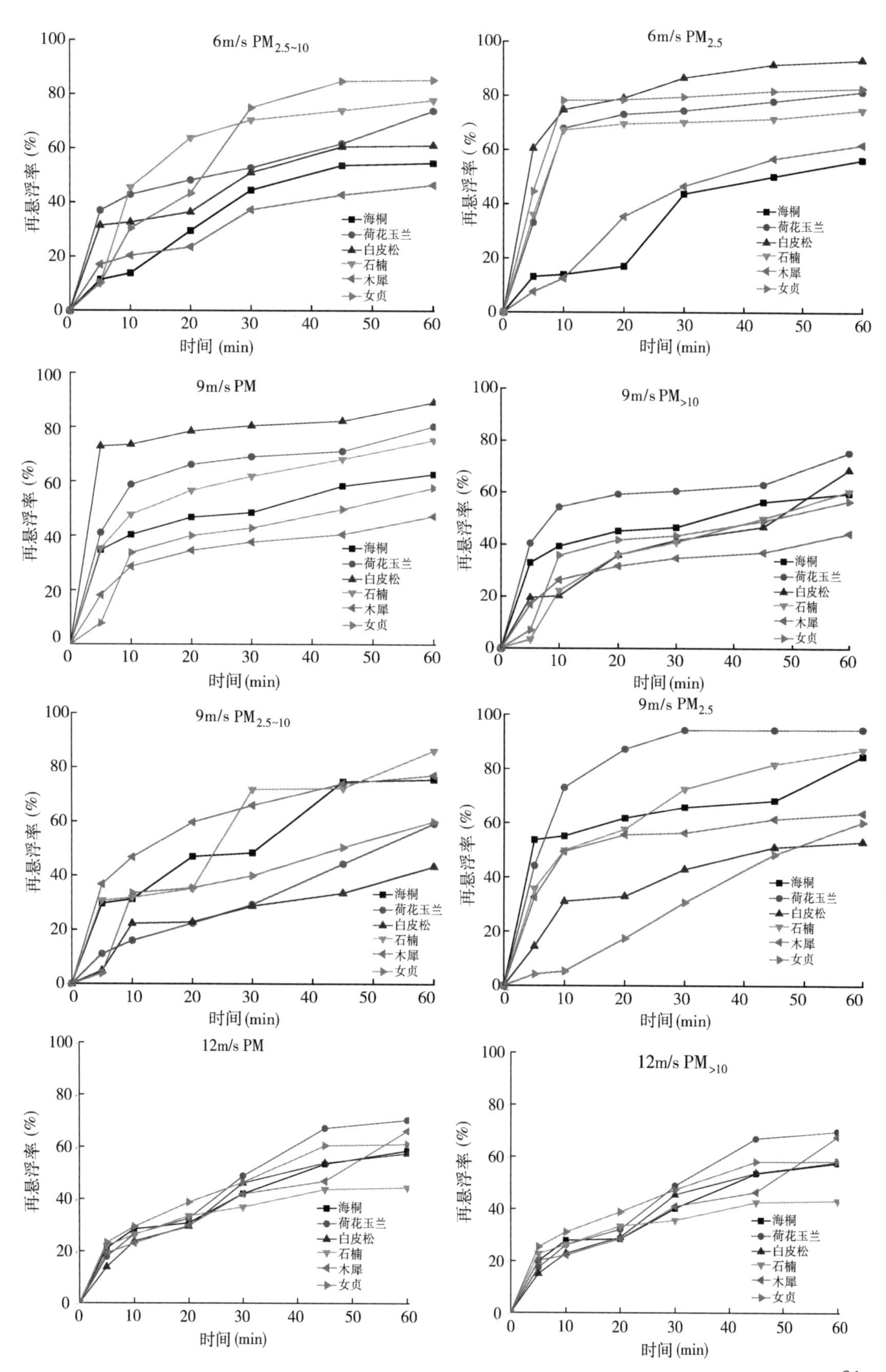

6m/s $PM_{2.5\sim10}$
6m/s $PM_{2.5}$
9m/s PM
9m/s $PM_{>10}$
9m/s $PM_{2.5\sim10}$
9m/s $PM_{2.5}$
12m/s PM
12m/s $PM_{>10}$
再悬浮率（%）
时间 (min)
海桐
荷花玉兰
白皮松
石楠
木犀
女贞

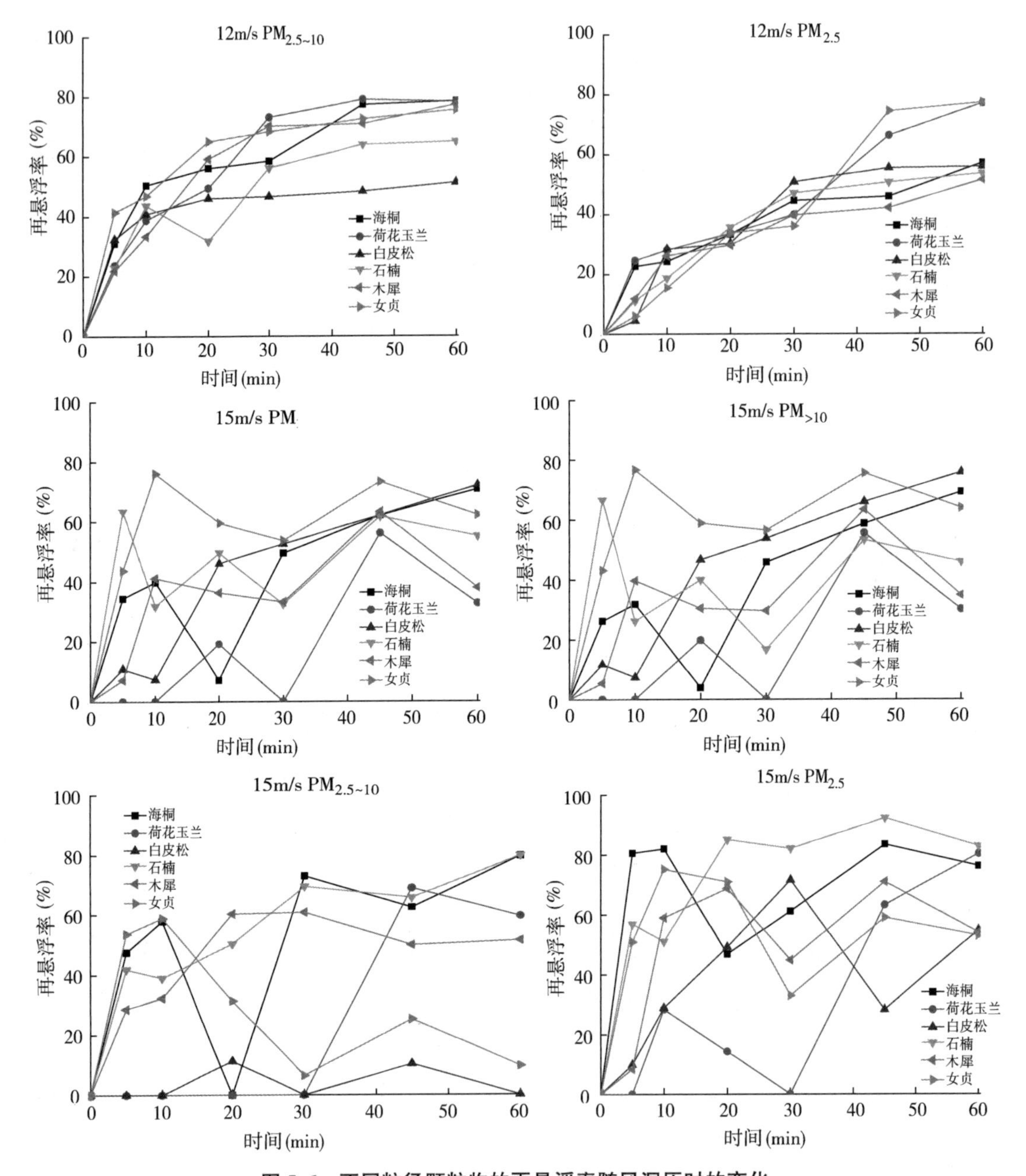

图 5.6　不同粒径颗粒物的再悬浮率随风洞历时的变化

对于粒径大于 10μm 的颗粒物再悬浮效率最大，为 75.86% 和 64.00%；海桐对于粒径为 2.5~10μm 的颗粒物再悬浮率最大，为 79.69%；荷花玉兰、石楠、木犀对粒径为 2.5μm 的颗粒物再悬浮效果最好，再悬浮率达到 80.42%、82.96%、54.14%；白皮松对 PM 的再悬浮率最大，为 72.12%。

5.4　典型天气下植物叶面滞尘变化

从中国气象科学数据共享服务网收集采样期间逐日降雨量、极大风速和平均相对湿度数据（图 5.7）。在西安市环境监测站网站获得采样期间西安市可吸入颗粒物数据（图 5.7）。

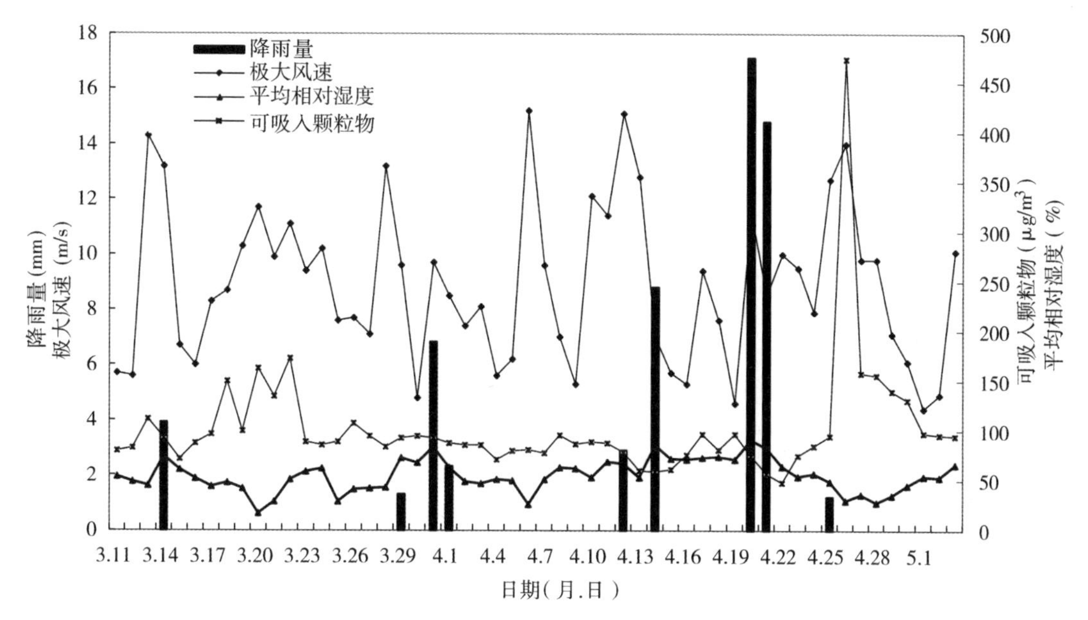

图 5.7　降雨量、极大风速、可吸入颗粒物和平均相对湿度日变化

5.4.1　不同植物的叶面滞尘量及其动态变化

4 种植物（油松、女贞、珊瑚树和三叶草）叶面滞尘量具有显著差异（图 5.8，$P<0.001$），变化于 0.12~5.85g/m²之间，最大差别在 40 倍以上。其中单叶面积小、易润湿的油松滞尘能力最强，滞尘量变化于 4.57~5.45g/m²，均值为 4.95g/m²；单叶面积最大、易润湿的珊瑚树滞尘量变化于 2.23~5.85g/m²；易润湿的女贞次之，滞尘量变化于 2.14~4.27g/m²；而叶面不润湿的三叶草滞尘量最小，仅为 0.12~0.38g/m²，均值为 0.23g/m²（图 5.8）。

受降雨、大风和沙尘等天气状况的影响，女贞和珊瑚树叶面滞尘量变化明显，而三叶草和油松在整个采样期滞尘量变化不显著（图 5.8）。4 种植物在连续 6d 晴天和连续 12d 晴天情况下，叶面滞尘量均无明显变化（图 5.8，$P>0.05$），因此各测试树种叶面滞尘量可代表其滞尘饱和量。2.3mm 的降雨和 15.2m/s 的大风使女贞叶面滞尘量明显降低，降低了 30%（图 5.8，$P<0.05$）；连续 2d（17.1、14.8mm）的降雨后，女贞叶面滞尘量降低了 50%；8.8mm 降雨后 4d，女贞叶面滞尘量已恢复了 80%以上（图 5.8）。对珊瑚树而言，仅连续 2d 的降雨导致叶面滞尘量降低了 62%（图 5.8）。在 1.2mm 降雨后 1d 的沙尘天气下，珊瑚树和女贞的叶面滞尘量均达最大（图 5.8）。

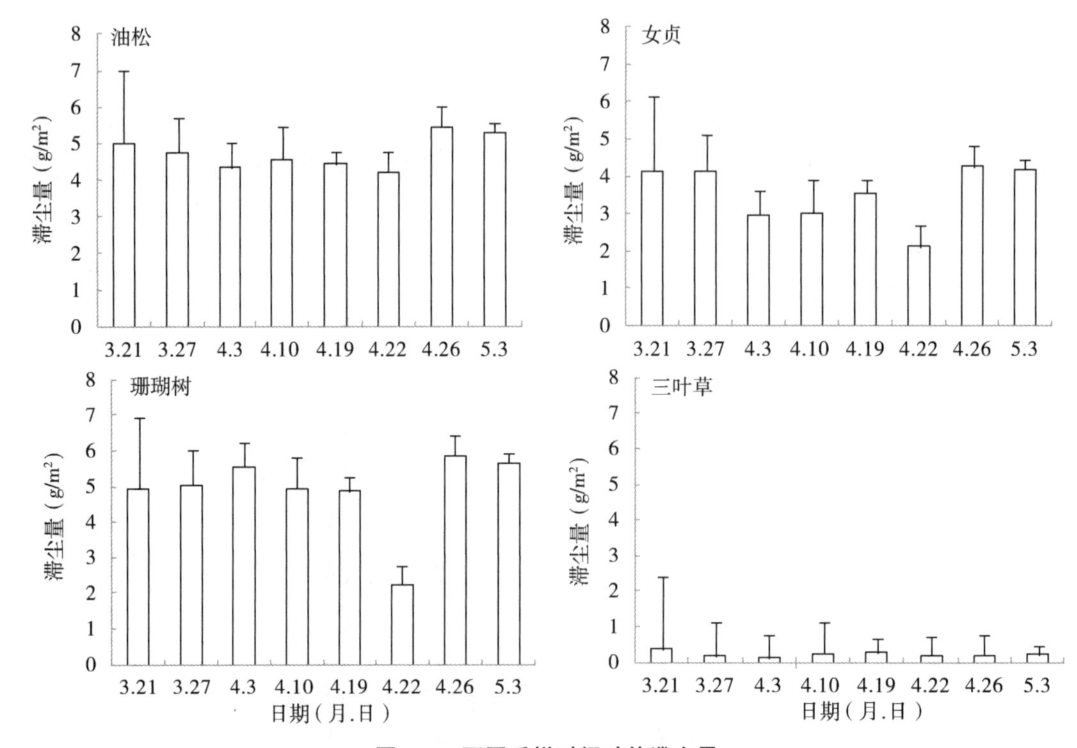

图 5.8 不同采样时间叶片滞尘量

注：均值±标准差，不同小写字母表示各物种不同采样时间的多重比较结果在 0.05 水平上差异显著。

受降雨、大风、沙尘等天气的影响，叶面滞尘量变化频繁，其变化程度因物种而异。三叶草叶面接触角较大，由于叶表皮细胞突起、蜡质晶体的微观形态结构及其疏水性质，使得叶片与颗粒物的接触面积较小，从而导致颗粒物与叶面的亲和力较小，不易在叶表面沉积，因而其叶面滞尘量低且受外界环境变化干扰很小。油松叶面的棱状结构有利于小颗粒的附着，分泌的黏性油脂使小颗粒物积聚形成网状结构的颗粒团，在大风、降雨、沙尘等天气事件发生时，叶面滞尘量也不会发生明显变化。

连续两天降雨（17.1、14.8mm）后，易润湿的珊瑚树和女贞的叶面滞尘量分别降低了 62%和 50%；小雨（2.3mm）和大风（15.2m/s）也使女贞叶面滞尘量降低了约 30%。一般认为，15mm 的降雨可冲掉叶面附着的颗粒物，但从以上研究结果来看，叶面部分颗粒物附着牢固，较难被雨水冲掉。小雨（1.2mm）后 1d 的沙尘天气，可能通过以下几种方式影响叶面滞尘：①携带入侵沙尘的气流速度较高，遇到植物产生强烈湍流，有利于叶面捕获颗粒物（Freer-Smith et al., 2004）；②空气污染程度对植物叶面滞尘量影响很大，高污染环境中叶面滞尘量较高，这是因沙尘天气时空气中的颗粒物浓度增高；③外来沙尘粒径较大，其密度较高（Grantz et al., 2003），对叶面滞尘量贡献较大；④雨后叶面周围相对湿度较大，润湿的叶面更易于滞留颗粒物（Neinhuis & Barthlott, 1998；Wang et al., 2013；王会霞等，2010）；⑤小颗粒物中可溶性的成分与水发生作用后粒径增大（Ruijgrok et al., 1997），有利于小颗粒物滞留在叶面。

5.4.2　植物叶面滞尘与空气中 PM_{10} 和气象因子的关系

植物叶面滞尘量变化量与空气中 PM_{10} 和气象因子的关系如图 5.9 所示。大气中 PM_{10} 浓度高达 474 μg/m³ 的沙尘天气，女贞和珊瑚树叶面滞尘量显著升高，其变化量分别为 0.71、1.21g/(m²·d)；油松叶面滞尘量呈现微弱的增加，其增加量为 0.41g/(m²·d)；三叶草叶面滞尘量变化不明显。除受沙尘天气影响外，在降雨量 12mm 以下时，女贞和珊瑚树叶面滞尘量呈现微弱的降低，而油松和三叶草叶面滞尘量变化不明显；随着降雨量的增加，女贞和珊瑚树叶面滞尘量显著降低，其变化量分别为 0.71、1.32g/(m²·d)。除受沙尘天气影响外，相对湿度大于 80%时，女贞和珊瑚树叶面滞尘量明显降低。随着极大风速增加，油松叶面滞尘量呈现为微弱变化，而女贞和珊瑚树叶面滞尘量均呈现先升高后降低，在极大风速为 14m/s 时达到峰值。

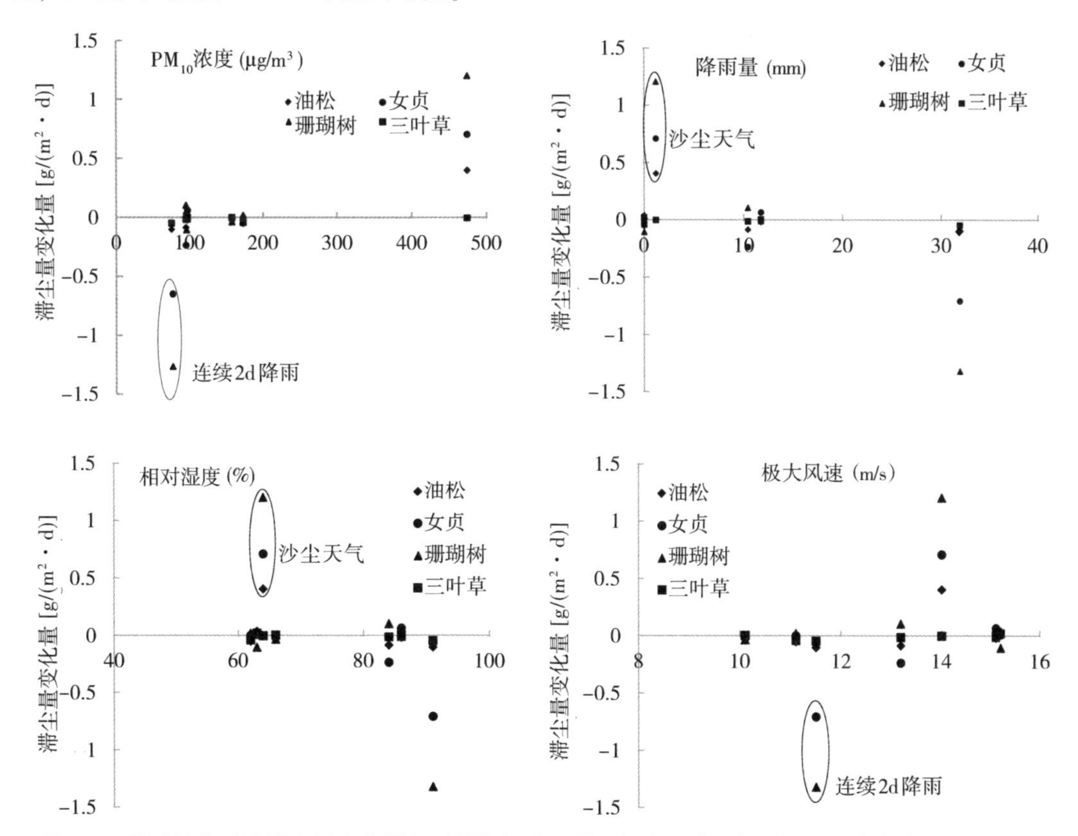

图 5.9　供试植物叶面滞尘量变化量与采样期间降雨量、极大风速、相对湿度和空气中 PM_{10} 的关系

在空气污染严重的季节，女贞和珊瑚树叶面滞尘量变化量分别为 0.71、1.21g/(m²·d)，这说明在空气污染严重的区域，女贞和珊瑚树叶面滞尘可在 4～5d 达到饱和，但达到滞尘饱和的时间与空气中颗粒物的浓度有关。Qiu 等（2009）研究了广东省惠州市不同功能区的大叶榕、小叶榕、高山榕和紫荆，发现叶面滞尘可在 20d 达饱和，其滞尘量由大到小依次为：工业区>商业交通区>居住区>清洁区。王赞红等（2006）研究发现大叶黄杨叶面可

在15d达到滞尘饱和量。植物叶片受到外界环境的干扰，单位叶面积滞尘量的变异较大，说明即使在同一环境中叶面滞尘达到饱和的时间也存在差异。

降雨对植物叶面滞留颗粒物的清洗作用与物种和降雨量有关。12mm以下的降水并不能去除叶面上滞留的颗粒物。连续2d降雨（17.1、14.8mm）后，油松和三叶草叶面滞尘量变化不明显，而女贞和珊瑚树叶面上部分颗粒物被洗除，这与叶面的微结构有关。相对湿度对叶面滞尘的影响，主要由于相对湿度的增大一般发生在降雨后，降雨可冲洗附着在叶面上的颗粒物，并能有效降低空气中颗粒物的含量并固化地面及其他物体表面可能扬起的灰尘，这样植物叶面的滞尘量明显降低。另一方面，空气中的颗粒物因湿度的增加而相互凝结或因自身的润湿性吸收水分而增大（Ruijgrok et al.，1997），从而有利于降尘或被植物叶片滞留。同时，空气湿度的增加以及植物的蒸腾作用也会使植物叶面更润湿，从而提高植物的滞尘能力。由于植物叶面的滞尘与粉尘脱落同时存在，相对湿度较高时，叶面颗粒物的脱落大于滞留，这样就导致叶面滞尘量的降低。

综合来看，典型天气状况下植物叶面滞尘量变化是受多种因素综合影响的结果。在不同天气状况下是否多个因素共同起作用还是哪个因素起主要作用，还需进一步深入地研究。

第6章 城市污染环境下的高滞尘健康树种

目前城市造林树种选择主要依据常规造林经验，这很必要，却远不够，因现在城市造林主要目的之一是净化大气、减少$PM_{2.5}$危害，且造林地点多空气污染严重，对林木抗污能力要求突出。如林木本身不能维持健康，很难产生突出的净化空气、美化环境、调节气候等众多功能。在北京时常能看到很多枯梢和衰败的幼龄和中龄树木，如首都机场高速公路两侧林带大量杨树枯梢和油松死亡，奥林匹克森林公园的柳树杨树枯梢也很严重；市区很多路旁银杏在每年6月气温达到30℃后都大量落叶，且感觉一年比一年普遍和严重，这都和空气污染（尤其汽车尾气）有关。此外，不同树种在叶面结构和树体大小等方面差别很大，使其吸滞$PM_{2.5}$等颗粒污染物的能力差别很大，但以往缺乏研究，这方面差别未体现在造林树种的选择中，不能不说是个缺憾。

考虑不同树种的滞尘和抗污能力差别并用于指导造林树种选择，是非常值得重视的关键技术，这不仅是针对当前城市造林热潮，也适用于未来长期林木管护和替换更新。为此，结合常见树种健康状况和滞留$PM_{2.5}$等颗粒物能力，按污染程度分区和绿地类型选择合适树种是造林取得预期效果的关键。

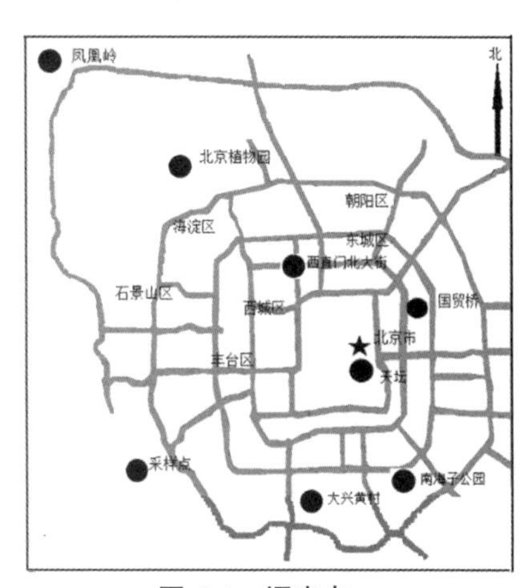

图6.1 调查点

6.1 城市不同污染环境下林木健康状况监测

在凤凰岭、植物园、西直门北大街、天坛、国贸桥、南海子公园、黄村和海淀万柳8个观测点（图6.1）选择散木、行道树、片林等，监测林木健康状况，主要包括树龄、高度、叶量损失率（落叶率）、叶片变色

表 6.1　监测样地植被生长状况调查

大气环境质量监测站点：　　　　具体地点：

调查日期：　年　月　日　时　分——　时　分　　调查人：　　配套图编号：

样地编号	样地名称	样地大小（m×m）	样地属性（片林/林带/散木/行道树）	种名	树木/灌木编号	树龄（a）	高度（m）	落叶率（%）	变色率（%）	冠层厚度（m）	冠幅（m）	胸径/地径（cm）	一年生枯梢数	枯梢平均长（cm）	枯梢在冠层位置	树干有无机械损伤	树干颜色	是否截干	病害	虫害	备注

表 6.2　监测样地基本信息调查

大气环境质量监测站点：　　　　具体地点：

调查日期：　年　月　日　时　分——　时　分　　调查人：　　配套图编号：

样地名称	样地编号	地理位置			周边道路状况											道路交通流量		交通污染状况评价（轻、中、重）	样地位于道路方位	样地离最近道路中心距离（m）	枯落物层厚度（m）	地面微地形状况（起伏程度）	土壤出露面积（%）	土壤			备注
		经度	纬度	海拔（m）	水泥路/柏油路	单向/双向	车道数	坡度（°）	有无自行车/人行道	有无立交桥	样地距立交距离（m）	有无十字/丁字路口	样地距十字路口/丁字路口距离（m）	有无公交站	距同侧公交站距离（m）	公交和卡车数（min）	小型机动车数（min）							土壤类型	土壤干湿状况	根系土壤分层	

率、冠层厚度、冠幅、胸径/地径、一年生枯梢数、一年生枯梢平均长、有无机械损伤、树干颜色、有无截干、病害、虫害（表6.1）；并记录监测样地基本信息（表6.2）。共调查超过10000株树，主要有毛白杨、槐、银杏、紫叶李、悬铃木、栾树、白蜡、油松、桧柏、雪松、白皮松、玉兰、加杨、枫杨、垂柳等树种（表6.3）。其中，叶量损失率、叶片变色率依据与健康的标准树进行对照而估计（表6.4，表6.5）。

表6.3 各调查点的树种

调查点	树 种
凤凰岭	元宝枫、油松、紫叶李、槐
植物园	槐、油松、白蜡、垂柳、毛白杨、栾树、银杏、白皮松、雪松、玉兰、加杨、枫杨、紫叶李、元宝枫、悬铃木
海淀万柳	垂柳、紫叶李、槐、白蜡、悬铃木、元宝枫、栾树、油松、白皮松、毛白杨、银杏、雪松
西直门北大街	银杏、紫叶李、白蜡、加杨、毛白杨、白皮松、槐、栾树、垂柳、雪松、油松、玉兰、元宝枫、悬铃木
天坛	元宝枫、雪松、银杏、悬铃木、槐、毛白杨、栾树、油松、垂柳、白蜡
国贸桥	元宝枫、银杏、白皮松、悬铃木、毛白杨、白蜡、垂柳、油松、玉兰、紫叶李、槐、栾树、雪松
大兴黄村	毛白杨、悬铃木、白蜡、栾树、油松、槐、垂柳、元宝枫、白皮松、银杏、紫叶李、雪松
南海子公园	油松、雪松、元宝枫、垂柳、悬铃木、白皮松、紫叶李、加杨、槐、毛白杨

表6.4 联合国欧洲经济委员会和欧盟分类确定的落叶等级

等级	落叶程度	叶量损失率（%）
0	无	0~10
1	轻度（警告阶段）	10~25
2	中度	25~60
3	重度	60~99
4	死亡	100

表6.5 联合国欧洲经济委员会和欧盟分类确定的变色等级

等级	变色程度	叶片变色率（%）
0	无	0~10
1	轻度	10~25
2	中度	25~60
3	重度	>60

除大叶黄杨、悬铃木和槐外，其余的9个树种叶量损失率、叶片变色率、单位冠层体积枯梢数和枯梢长度在污染程度不同的区域差异显著，并表现出大兴黄村和国贸桥显著高于北京植物园（表6.6，表6.7，表6.8）。

依据表6.4和表6.5所示的林木健康状况标准，在相对清洁的北京植物园，除毛白杨外生长状况均较好。在交通繁忙的国贸桥，生长良好的树种有：槐、悬铃木和大叶黄杨；

生长状况一般的树种有：油松、加杨、白皮松、枫杨和紫叶李；生长状况较差的树种有：毛白杨、雪松、紫薇、银杏、栾树和白蜡。在南郊大兴黄村，生长良好的树种有：悬铃木、槐和大叶黄杨；生长状况一般的树种有：油松、加杨、白皮松、枫杨和紫叶李；生长状况较差的树种有：毛白杨、雪松、白蜡、银杏、栾树、紫薇。

表 6.6　北京植物园林木健康状况

树种	树高(m)	胸径/地径(cm)	冠幅(m)	叶量损失率(%)	叶片变色率(%)	单位冠层体积枯枝数(No./m³)	枯梢长度(cm)
大叶黄杨	1.5±0.2	6.0±1.0	1.3±0.2	0	0	0	0
雪松	13.6±2.9	54.9±6.1	6.0±1.2	5.1±4.1	0	5.7±0.7	18.0±4.2
白蜡	7.8±0.9	19.1±5.8	3.9±1.5	6.5	8.0±4.8	0.6±0.6	9.0±3.2
银杏	6.7±1.1	24.5±4.5	2.9±0.6	1.5±3.4	7.5±12.1	11.7±6.7	14.8±2.1
栾树	10.7±1.0	26.8±4.9	4.4±0.8	5.0±0.0	5.5±1.6	1.4±0.6	18.5±2.5
紫薇	1.1±0.1	4.6±0.9	0.9±0.2	0	0	0	0
小叶女贞	1.3±0.2	5.1±0.6	1.1±0.2	0	0	0	0
悬铃木	15.8±2.9	74.7±8.2	7.8±1.5	8.0±4.5	0	0.3±0.3	4.0±5.5
紫叶李	4.4±0.2	18.8±2.9	1.5±0.2	5.5±2.1	0	4.5±2.7	5.0±0.0
油松	5.2±0.7	25.6±3.3	3.9±0.3	7.0±2.6	6.0±2.1	5.7±2.0	21.9±2.9
毛白杨	11.5±2.2	41.3±7.7	4.5±0.7	14.0±3.2	10.5±1.6	1.4±1.1	60.0±0.0
槐	9.4±1.1	33.1±4.4	4.8±1.2	4.5±2.8	5.0±0.0	1.8±0.9	18.6±3.9

表 6.7　国贸桥林木健康状况

树种	树高(m)	胸径/地径(cm)	冠幅(m)	叶量损失率(%)	叶片变色率(%)	单位冠层体积枯枝数(No./m³)	枯梢长度(cm)
大叶黄杨	0.9	2.6±0.3	0.4±0.1	0	0	0	0
雪松	13.5±0.8	46.5±10.0	7.1±0.5	25.6±1.7	10.5±2.6	1.5±0.1	20.0±0.0
白蜡	7.9±0.6	32.7±7.7	5.5±0.6	26.5±3.4	35.5±10.6	3.4±0.6	40.0±0.0
银杏	6.5±1.0	13.6±1.0	2.5±0.2	23.0±17.0	30.2±10.7	27.5±3.3	15.0±2.3
栾树	6.3±0.8	18.6±1.8	4.3±0.9	32.5±6.5	28.5±8.4	21.6±5.9	10.9±2.7
紫薇	1.5±0.2	3.1±0.2	0.8±0.2	31.2±7.7	10.3±2.4	1.3±0.2	10.0±0.0
小叶女贞	0.9	2.1±0.3	0.3±0.1	28.9±3.3	0	0	0
悬铃木	8.9±0.2	21.2±1.5	4.6±0.3	0	0	0	0
紫叶李	3.7±0.5	5.1±0.9	2.1±0.2	25.3±2.3	0	1.7±0.5	13.8±0.6
油松	4.0±0.9	36.5±10.7	3.3±0.5	11.5±2.4	10.5±1.6	0.7±0.5	20.8±0.6
毛白杨	16.7±0.8	47.8±9.3	4.1±0.6	38.5±2.4	6.0±2.1	12.7±3.3	50.0±0.0
槐	7.6±0.6	25.1±5.1	4.4±0.4	8.0±3.5	5.0±0.0	0.3±0.2	16.0±8.4

表 6.8　大兴黄村林木健康状况

树种	树高 (m)	胸径/地径 (cm)	冠幅 (m)	叶量损失率 (%)	叶片变色率 (%)	单位冠层体积枯枝数 (No./m^3)	枯梢长度 (cm)
大叶黄杨	0.9	3.0±0.3	0.4±0.1	0	0	0	0
雪松	4.2±0.2	15.7±1.7	3.3±0.3	32.0±6.7	23.5±3.4	18.4±3.4	20.0±0.0
白蜡	6.4±0.7	12.9±0.8	2.9±0.7	25.0±2.4	13.5±3.4	5.5±2.0	21.0±3.2
银杏	6.8±0.2	10.7±0.6	0.9±0.2	30.0±10.0	18.5±5.3	22.5±12.2	10.0±0.0
栾树	5.7±0.4	10.4±0.8	1.8±0.4	25.5±6.4	18.5±8.8	3.8±2.7	16.0±3.2
紫薇	0.8±0.1	2.5±0.6	0.6±0.1	28.0±8.9	9.0±3.2	0	0
小叶女贞	0.9	2.0±0.3	0.3±0.1	26.0±2.1	0	0	0
悬铃木	8.2±0.3	17.0±1.8	4.3±0.5	0	5.0±4.1	0	0
紫叶李	3.5±0.7	9.7±1.9	1.8±0.1	13.5±2.4	2.0±0.6	10.2±0.7	10.0±0.0
油松	4.7±0.3	14.4±1.8	3.0±0.2	16.5±2.4	12.5±2.6	0.4±0.7	7.0±11.4
毛白杨	17.4±0.4	45.9±2.4	6.3±1.1	29.0±5.7	15.5±1.6	14.5±7.7	43.0±4.8
槐	6.1±0.2	15.8±1.2	3.2±0.3	5.0±3.3	7.0±5.9	1.8±0.1	23.0±8.2

6.2　不同树种的滞尘能力分级

依据单位叶面积、单叶、单株和单位绿化面积的不同植物滞留 $PM_{2.5}$ 等颗粒物数量，将树种分为三类：

①滞尘能力强的：悬铃木、垂柳、榆树、毛白杨、槐、元宝枫。

②滞尘能力中等的：油松、白皮松、构树、栾树、白蜡、银杏、雪松、木槿、大叶黄杨、五叶地锦。

③滞尘能力较差的：紫叶小檗、小叶女贞、紫叶李、小叶黄杨、紫薇、美人梅。

6.3　城市不同污染环境下的高滞尘健康树种选择

基于上述研究结果，以构建健康的高滞留 $PM_{2.5}$ 等颗粒物的城市森林、改善城市生态环境、丰富城市景观、创造适宜的人居环境为目的，并遵循以人为本、地带性原则、适地适树原则和生物多样性原则。

6.3.1　目的

构建健康的高滞留 $PM_{2.5}$ 等颗粒物的城市森林，改善城市生态环境，丰富城市景观，创造适宜的人居环境。

6.3.2　原则

6.3.2.1　以人为本

减少城市大气中 $PM_{2.5}$ 等颗粒物的含量，改善城市生态环境，创造适宜的人居环境，维护人类健康。

6.3.2.2　地带性原则

北京位于东经 115.7°～117.4°、北纬 39.4°～41.6°，中心位于北纬 39°54′20″、东经 116°25′29″。气候为典型的北温带半湿润大陆性季风气候，夏季高温多雨，冬季寒冷干燥，春、秋短促。降水季节分配不均，全年降水的 80%集中在 6、7、8 三个月，7、8 月有大雨。地带性植被类型是暖温带落叶阔叶林并间有温性针叶林的分布。海拔 800m 以下的低山代表性的植被类型是栓皮栎林、栎林、油松林和侧柏林；海拔 800m 以上的中山，森林覆盖率增大，其下部以辽东栎林为主；海拔 1000～2000m，桦树增多，在森林群落破坏严重的地段，为二色胡枝子、榛属、绣线菊属占优势的灌丛；海拔 1900m 以上的山顶生长着山地杂类草草甸。城市植被中槐、杨树类、栾树、元宝枫、油松、白蜡、柳树类、榆树类等是最为常见的绿化植物。

6.3.2.3　适地适树原则

适地适树是指在造林中使树种特性（生态学特性）和造林地的立地条件（气候和土壤条件）相适应，以利于成活、成林，充分发挥生产潜力，达到高产、高效益。北京市地域广大，各区环境因子不同，绿地类型多样，因而，树种选择一定要首先考虑树木对环境的适应性，对于滞尘模式的设计一方面要考虑到林木滞留 $PM_{2.5}$等颗粒物的效益，另一方面要考虑到林木的健康状况，在此基础上选择适应不同环境因子的林木，使其能够正常生长并产生较好滞留 $PM_{2.5}$等颗粒物的效益。

6.3.2.4　生物多样性原则

生物多样性是指在一定时间和一定地区所有生物（动物、植物、微生物）物种及其遗传变异和生态系统的复杂性总称。它包括遗传（基因）多样性、物种多样性、生态系统多样性和景观生物多样性四个层次。物种的多样性是生物多样性的关键，它既体现了生物之间及环境之间的复杂关系，又体现了生物资源的丰富性。为了使植物能在城市生态环境中持续、稳定、健康地存在和发展，在树种的选择上必须坚持生物多样性原则，以当地的植物生态系统及乡土树木群落为基础，在重点应用大量乡土树种的同时，再适当引入外来树种作为补充，这样才能体现出树种的多样性和树木景观的多姿多彩，建立相对稳定而又多样化的园林植物复层种植结构，才能使树木在城市环境中发挥最大的生态效益，达到较为理想的景观效果，并实现城市生态环境的可持续发展。

6.3.3　选择依据

根据北京平原地区的主要气候、土壤条件以及多年园林绿化的实践，植物选择应坚持生物多样性，重视长寿慢长与速生树种的合理比例。以乡土植物为主，乡土植物与引进植物相结合；以落叶树种为主，落叶与常绿树种相结合；以乔木树种为主，乔木、灌木及地被植物相结合；以生态景观树种为主，食源、蜜源植物相结合。形成春花烂漫、夏荫遮蔽、秋色斑斓的优美景观和稳定的植物群落。在以上依据的基础上，还需依据本研究的供

试树种的滞留 $PM_{2.5}$ 等颗粒物的数量、动态变化以及不同城市环境下林木健康状况。在这些依据的基础上，选择健康状况良好、滞留 $PM_{2.5}$ 等颗粒物能力强的树种，建立混交复层式人工生态型的植物群落，发挥最好的生态效益。

6.3.4 针对不同功能区的树种建议

针对不同的功能区，在供试的树种中选择滞留 $PM_{2.5}$ 等颗粒物能力和健康状况良好的树种，详见表 6.9。

表 6.9 针对不同功能区的建议树种

不同功能区	建议树种
相对清洁区	悬铃木、槐、毛白杨、银杏、元宝枫、雪松、桧柏、白皮松、油松、紫叶李、枫杨、加杨、垂柳、栾树、玉兰、紫薇、小叶女贞、大叶黄杨、白蜡、构树、木槿
交通繁忙区	悬铃木、大叶黄杨、槐、油松、元宝枫、玉兰、小叶黄杨、小叶女贞、紫叶李
工业区	悬铃木、大叶黄杨、槐、油松、元宝枫、玉兰、小叶黄杨、小叶女贞、紫叶李、紫叶小檗

6.3.5 考虑局域污染差别和绿化类型的树种建议

考虑局域污染特点和绿化类型的树种建议如表 6.10 所示。

表 6.10 考虑局域污染差别和绿化类型的树种建议

防护目标	范围	建议树种
郊区绿地		油松、悬铃木、元宝枫、桧柏、玉兰、白皮松、银杏、雪松、垂柳、槐
隔离绿地		油松、垂柳、槐、元宝枫、玉兰
道路绿地	行道树绿带	油松、槐、玉兰、元宝枫、悬铃木、垂柳
	分车带	油松、大叶黄杨、玉兰、紫薇、紫叶李、小叶女贞、紫叶小檗
	交通岛绿地	油松、槐、悬铃木、垂柳、玉兰、白皮松、大叶黄杨、紫薇、紫叶李、雪松、木槿、构树、小叶女贞、紫叶小檗
	公车站	槐、元宝枫、紫叶李、玉兰
	十字/丁字路口	油松、元宝枫、槐、紫叶李、玉兰、大叶黄杨、紫薇
居住绿地	小区道路绿地	银杏、紫叶李、垂柳、元宝枫、大叶黄杨、悬铃木、紫薇、玉兰
	宅旁绿地	银杏、紫叶李、垂柳、元宝枫
	公共绿地	油松、雪松、元宝枫、悬铃木、垂柳
带状公园		元宝枫、垂柳、悬铃木、银杏、紫叶李、槐、大叶黄杨、小叶女贞、紫叶小檗
公园	入园处	槐、银杏、元宝枫、紫叶李、紫叶小檗
	外围	油松、雪松、悬铃木、元宝枫、大叶黄杨、槐、玉兰、构树、木槿
	游憩林	垂柳、银杏、槐、白蜡、小叶女贞、紫叶李
	道路	银杏、紫叶李、垂柳、元宝枫、大叶黄杨、悬铃木、紫薇、玉兰

第7章 道路防护林结构对滞留空气颗粒物的影响

随着城市化的发展和人们生活水平的提高，各城市车辆保有量“井喷式”暴增，因此机动车污染已成为城市发展过程中不得不克服的弊病。机动车排放的尾气是大气颗粒物最主要的来源之一。在伦敦，汽车尾气污染对颗粒物排放量的贡献率接近80%，在整个英国，道路交通排放也可占到可吸入颗粒物总量的31%，占$PM_{2.5}$总体排放量的21%（UK Emission Inventory Team，2008）。在我国，一些城市群和特大城市，如北京、长三角、珠三角、济南、成都等地，交通污染逐渐成为$PM_{2.5}$的首要来源（金峰，2016）。研究显示，全球城市中大气颗粒物（$PM_{2.5}$和PM_{10}）污染的来源，交通运输贡献了其中的25%左右，工业生产贡献了其中的20%左右（Karagulian et al.，2015）。与工业生产排放不同的是，交通废气排放是主要发生在城市中居民楼集中区域和商业开发区域（Gromke & Ruck，2009；武小钢和蔺银鼎，2015）。据联合国估算，全世界范围内受到交通废气排放危害的人高达6亿之多（Yazid et al.，2014；武小钢和蔺银鼎，2015），这其中最主要的易受害人群就是城市中早晚高峰赶路的上班人群、路边的行人以及出入街边商业楼的人群和居民楼聚集生活的居民，尤其是路边的行人。因此，在当今如何能有效地解决交通废气排放带来的空气污染问题就成了一个备受关注的热点问题。

面对机动车引起的大气颗粒物污染，首先应使用减少机动车排放的方法和技术加以解决，如改善燃料质量、改善产品和能源结构、开发高效尾气净化催化剂及加强机动车检验和维修管理等（王文兴，1999）；另一方面，作为城市“自然除尘器”的森林植被因其独特的叶面特征和冠层结构对大气颗粒物具有吸附或附着作用。道路中的绿化带可以一定程度上阻止空气中污染物的扩散，而且道路绿化带中的植物叶片可以吸附一定量的空气中的颗粒污染物（殷杉等，2007），也可以改变道路周围环境，使其增加一定的粗糙程度，来改变空气中颗粒物沉降的效果（Zhu et al.，2015）。但不同植物种类和不同植被结构的城市森林对颗粒物的滞留能力不同（Wang et al.，2019；殷杉等，2007），因此，为了提高道路防护林滞留大气颗粒物的效果，必须合理选择植被类型及其结构配置。

7.1 道路防护林内植物对空气颗粒物的滞留

测定了北京市安立路16块样地内的绿化植物滞留颗粒态污染物与$PM_{2.5}$能力，样地基本信息见表7.1。

表7.1 样地植物信息

样地编号	样地类型	样地面积（m×m）	样地植物	植株数量	科	叶习性	冠幅直径（m）	植株高度（m）
1	乔-乔	10.3×9.8	桧柏	5	柏科	常绿	1.9±0.2	7.3±0.8
			油松	4	松科	常绿	4.6±0.7	6.25±1.1
2	乔-乔	12.1×8.9	碧桃	6	蔷薇科	落叶	4.2±0.4	4.9±0.3
			油松	3	松科	常绿	4.7±0.1	6.0±0.2
3	乔-乔	10×10.6	泡桐	6	玄参科	落叶	4.4±0.3	10.2±0.4
			油松	4	松科	常绿	4.4±0.5	6.1±0.2
4	乔-乔	10.6×9.7	旱柳	5	杨柳科	落叶	3.3±0.1	12.5±0.8
			银杏	3	银杏科	落叶	3.0±0.3	5.2±0.2
5	乔-乔	9.7×9.6	桧柏	4	柏科	常绿	2.3±0.1	5.9±0.6
			刺槐	4	豆科	落叶	4.0±0.2	6.1±0.4
6	乔-乔	9.2×9.7	紫叶李	4	蔷薇科	落叶	1.9±0.2	2.2±0.2
			油松	5	松科	常绿	4.2±0.5	5.9±0.2
7	乔-乔	10.7×9.8	油松	3	松科	常绿	3.9±0.2	4.9±0.2
			银杏	2	银杏科	落叶	3.5±0.6	5.6±0.2
			紫叶李	4	蔷薇科	落叶	1.8±0.2	4.3±0.2
8	乔-灌	10.5×9.8	大叶黄杨	2	黄杨科	常绿	0.8	1.0±0.1
			油松	7	松科	常绿	3.7±0.1	6.0±0.2
9	乔-灌	9.3×9.5	小叶女贞	5	木犀科	落叶	0.86±0.04	0.9±0.1
			油松	3	松科	常绿	4.0±0.5	4.5±0.3
			紫叶李	1	蔷薇科	落叶	1.7	2.2
10	乔-灌	9.1×9.9	小叶女贞	5	木犀科	落叶	0.86±0.04	0.9±0.1
			紫叶李	5	蔷薇科	落叶	1.8±0.1	2.0±0.1
11	乔-灌	10.9×9.7	旱柳	5	杨柳科	落叶	3.7±0.4	12.6±0.6
			大叶黄杨	4	黄杨科	常绿	0.85±0.06	1.0±0.1
12	灌-灌	9.5×9.3	木槿	5	锦葵科	落叶	1.74±0.04	2.1±0.1
			大叶黄杨	5	黄杨科	常绿	0.86±0.02	1.1±0.1
13	纯乔	10.6×8.9	银杏	8	银杏科	落叶	2.9±0.4	6.0±0.2

（续）

样地编号	样地类型	样地面积（m×m）	样地植物	植株数量	科	叶习性	冠幅直径（m）	植株高度（m）
14	纯乔	10.6×10.3	泡桐	8	玄参科	落叶	4.9±1.0	11.2±0.8
15	纯乔	10.6×10.8	油松	10	松科	常绿	4.0±0.4	6.6±0.2
16	纯乔	11.1×9.8	桧柏	10	柏科	常绿	2.0±0.1	6.0±0.2

样地编号	胸径/地径（cm）	单叶面积（cm^2）	单位叶面积滞留 $PM_{2.5}$ 量（$\mu g/cm^2$）	单位叶面积滞留 PM 量（$\mu g/cm^2$）	叶面积指数	郁闭度	疏透度
1	14.6±0.8	1.2±0.2	18.12±1.67	91.05±2.50	2.73	0.7	0.2
	14.4±1.8	6.7±0.5	4.53±0.30	83.90±1.62			
2	11.2±0.8	16.9±3.9	2.63±0.22	26.89±1.66	2.72	0.5	0.5
	14.1±0.4	6.9±0.4	4.77±0.36	85.01±1.00			
3	16.2±0.6	185.4±10.3	3.62±0.40	61.40±1.04	2.50	0.7	0.3
	10.8±0.7	7.2±0.5	4.89±0.26	90.27±7.00			
4	25.1±4.2	9.6±2.1	3.49±0.26	23.97±1.24	3.02	0.4	0.5
	13.6±0.6	15.9±3.4	2.76±0.36	13.25±1.70			
5	14.6±1.0	1.1±0.2	19.50±0.83	100.04±2.43	3.15	0.6	0.3
	16.8±1.7	10.6±2.9	2.66±0.19	24.10±1.19			
6	11.3±1.6	12.3±2.9	3.65±0.32	35.67±2.15	2.72	0.5	0.5
	13.2±1.1	6.6±0.7	5.05±0.08	85.03±1.00			
7	13.8±0.4	6.3±0.5	4.66±0.31	83.96±1.22	2.92	0.7	0.3
	13.2±0.6	17.6±4.2	2.83±0.39	14.27±1.48			
	12.3±0.5	13.6±2.7	3.28±0.17	33.58±1.56			
8	7.7±1.3*	8.5±2.7	11.60±0.85	84.70±2.90	2.68	0.3	0.6
	14.8±0.9	6.9±0.4	4.86±0.34	84.14±1.87			
9	5.9±1.8*	7.8±1.9	1.42±0.14	20.28±1.33	2.83	0.5	0.6
	14.0±1.4	6.4±0.8	5.30±0.39	85.40±1.43			
	10.6	14.3±4.1	3.12±0.13	32.50±0.81			
10	6.3±1.6*	8.2±1.4	1.66±0.34	20.63±2.52	2.56	0.3	0.7
	10.7±0.3	15.5±3.6	3.24±0.11	33.69±0.42			
11	25.0±3.0	9.3±1.8	3.30±0.46	27.49±4.10	2.41	0.5	0.5
	7.2±1.1*	8.1±2.6	12.82±0.91	92.95±1.82			
12	7.8±0.8	5.6±1.8	14.40±1.49	143.73±3.39	—	0.3	0.6
	7.3±1.5*	8.7±2.9	14.29±0.64	97.66±1.93			
13	11.1±1.1	18.6±3.8	3.24±0.31	14.78±1.51	3.03	0.5	0.4
14	17.9±1.2	192.8±16.7	4.46±0.16	66.18±0.99	2.13	0.8	0.2
15	14.3±0.8	6.6±0.2	5.55±0.14	98.60±3.36	2.75	0.4	0.6
16	14.8±1.0	1.2±0.3	15.80±0.99	97.03±2.35	2.61	0.4	0.6

注：* 表示地径。

7.1.1 各样地的$PM_{2.5}$等颗粒物滞留量

样地 10 滞留$PM_{2.5}$和 PM 量均最小，分别为 0.39g 和 4.31g，样地 15 滞留$PM_{2.5}$与 PM 量均最大，分别为 19.77g 与 351.33g，二者滞留$PM_{2.5}$量相差 50 倍以上，滞留 PM 量相差 17 倍以上（图 7.1）。

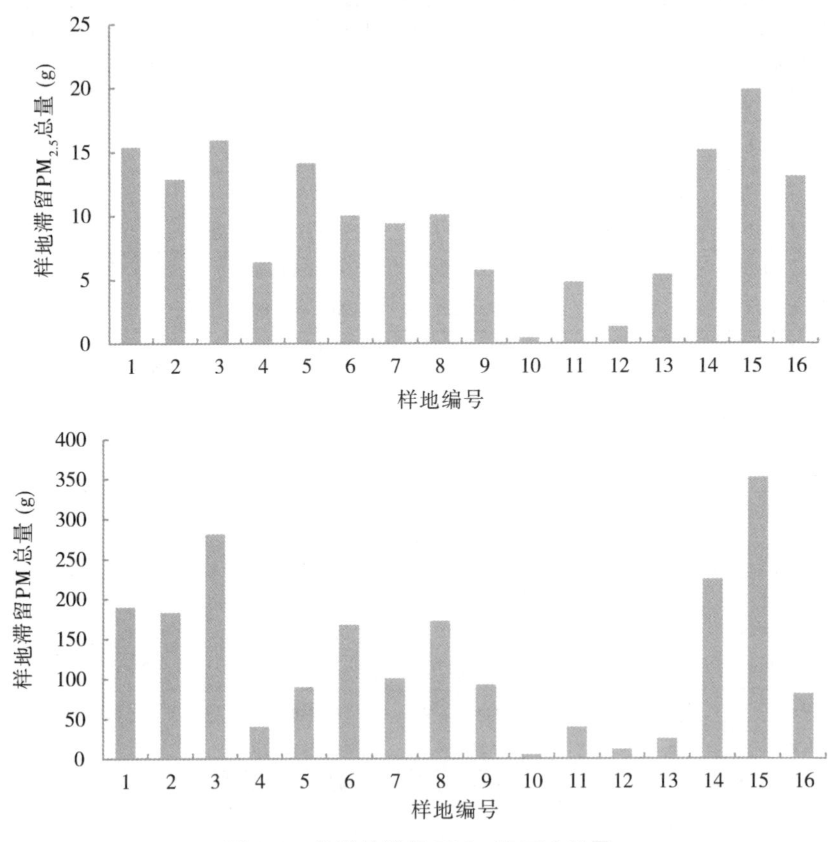

图 7.1 各样地滞留$PM_{2.5}$和 PM 总量

根据聚类分析结果，滞留$PM_{2.5}$量较大的样地有 1、2、3、5、14、15、16，变化范围为 12.81～19.77g；滞留量较小的样地有 4、9、10、11、12、13，变化范围为 0.39～6.33g；其余样地滞留$PM_{2.5}$量平均值为 9.76g，变化范围为 9.31～10.03g。

滞留 PM 量较大的样地有 1、2、3、6、8、14、15，变化范围为 166.31～351.33g；滞留量较小的样地有 4、10、11、12、13，变化范围为 4.31～39.75g；其余样地 PM 滞留量平均值为 89.94g，变化范围为 77.92～99.57g。

7.1.2 各样地单位绿化面积的$PM_{2.5}$等颗粒物滞留量

在各样地中，样地 10 的单位绿化面积滞留$PM_{2.5}$和 PM 量均最小，分别为 0.004g/m^{2}和 0.05g/m^2；样地 15 的单位绿化面积滞留$PM_{2.5}$和 PM 量均最大，分别为 0.17g/m^{2}和 3.07g/m^2，分别是样地 10 的 42.5 倍和 61.4 倍（图 7.2）。

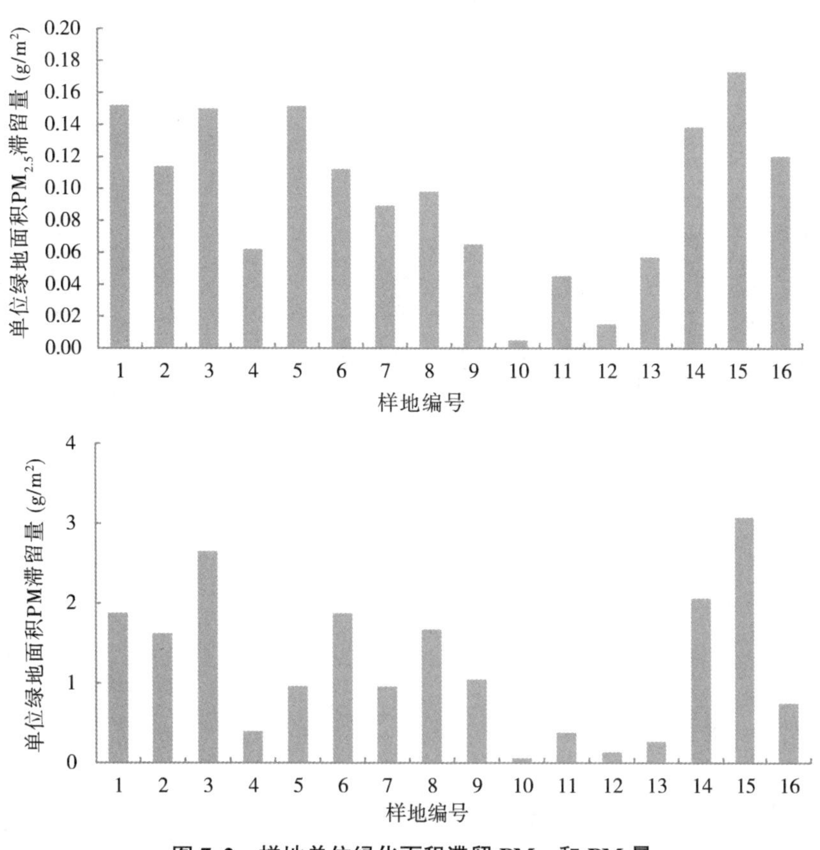

图 7.2　样地单位绿化面积滞留 $PM_{2.5}$和 PM 量

根据聚类分析结果，单位绿化面积滞留 $PM_{2.5}$量较大的样地有 1、3、5、14、15，变化范围为 0.14~0.17g/m^2；滞留量较小的样地有 4、9、10、11、12、13，变化范围为 0.004~0.06g/m^2；其余样地单位绿化面积滞留 $PM_{2.5}$量平均值为 0.11g/m^2，变化范围为 0.09~0.12g/m^2。

单位绿化面积滞留 PM 量较大的样地有 1、3、6、14、15，变化范围为 1.86~3.07g/m^2；滞留量较小的样地有 4、10、11、12、13，变化范围为 0.05~0.39g/m^2；其余样地单位绿化面积滞留 PM 量变化范围为 0.73~1.66g/m^2，平均滞留量为 1.16g/m^2。

7.1.3　各样地的 $PM_{2.5}$等颗粒物滞留量季节变化

实验数据显示 6 月样地滞留 $PM_{2.5}$与 PM 总量大多数大于 8 月（图 7.3）。样地 10 在两个月份滞留 $PM_{2.5}$量与 PM 量均最小，6 月分别为 0.39g 和 4.31g；8 月分别为 0.41g 和 4.43g，两个月份滞尘量相差不大。样地 15 滞留 $PM_{2.5}$与 PM 量均最大，6 月分别为 19.77g 和 351.33g；8 月分别为 17.08g 与 282.06g。两块样地 6 月滞留 $PM_{2.5}$质量相差 50 倍以上，滞留 PM 量相差 80 倍以上；8 月滞留 $PM_{2.5}$与 PM 量分别相差 40 倍与 60 倍以上。

根据聚类分析结果，6 月滞留 $PM_{2.5}$量较大的有样地 1、2、3、5、14、15、16，变化范围为 12.81~19.77g；滞留 $PM_{2.5}$量较小的样地有 4、9、10、11、12、13，变化范围为

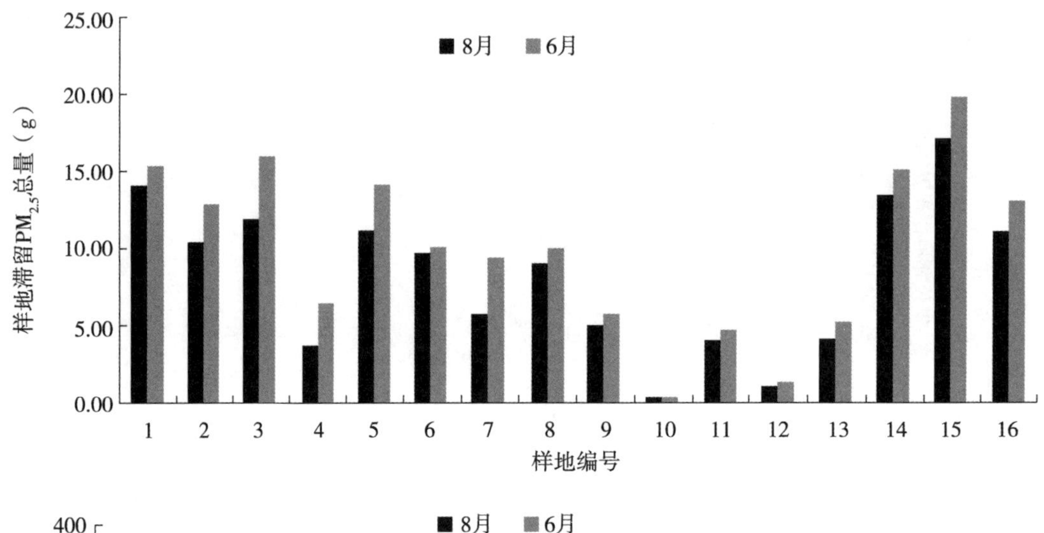

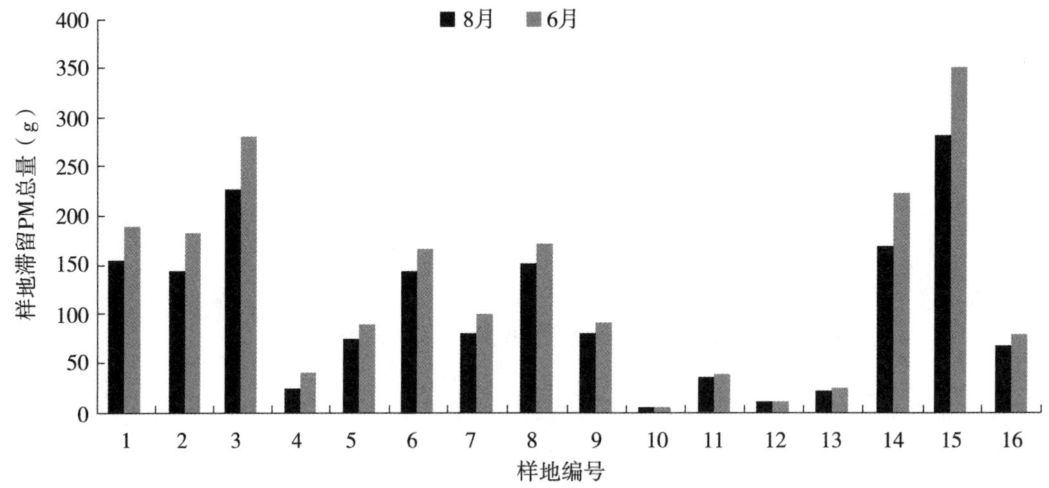

图 7.3　各样地不同季节滞留 $PM_{2.5}$和 PM 总量

0. 39～6. 33g；样地 6、7、8 滞留 $PM_{2.5}$量平均值为 9. 76g，变化范围为 9. 31～10. 03g，处于中等水平。8 月滞留 $PM_{2.5}$量较大的样地有 1、2、3、5、6、8、14、15、16，变化范围为 9. 10～17. 08g；滞留量较小的样地有 10 与 12，变化范围为 0. 41～1. 18g；滞留量中等的样地有 4、7、9、11、13，变化范围为 3. 62～5. 74g，平均滞留量为 4. 51g。

6 月滞留 PM 量较大的样地有 1、2、3、6、8、14、15，变化范围为 166. 31～351. 33g；滞留 PM 量较小的有样地 4、10、11、12、13，变化范围为 4. 31～39. 75g；其余样地 PM 滞留量平均值为 89. 94g，变化范围为 77. 92～99. 57g。8 月滞留 PM 量较大的样地有 1、2、3、6、8、14、15，变化范围为 143. 25～282. 06g；滞留量较小的样地有 4、10、11、12、13，变化范围为 4. 43～33. 88g，其余样地滞留量处于中等水平，范围为 65. 94 ～79. 99g，平均滞留量为 74. 88g。

样地 1、2、3、14、15 在 6 月与 8 月对 PM 以及 $PM_{2.5}$的滞留量均较大；样地 10 与 12 在 6 月与 8 月对 PM 与 $PM_{2.5}$的滞留量均较小；样地 7 在 6 月和 8 月对 PM 与 $PM_{2.5}$的滞留

量均处于中等水平。

7.1.4　各样地单位绿化面积的 $PM_{2.5}$ 等颗粒物滞留量季节变化

样地10在6月与8月单位绿化面积滞留 $PM_{2.5}$ 与PM量均最小（图7.4），均为0.004g/m²和0.05g/m²。样地15单位绿化面积滞留 $PM_{2.5}$ 量与PM量均最大，6月为0.17g/m²与3.07g/m²，8月为0.15g/m²与2.46g/m²。6月样地15单位绿化面积滞留 $PM_{2.5}$ 质量是样地10的42倍以上，单位绿化面积滞留PM量是样地10的61倍；8月二者在单位绿化面积尺度上对 $PM_{2.5}$ 与PM的滞留量分别相差37倍和49倍。

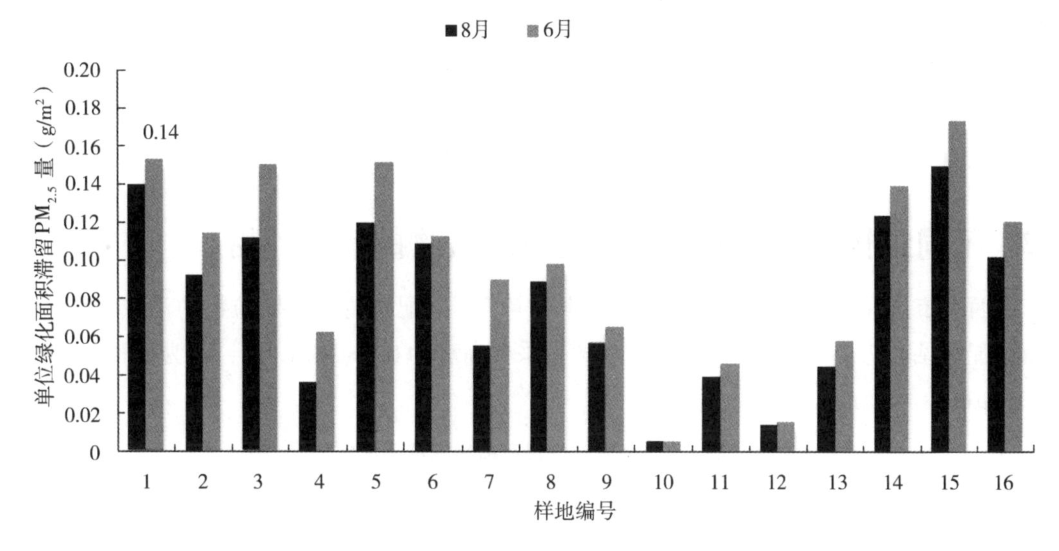

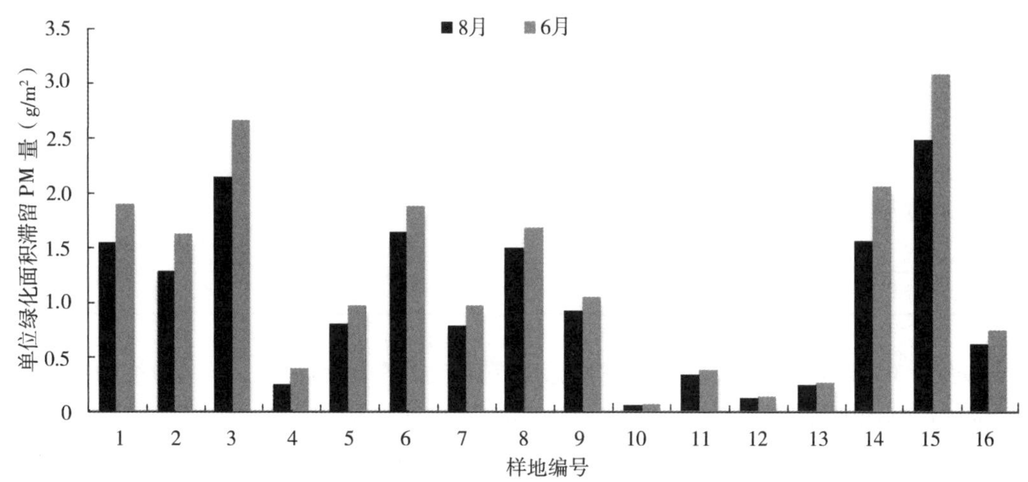

图7.4　样地不同季节单位绿化面积滞留 $PM_{2.5}$ 和PM量

根据聚类分析结果，6月单位绿化面积滞留 $PM_{2.5}$ 量较大的样地有1、3、5、14、15，变化范围为0.14~0.17g/m²；滞留量较小的样地有4、9、10、11、12、13，变化范围为0.004~0.06g/m²，其余样地单位绿化面积滞留 $PM_{2.5}$ 量平均值为0.11g/m²，变化范围为

0.09~0.12g/m²。8月单位绿化面积滞留 $PM_{2.5}$ 量较大的样地有1、2、3、5、6、8、14、15、16，变化范围为0.09~0.15g/m²；滞留量较小的样地为10与12，分别为0.004g/m²与0.01g/m²；其余样地单位绿化面积滞留 $PM_{2.5}$ 量处于中等水平，变化范围为0.04 ~0.06g/m²，平均滞留量为0.04g/m²。

6月单位绿化面积滞留PM量较大的样地有1、3、6、14、15，变化范围为1.86~3.07g/m²；滞留量较小的样地有4、10、11、12、13，变化范围为0.05~0.39g/m²；其余样地单位绿化面积滞留PM量变化范围为0.73~1.66g/m²，平均滞留量为1.16g/m²。8月单位绿化面积滞留PM量较大的样地为1、2、3、6、8、14、15，变化于1.27~2.46g/m²；滞留量较小的样地为4、10、11、12、13，变化范围为0.05~0.32g/m²；其余样地滞留量处于中等水平，变化于0.61 ~0.90g/m²，平均滞留量为0.77g/m²。

单位绿化面积尺度上，样地1、3、14、15在6月和8月对 $PM_{2.5}$ 与PM的滞留量均较大；样地10和12的滞留量均较小；样地7和9的滞留量处于中等水平。

7.2 不同结构的道路防护林对空气颗粒物的消减作用

在西安市选择了4条道路上的8个样地测定了不同配置植物对颗粒物的消减作用，样地植物配置见表7.2。图7.5为样地实景图，采样高度为0.7m和1.5m，分为粒径>0.5μm和>2.5μm。

表7.2 采样点位置及植物配置情况

道路	研究区域	结构类型	植物配置
雁塔南路	L1	乔	槐
会展中心	L2	乔灌草	悬铃木+小叶女贞+石楠
	L3	乔灌	悬铃木+小叶女贞
	L4	乔	悬铃木
明德二路	L5	乔灌	大叶女贞+紫叶李
	L6	乔灌	大叶黄杨+紫叶李
	L7	乔	大叶黄杨
烈士陵园	L8	乔	垂柳

由表7.3可以看出，不同植被结构配置对颗粒物的消减率不同，不同粒径的颗粒物在相同的植被结构配置的情况下消减率也不相同。道路防护林对粒径较大的颗粒物的消减效果比粒径小的颗粒物的效果好。其中颗粒物粒径在0.5μm时，对其消减率排序（从大到小）紫叶李+大叶黄杨>大叶黄杨>悬铃木+小叶女贞>悬铃木= 悬铃木+小叶女贞+石楠>槐>大叶女贞+紫叶李。其中颗粒物粒径在2.5μm时，对其消减率排序（从大到小）大叶黄杨>大叶女贞+紫叶李>悬铃木>悬铃木+小叶女贞>悬铃木+小叶女贞+石楠>大叶黄杨+紫叶李>槐。这是因为在颗粒物从机动车道向人行道扩散时，由于植物的叶片表面结构是多孔的，对颗粒物具有一定的吸附性，粒径较大的颗粒物会吸附在植物叶面上，而粒径较小的

图 7.5 样地实景

a：雁塔南路样地实景；b：明德二路样地实景；c：会展中心样地实景；d：烈士陵园样地实景

颗粒物会随着气流运动穿过植物屏障所以消减作用不强。

表 7.3 消减率计算结果（负值表示有植被时颗粒物浓度较空白反而升高）

测定高度	配置模式	粒径大小（μm）	
		>0.5	>2.5
1.5m	悬铃木	1%	25%
	悬铃木+小叶女贞	0	16%
	悬铃木+小叶女贞+石楠	1%	15%
	紫叶李+大叶黄杨	13%	2%
	大叶女贞+紫叶李	-48%	26%
	大叶黄杨	5%	28%
	槐	13%	19%
0.7m	悬铃木+小叶女贞	3%	5%
	悬铃木+小叶女贞+石楠	-21%	-21%
	紫叶李+大叶黄杨	-2%	5%

7.3 道路防护林空气颗粒物的滞留作用与林木结构的关系

整个样地尺度与单位绿化面积尺度 $PM_{2.5}$ 和 PM 滞留量随郁闭度的升高均呈现先升高后降低的趋势，在郁闭度为 0.7 时出现峰值（图 7.6）。样地和单位绿化面积尺度上植物

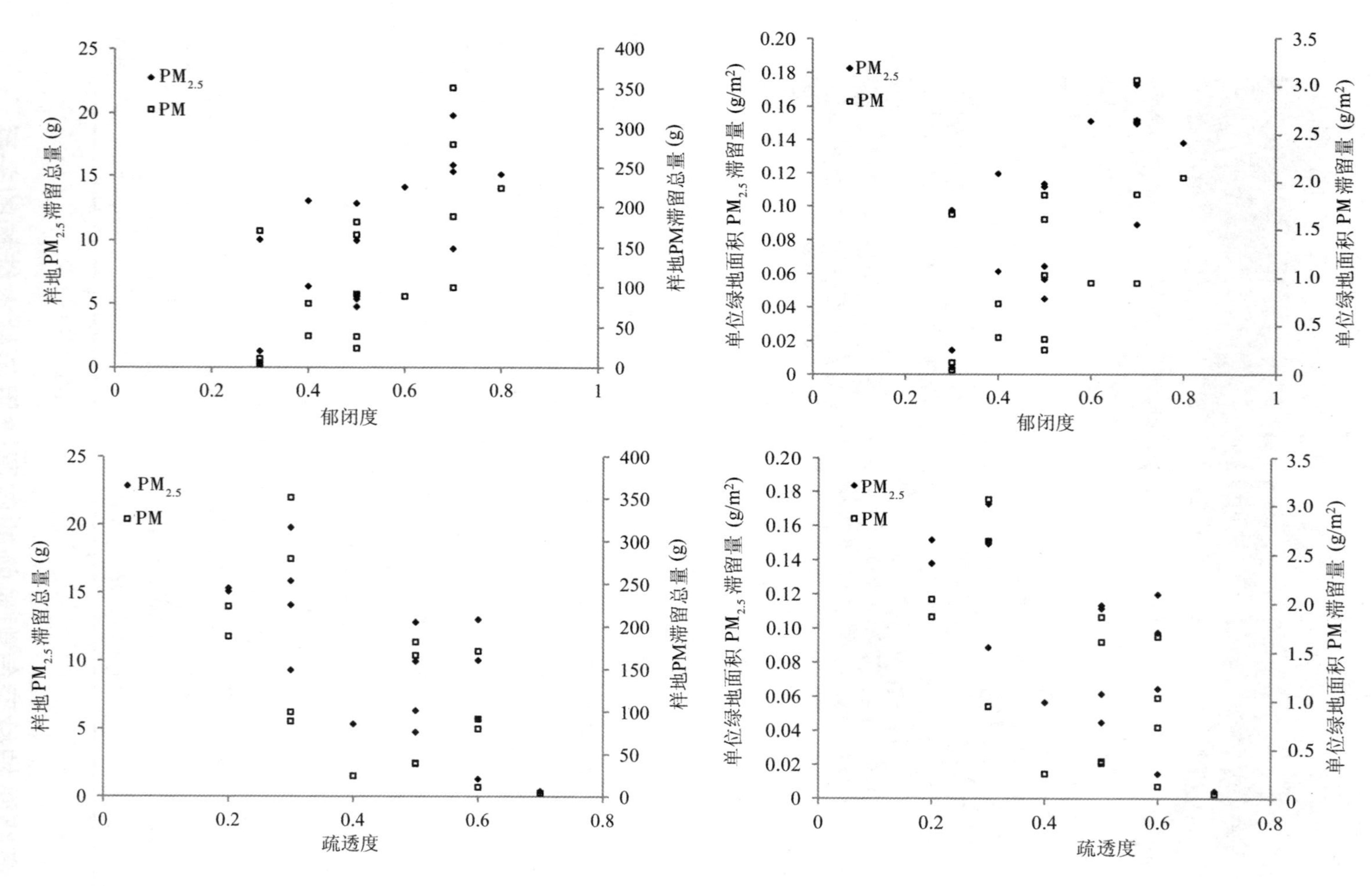

图7.6 各样地和单位绿化面积$PM_{2.5}$与PM滞留量与郁闭度和疏透度的关系

叶面 $PM_{2.5}$和 PM 滞留量与疏透度呈明显的负相关关系，在疏透度为 0.3 时，样地和单位绿化面积 $PM_{2.5}$和 PM 滞留量均最高。

7.4 降低 $PM_{2.5}$等颗粒物危害的道路防护林结构模式

林带结构是林带防护特征之一，常见的林带结构有通透结构、半通透结构和紧密结构以及复合式 4 种（王晓磊，2014），各林带结构对颗粒物的影响特征如下：

①通透结构：一般均由乔木组成，不配置花灌木，这种利于大气颗粒物扩散但植物净化大气颗粒的能力差（图 7.7）。

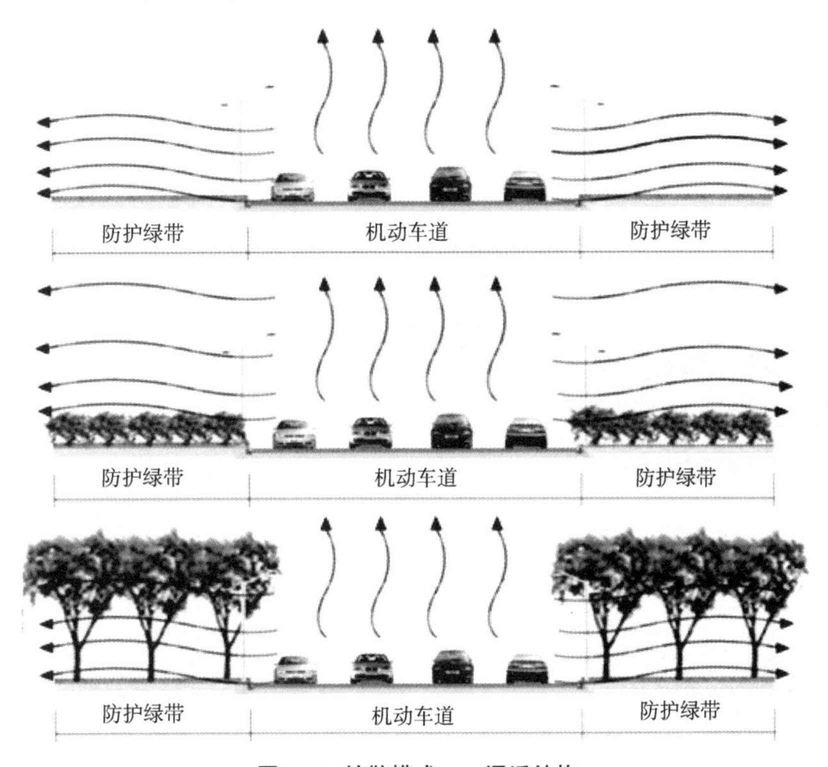

图 7.7 扩散模式——通透结构

②半通透结构：一般以乔木为主，下层配有少量花灌木。这种对大气颗粒物的扩散和净化功能均介于通透结构和紧密结构之间（图 7.8）。

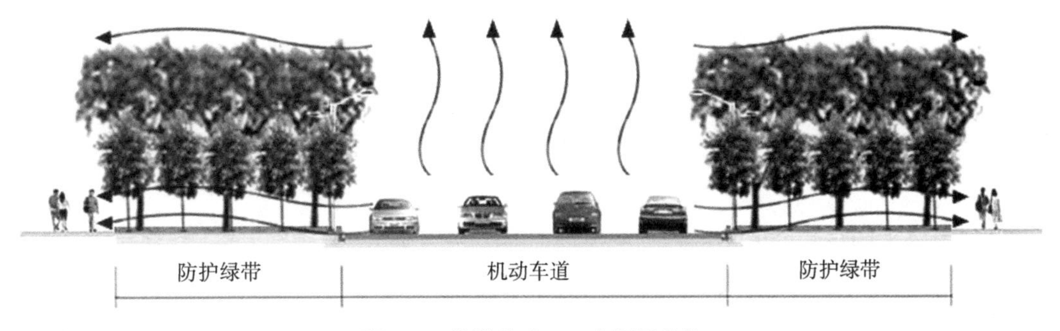

图 7.8 扩散模式——半通透结构

③紧密结构：由大乔木、亚乔木和花灌木等多树种配置。紧密结构林带郁闭度大、绿量大，颗粒物遇林带时不易通过，仅有一小部分进入林内，由树冠上绕过，向上扩散，进入林带的颗粒物会被长时间滞留在林内，不易扩散（图 7.9）。

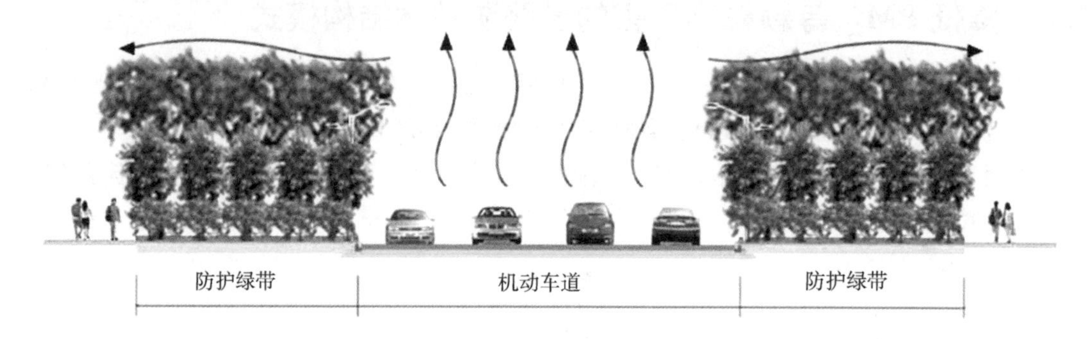

图 7.9　扩散模式——紧密结构

④复合式结构：由通透结构、半通透结构和紧密结构相结合，形成复合式结构。通过多种林带结构的配置，能够满足林带的不同防护效果（图 7.10）。

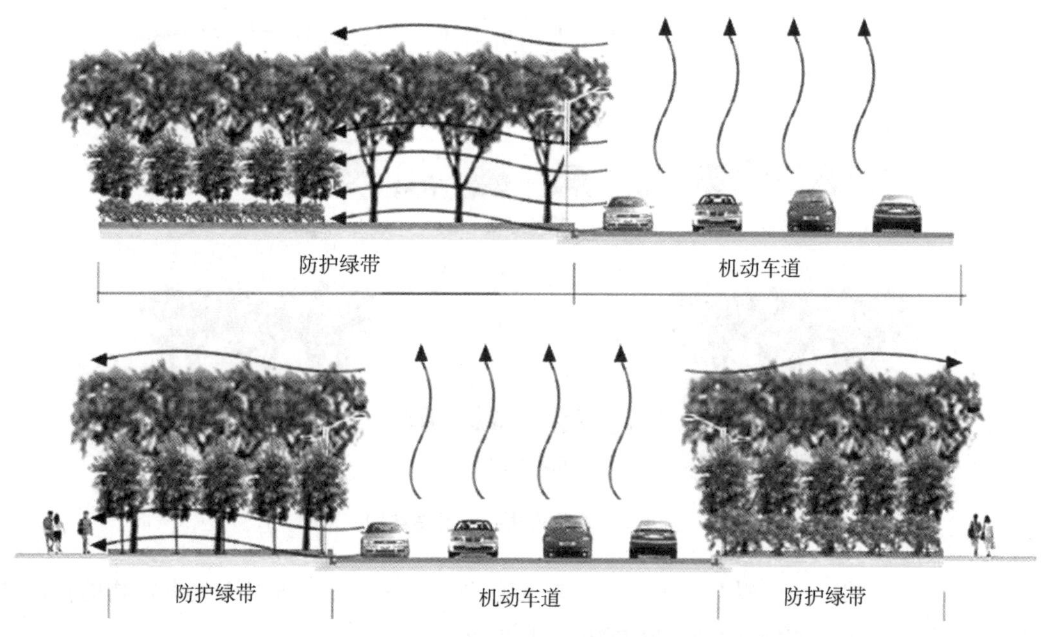

图 7.10　扩散模式——复合式结构

因此，对于大气颗粒物污染，在防护林带实际规划设计时，我们有时需要促进大气颗粒物扩散，有时需要阻挡大气颗粒物扩散，还有时需要放进来再吸收，需要我们根据主导功能目标和道路等级进行合理配置，最大限度发挥防护林带减少颗粒物污染的生态服务功能。

综合考虑不同植物的 $PM_{2.5}$ 等颗粒物滞留能力和不同结构林木的 $PM_{2.5}$ 等颗粒物滞留能力，针对廊道型道路防护林林木降低 $PM_{2.5}$ 危害的林木结构和树种选择的建议为：

郁闭度：0.7 左右；

疏透度：0.3左右；

滞尘能力强：常绿乔木+常绿/落叶乔木/灌木，并选取油松、桧柏、泡桐、木槿、大叶黄杨、构树、元宝枫、玉兰、悬铃木等$PM_{2.5}$等颗粒物滞留量大的树种；

滞尘能力中等：落叶乔木+常绿/落叶乔木/灌木，树种主要有旱柳、银杏、槐、白蜡、毛白杨、紫叶李、榆树、栾树、雪松、美人梅等；

滞尘能力差：灌木+灌木，如小叶女贞、紫叶小檗、紫薇等。

低、中等和高颗粒物阻滞能力树种的配置方式如图7.11所示。

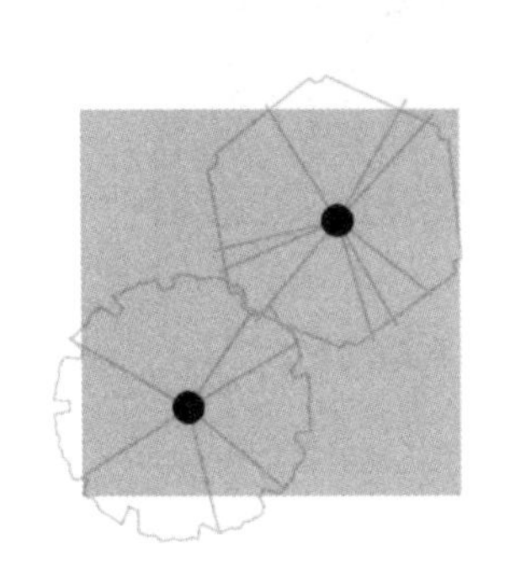
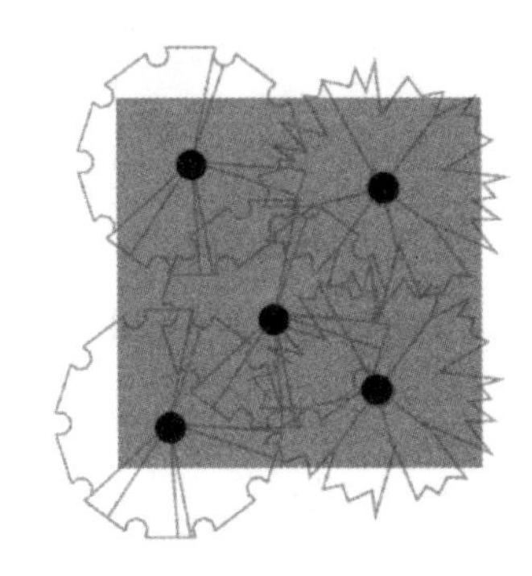
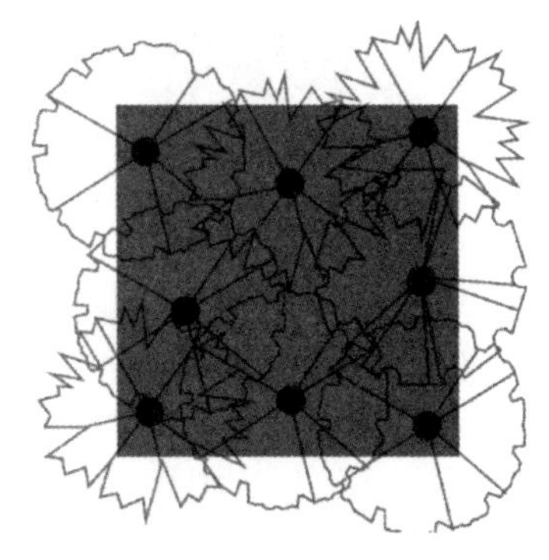

图7.11　低、中等和高颗粒物阻滞能力树种的配置方式

依据防护功能要求可供选择的植物种类和配置模式分别为：

（1）中央隔离带和同向分车带：主要功能是最大程度的滞留$PM_{2.5}$等颗粒物，减少其向林带外扩散，减轻对人行道行人健康的危害。宜选择滞留$PM_{2.5}$等颗粒物能力强的配置模式：常绿乔木+常绿/落叶乔木/灌木，并选取$PM_{2.5}$等颗粒物滞留量大的树种。

（2）非机动车带：主要功能是减少机动车行驶中带动颗粒物向人行道的扩散，宜选择具有中等或低滞留$PM_{2.5}$等颗粒物能力的配置模式。滞留$PM_{2.5}$等颗粒物能力中等的配置模式：落叶乔木+常绿/落叶乔木/灌木，并选择$PM_{2.5}$等颗粒物滞留量中等的植物；滞留$PM_{2.5}$等颗粒物能力差的配置模式：灌木+灌木，并选择$PM_{2.5}$等颗粒物滞留量小的树种。

（3）外侧防护林带：具有分割空间、提供绿茵、滞尘、减噪、吸收有毒气体、提供休闲场所等功能，植物配置应主要考虑外侧有无人行道。如果有人行道，林带外侧宜选择滞留$PM_{2.5}$等颗粒物能力差的配置模式，再向内宜使用滞留$PM_{2.5}$等颗粒物能力中等的配置模式，再设置滞留$PM_{2.5}$等颗粒物能力强的林带，如图7.12。如果没有人行道，紧靠林缘处即可选择滞留$PM_{2.5}$等颗粒物能力强的配置模式，最大限度的阻滞和吸收颗粒物，如图7.13和附录2所示。

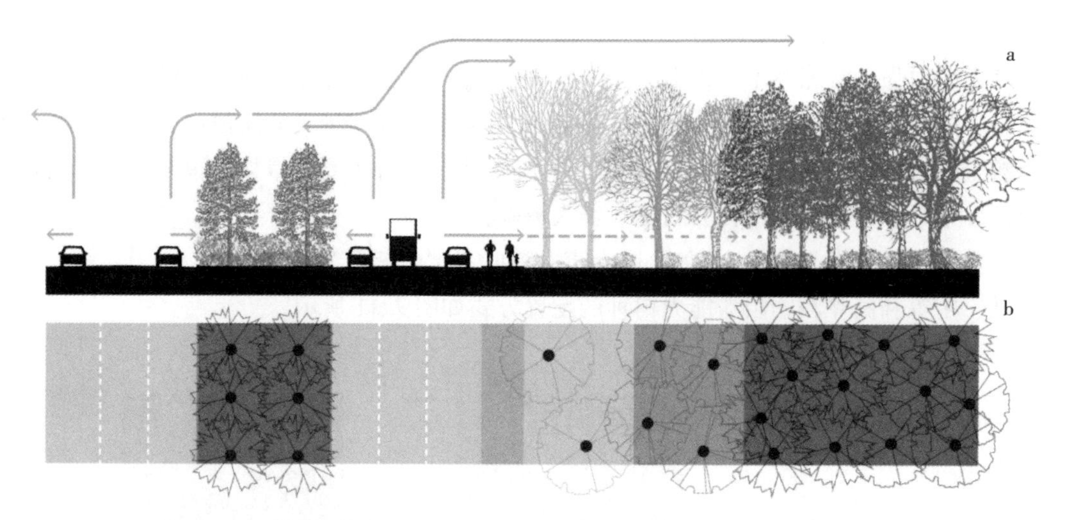

图 7.12　有人行道的道路防护林种植模式的断面图（a）和俯视图（b）

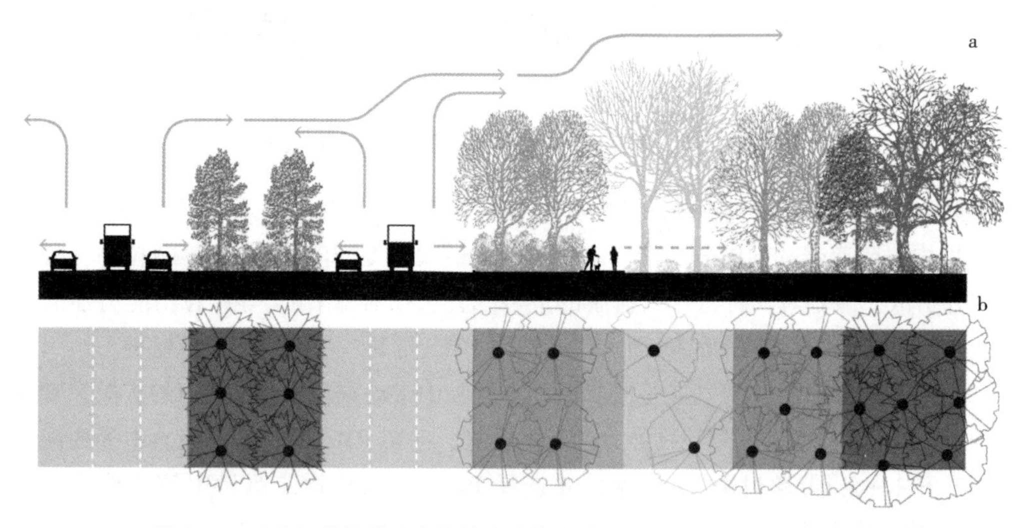

图 7.13　无人行道的道路防护林种植模式的断面图（a）和俯视图（b）

第8章 公园绿地结构对滞留空气颗粒物的影响

公园良好的绿化环境不仅可供公众游览、观赏、休憩、开展科学文化及锻炼身体等活动，而且具有改善城市生态、防火、避难等作用。公园内部 $PM_{2.5}$ 等颗粒物含量直接关系着游憩质量。绿色植物具有吸收有害气体、吸滞粉尘、隔声降噪、降温增湿等环境生态效益，参与和改善城市的物质代谢和能量循环（殷杉等，2007；谢子瑞等，2018）。近年来评价城市绿地的环境效益，以将有限的绿地发挥最大的环境生态功能，逐渐成为城市环境生态研究的热点（Przybysz et al.，2014；Wang et al.，2019）。在北京奥林匹克森林公园选择了 18 块样地，其分布如图 8.1 所示：包含有纯乔木林、乔草、纯灌木林、乔灌、乔灌草等植物配置结构，样地的基本信息见表 8.1；图 8.2 为纯灌木和乔灌草结合的样地图。测定了样地内绿化植物的单位叶面积、单一植株的 $PM_{2.5}$ 等颗粒物的滞留量，计算得到了不同植被结构配置下单位绿化面积的 $PM_{2.5}$ 等颗粒物的滞留量，探讨了公园绿地的合理配置模式。

图 8.1　采样点

表 8.1　北京奥林匹克森林公园样地信息

样地编号	样地类型	样地面积（m^2）	样地植物	植株数量	科	叶习性	叶型
1	纯乔木	9.8×7.8	油松	15	松科	常绿	针叶
2	乔—草本	12.1×6.5	玉兰	4	木兰科	落叶	阔叶
			油松	2	松科	常绿	针叶
			泡桐	2	玄参科	落叶	阔叶
			马蔺	3	鸢尾科	草本	
			石竹	3	石竹科	草本	
3	纯灌木	15.5×4.2	紫叶李	21	蔷薇科	落叶	阔叶
4	纯乔木	10.5×11	栾树	12	无患子科	落叶	阔叶
5	乔—乔	10.2×10.5	刺槐	8	豆科	落叶	阔叶
			白蜡	4	木犀科	落叶	阔叶
6	乔—灌	10.6×6.8	白皮松	6	松科	常绿	针叶
			碧桃	3	蔷薇科	落叶	阔叶
7	纯乔木	12.5×5.9	白蜡	10	木犀科	落叶	阔叶
8	乔—乔	11.2×5.7	栾树	6	无患子科	落叶	阔叶
			白蜡	7	木犀科	落叶	阔叶
9	乔—乔	12.1×11.5	刺槐	5	豆科	落叶	阔叶
			银杏	5	银杏科	落叶	阔叶
			玉兰	3	木兰科	落叶	阔叶
			油松	2	松科	常绿	针叶
10	纯乔木	13.1×8.9	银杏	12	银杏科	落叶	阔叶
11	纯灌木	12.3×6.5	碧桃	13	蔷薇科	落叶	阔叶
12	乔—灌	9.6×8.9	油松	6	松科	常绿	针叶
			紫叶李	5	蔷薇科	落叶	阔叶
13	纯乔木	16×15.2	毛白杨	10	杨柳科	落叶	阔叶
14	乔—乔	14.8×13.9	刺槐	4	豆科	落叶	阔叶
			毛白杨	7	杨柳科	落叶	阔叶
15	纯乔木	10.5×9.5	元宝枫	12	槭树科	落叶	阔叶
16	乔—乔	8.6×8.4	水杉	7	杉科	常绿	针叶
			元宝枫	4	槭树科	落叶	阔叶
17	乔—乔	9.8×6.5	桧柏	5	柏科	常绿	阔叶
			油松	5	松科	常绿	针叶
18	乔—乔	13.2×8.1	白蜡	5	木犀科	落叶	阔叶
			油松	7	松科	常绿	针叶

（续）

样地编号	冠幅直径（m）	植株高度（m）	胸径（地径）（cm）	叶面积指数	郁闭度	疏透度
1	4. 7±0. 7	5. 6±0. 1	12. 5±0. 7	3. 52	0. 61	0. 26
2	2. 13±0. 5	6. 4±0. 4	15. 9±0. 1	2. 66	0. 40	0. 15
	3. 4±0. 3	6. 1±0. 1	16. 0±0. 9			
	6. 4±2. 4	10. 6±0. 4	21. 4±3. 1			
3	3. 2±0. 5	4. 8±0. 6	14. 3±0. 6	1. 57	0. 23	0. 11
4	4. 3±0. 3	5. 2±1. 8	13. 8±2. 1	3. 22	0. 40	0. 09
5	3. 8±0. 5	8. 0±0. 6	14. 5±2. 0	2. 45	0. 44	0. 11
	3. 4±0. 1	7. 0±0. 1	11. 6±1. 1			
6	3. 8±0. 1	5. 1±0. 1	14. 6±1. 9	2. 90	0. 45	0. 31
	3. 7±0. 5	5. 4±0. 4	13. 2±1. 3			
7	4. 5±0. 7	8. 1±0. 3	13. 6±0. 5	2. 69	0. 59	0. 13
8	3. 5±0. 2	7. 4±0. 2	10. 2±2. 3	2. 54	0. 68	0. 10
	4. 6±0. 1	8. 1±0. 2	13. 6±2. 1			
9	6. 8±0. 2	14. 1±1. 4	19. 7±2. 5	3. 43	0. 51	0. 18
	3. 6±0. 4	7. 8±1. 6	11. 6±0. 7			
	3. 0±0. 5	4. 1±0. 3	10. 8±1. 8			
	4. 9±0. 4	6. 2±0. 9	16. 8±1. 5			
10	3. 1±0. 5	7. 5±0. 8	11. 5±0. 8	1. 89	0. 21	0. 09
11	3. 0±0. 1	2. 6±0. 4	8. 3±3. 7	2. 91	0. 66	0. 33
12	2. 6±0. 2	4. 9±0. 2	11. 0±0. 4	2. 56	0. 54	0. 14
	5. 1±0. 1	5. 8±1. 1	14. 2±2. 5			
13	4. 9±0. 4	19. 8±1. 5	28. 5±0. 2	1. 52	0. 44	0. 08
14	4. 4±0. 5	11. 1±0. 6	14. 6±0. 2	1. 63	0. 55	0. 10
	3. 5±0. 3	20. 7±2. 2	28. 7±1. 4			
15	4. 1±1. 6	7. 9±0. 6	14. 1±0. 5	2. 83	0. 53	0. 18
16	3. 0±0. 2	4. 7±1. 3	11. 0±0. 6	2. 99	0. 65	0. 34
	5. 9±0. 4	11. 9±0. 8	15. 3±1. 6			
17	3. 5±0. 8	6. 1±0. 3	13. 8±0. 4	3. 18	0. 69	0. 51
	4. 6±0. 3	6. 4±0. 2	14. 0±0. 6			
18	3. 6±0. 4	7. 1±0. 3	10. 1±0. 3	2. 94	0. 65	0. 14
	4. 8±0. 3	5. 9±0. 1	11. 6±1. 6			

图 8.2 样地实景图

a：纯灌木；b：乔草；c，d：乔灌草；e：乔草

8.1 公园绿地内植物对空气颗粒物的滞留

8.1.1 样地的 $PM_{2.5}$ 等颗粒物滞留量

18 个样地 PM 滞留量具有显著差异（图 8.3，$P<0.001$），其中样地 18 的 PM 滞留量最高，为 1404.76g；样地 1 和 17 均大于 1000g，分别为 1057.23、1020.73g；在 200～1000g 之间的样地有 16、9、4、6 和 2；在 200g 以下的样地有 3、5、7、8、10、11、13、14 和 15。

供试样地的 $PM_{2.5}$、$PM_{2.5\sim10}$、$PM_{>10}$ 滞留量亦表现出显著差异（图 8.3，$P<0.001$），其变化范围分别为 10.31～398.78、16.62～231.85、32.64～1190.54g。对 $PM_{2.5}$ 滞留量，大于 100g 的样地有 1 和 18；在 50～100g 之间的有 16、17、9 和 6；其余样地的滞留量小

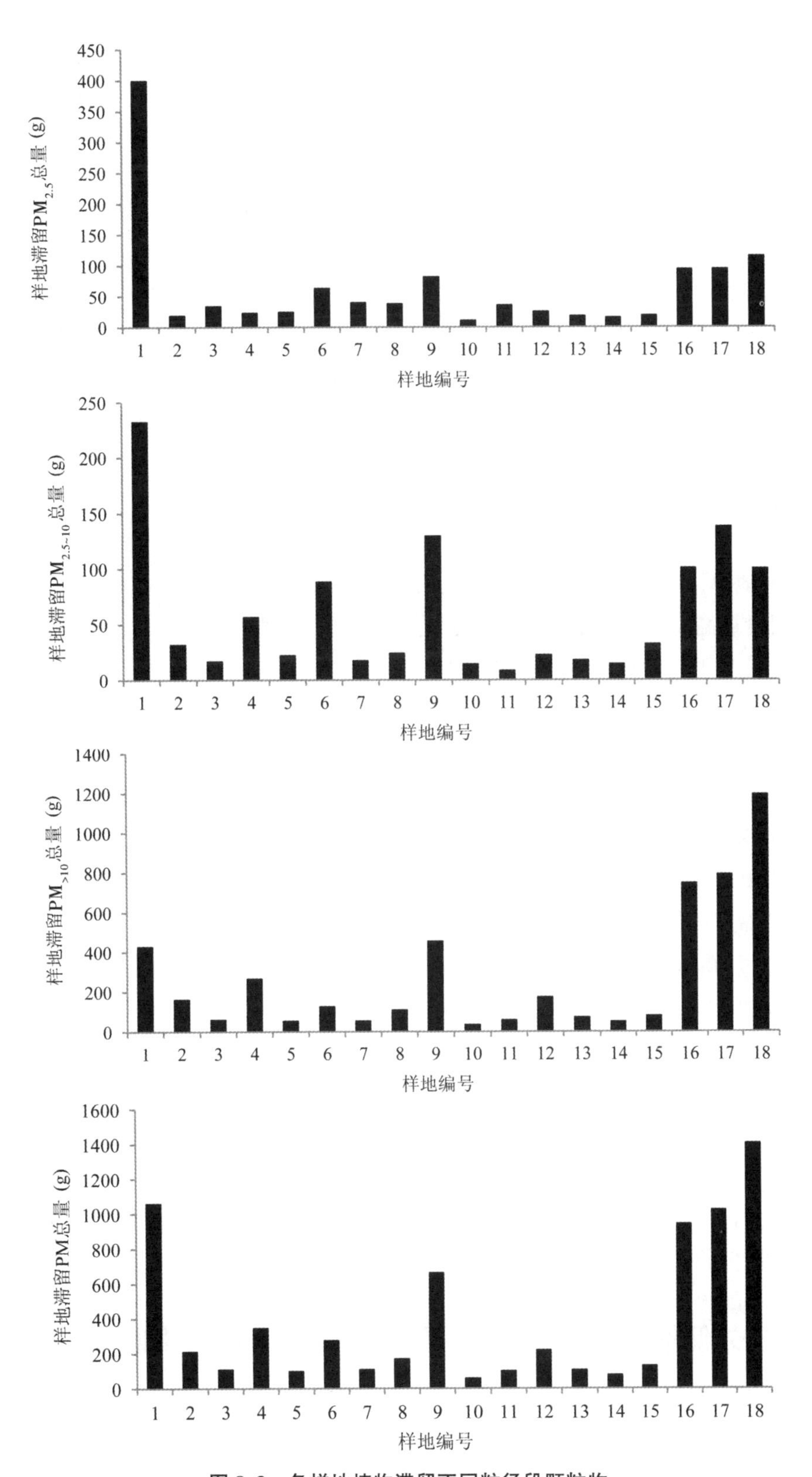

图 8.3　各样地植物滞留不同粒径段颗粒物

于 50g。对 $PM_{2.5\sim10}$ 的滞留量，样地 1、17、9、16 和 18 滞留量超过 100g；样地 6 和 4 滞留量介于 50～100g；样地 2、3、5、7、8、9、10、11、12、13、14 和 15 滞留量小于 50g。对 $PM_{>10}$ 的滞留量，样地 18 最大，为 1190.54g；样地 16 和 17 超过 500g，分别为 745.95、789.04g；样地 1、4 和 9 介于 200～500g；其余样地小于 200g。

根据各样地 $PM_{2.5}$ 等颗粒物滞留量大小对其进行聚类分析。滞留 $PM_{2.5}$ 量较大的样地有 1、9、16、17 和 18；滞留量较小的样地有 2、4、5、10、12、13、14 和 15；其余样地滞留量中等。滞留 $PM_{2.5\sim10}$ 量较大的样地有 1、9、16、17 和 18；滞留量较小的样地有 3、5、7、8、10、11、12、13 和 14；样地 2、4、6 和 15 滞留量中等。滞留 $PM_{>10}$ 量较大的样地有 1、4、9、16、17 和 18；样地 2、6 和 8 滞留量较小；而 3、5、7、10、11、12、13、14 和 15 滞留 $PM_{>10}$ 量中等。滞留 PM 量较大的样地有 1、4、9、16、17 和 18；滞留量较小的样地有 5、10、11 和 14；其余样地 PM 滞留量中等。

8.1.2 单位绿化面积的 $PM_{2.5}$ 等颗粒物滞留量

18 个样地单位绿化面积 PM 滞留量具有显著差异（图 8.4，$P<0.001$），其中样地 17 的 PM 滞留量最高，为 16.02g/m^2；样地 1、16 和 18 分别为 13.83、13.01 和 13.14g/m^2；在 2～5g/m^2 之间的样地有 2、4、6、8、9 和 12；在 2g/m^2 以下的样地有 3、5、7、10、11、13、14 和 15。

供试样地的单位绿化面积 $PM_{2.5}$、$PM_{2.5\sim10}$、$PM_{>10}$ 滞留量亦表现出显著差异（图 8.4，$P<0.001$），其变化范围分别为 0.07～5.22、0.07～3.03、0.23～12.39g/m^2。对单位绿化面积 $PM_{2.5}$ 滞留量，样地 1 滞留量最高，为 5.22g/m^2；在 1～2g/m^2 之间的样地有 16、17 和 18；其余样地的滞留量小于 1g/m^2。对 $PM_{2.5\sim10}$ 的滞留量，样地 1 滞留量最高，为 3.03g/m^2；6、16 和 17 滞留量超过 1g/m^2；其余样地小于 1g/m^2。对 $PM_{>10}$ 的滞留量，样地 16、17 和 18 滞留量超过 10g/m^2；样地 1、2、4、9 和 12 介于 2～6g/m^2；样地 3、5、6、7、8、10、11、13、14 和 15 小于 2g/m^2。

8.1.3 植株滞留颗粒物量的样地类型和叶习性比较

18 个不同样地类型的植株滞留 $PM_{2.5\sim10}$、$PM_{>10}$、PM 的量为乔—乔>纯乔木>乔—灌—草>乔—灌>纯灌木，滞留 $PM_{2.5}$ 的量为纯乔木>乔—乔>乔—灌>纯灌木>乔—灌—草。对于不同叶习性而言，常绿>落叶。另外，同样的单位绿化面积的样地植株的样地类型和叶习性和总的滞留量的顺序一致。

8.2 公园外侧防护林的结构对颗粒物消减作用的影响

在西安市烈士陵园选择了 9 个样地，样地基本信息见表 8.2。

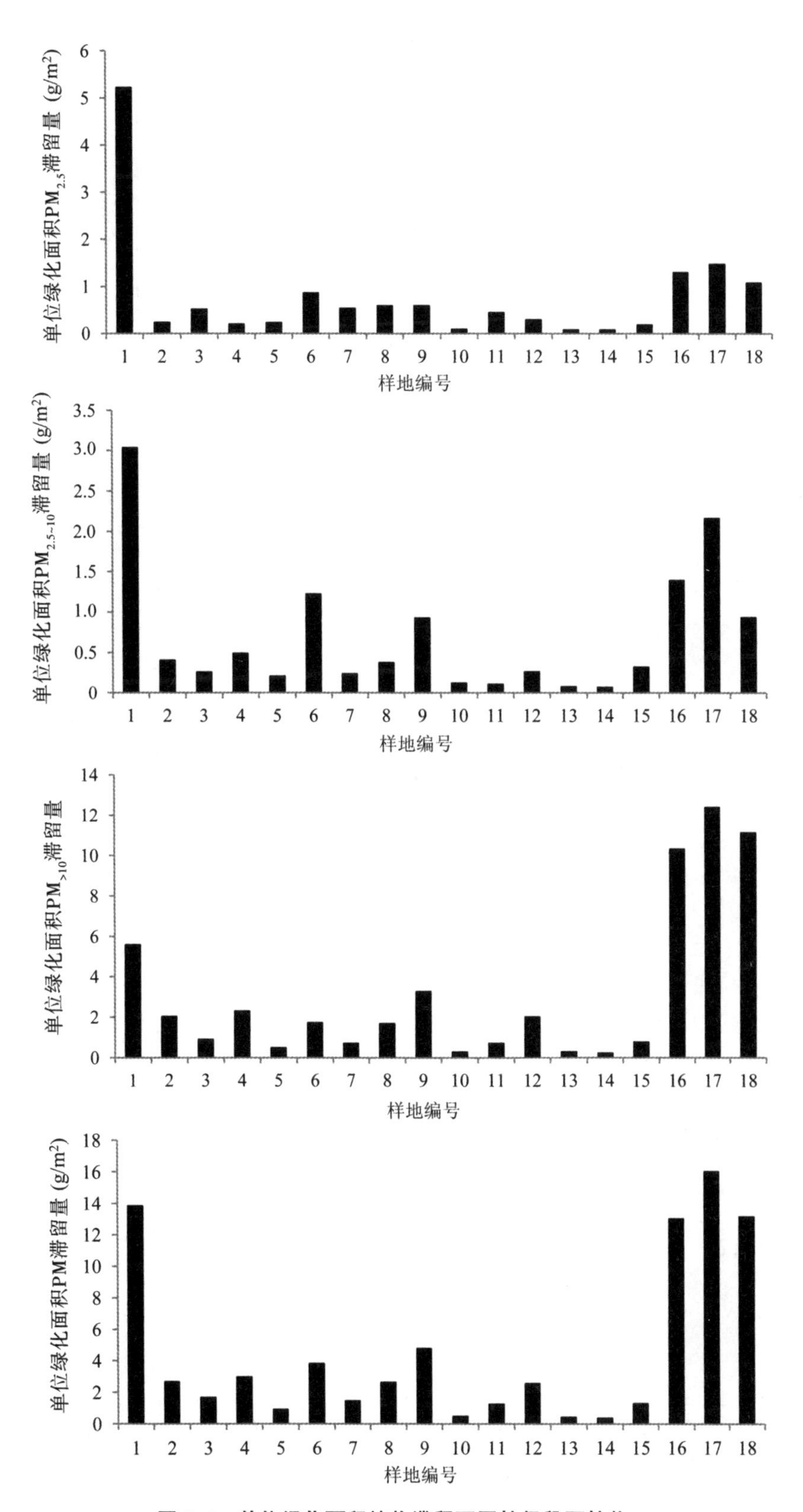

图 8.4　单位绿化面积植物滞留不同粒径段颗粒物

表 8.2　西安烈士陵园样地植物配置情况

样地名称	树种	株数	科	叶习性	叶型	树高（m）	枝下高（m）	地表覆盖	绿篱宽（m）	绿篱高（m）	胸径/地径（cm）	郁闭度	疏透度	LAI
L1	水杉	1	杉科	常绿	针叶	9	3.5				8.2			
	栾树	1	无患子科	落叶	阔叶	15	8	0.7	2	1	24.7			
	旱柳	1	杨柳科	落叶	阔叶	18	3				28.0	0.82	0.7	2.8
	小叶女贞	—	木犀科	落叶	阔叶	—	—	—	—	—	—			
L2	刺槐	3	豆科	落叶	阔叶	7	2				13.4			
	加杨	1	杨柳科	落叶	阔叶	8	1.8	0.7	—	—	10.8	0.36	0.5	2.5
	珊瑚树	2	人动科	常绿	阔叶	—	—				3.2			
L3	苹果树	1	蔷薇科	落叶	阔叶	4	1				4.8			
	白皮松	2	松科	常绿	针叶	4	—	0.4	—	—	5.7	0.29	0.5	1.5
	海棠	1	蔷薇科	落叶	阔叶	—	—							
L4	银杏	1	银杏科	落叶	阔叶	12	2				22			
	侧柏	1	柏科	常绿	针叶	8	1.5	0.4	—	—	15.9	0.80	0.7	3
	加杨	1	杨柳科	落叶	阔叶	15	5				51.0			
	白皮松	1	松科	常绿	针叶	3.5	—				4.8			
L5	毛白杨	1	杨柳科	落叶	阔叶	15	2.5	0.3	—	—	51.0	0.58	0.6	2.5
L6	槐	1	豆科	落叶	阔叶	6.5	3.8	0.4			17.5			
	石楠	1	蔷薇科	常绿	阔叶	—	—	—	2	0.5	2.9	0.25	0.6	1.5
	海桐	2	海桐科	常绿	阔叶	—	—	—			1.8			
L7	白皮松	2	松科	常绿	针叶	4	—	0.4	—	—	5.4	0.10	0.5	1.0
	黑麦草	—	禾本科	常绿	阔叶	—	—	—			—			
L8	雪松	1	松科	常绿	针叶	4.5	—	0.8	—	—	7.0	0.07	0.7	1.0
	黑麦草	—	禾本科	常绿	阔叶	—	—	—			—			
L9	黑麦草	—	禾本科	常绿	阔叶	—	—	0.8	—	—	—	—	—	0.8

8.2.1 颗粒物浓度日变化

由图8.5（a）及彩图3（a）可以看出，PM_{10}浓度日变化不显著，峰值多。总体来看，植被后的PM_{10}浓度是最高的，人行道的PM_{10}浓度最低。说明刺槐和加杨这样的植被结构对污染物的消减作用不大，而且加杨本身会产生杨絮对颗粒物浓度也有一定的影响，也可能是因为外源污染物不断往城市公园外侧防护林内输送，而植物不能及时吸滞PM_{10}，且植物导致PM_{10}积累在公园外侧防护林内。而早上8：00~9：00的PM_{10}浓度相较于其他时刻高，原因可能是早高峰时段且温度低、湿度高、风速低使污染物无法及时扩散。

由图8.5（b）及彩图3（b）可以看出，$PM_{2.5}$浓度日变化不明显，且7：00~9：00高于其他时刻。可能是因为随着时间的推移，气温升高、相对湿度下降、风速提高，有利于污染物的扩散，所以颗粒物浓度缓慢下降。到了17：00~19：00$PM_{2.5}$浓度有所上升，原因可能是下午下班高峰期，且温度比中午有所下降，使颗粒物浓度升高。

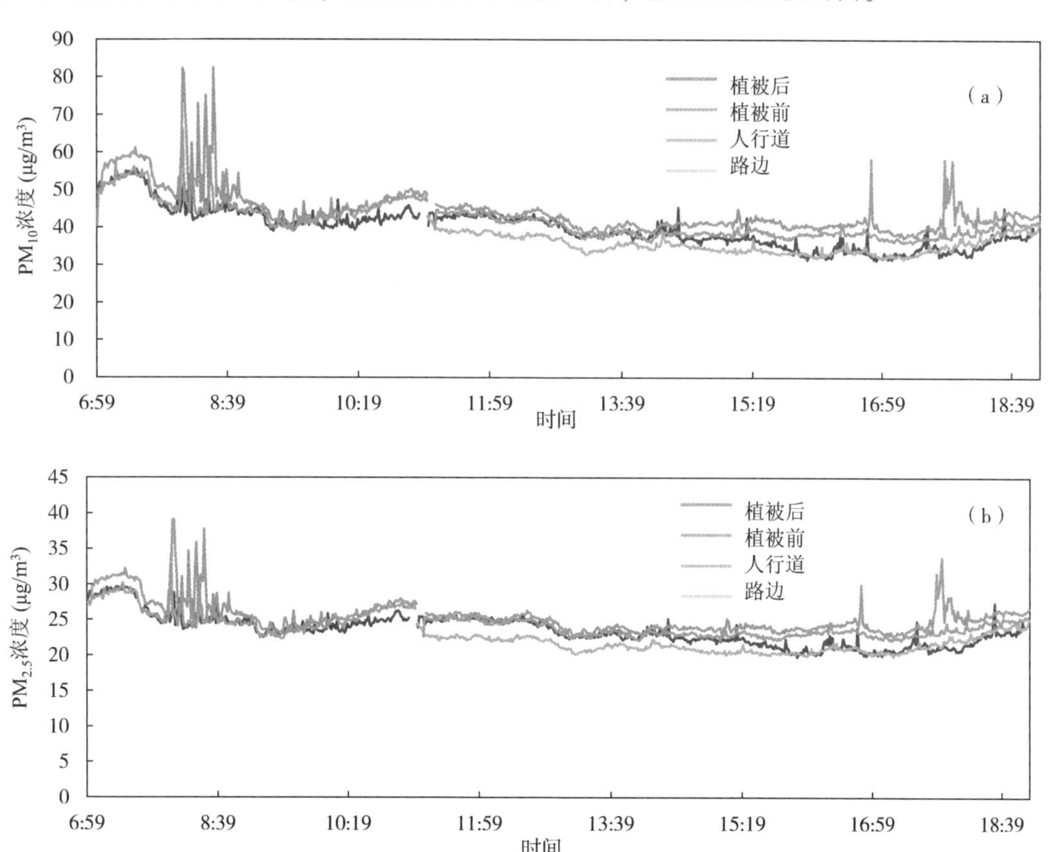

图8.5　刺槐+珊瑚树+加杨样地PM_{10}（a）和$PM_{2.5}$（b）浓度日变化

由图8.6（a）及彩图4（a）可以看出，PM_{10}浓度总体上随着时间的推移而降低，中间有轻微的起伏。可能是因为随着时间的推移，气温升高、相对湿度下降、风速提高，有利于污染物的扩散，所以颗粒物浓度缓慢下降。到了16：00，PM_{10}浓度明显下降，可能是

因为风向的改变。

从图 8.6（b）及彩图 4（b）中可以看出，$PM_{2.5}$浓度大致上呈下降趋势，其他时刻有稍微起伏。7：00~8：00 和 17：00~19：00 时间段内有上升趋势，可能是因为上下班高峰期车流量多，早上温度低，湿度高，下午气温慢慢下降，使得 $PM_{2.5}$浓度上升。

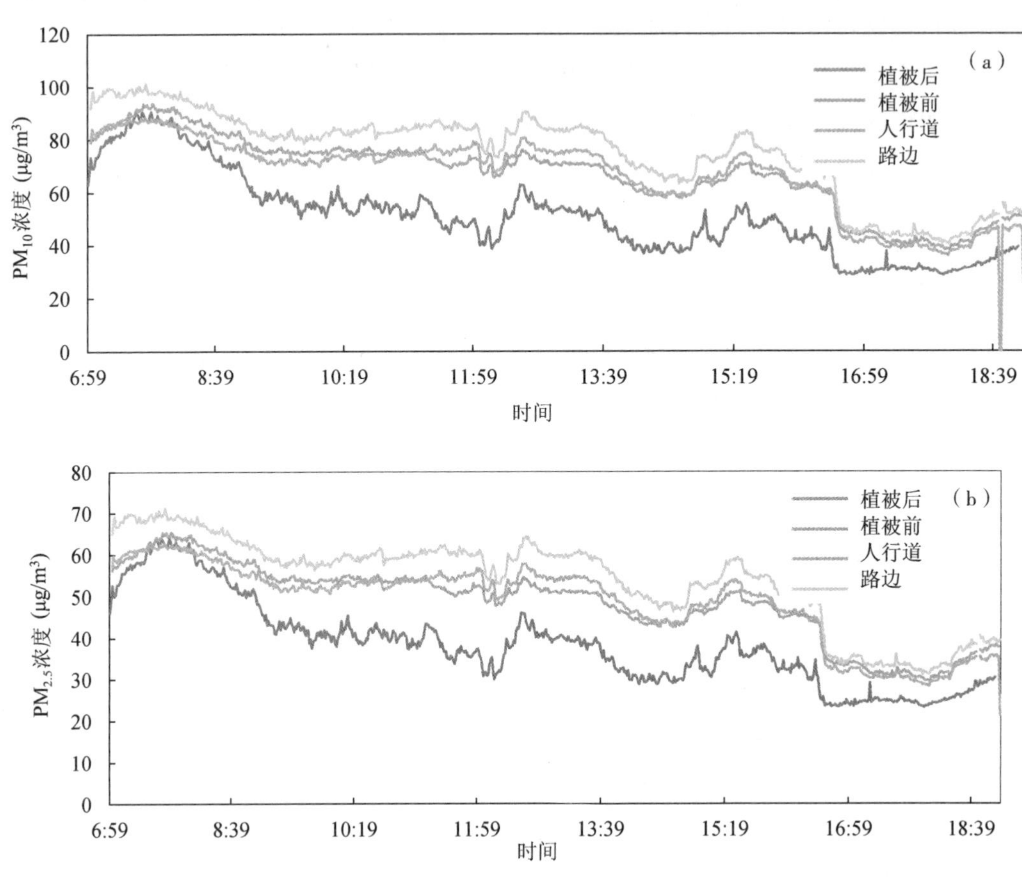

图 8.6　白皮松+海棠+苹果树样地 PM_{10}（a）和 $PM_{2.5}$（b）浓度日变化

8.2.2　公园外侧防护林结构的颗粒物浓度消减作用

由表 8.3 可以看出，不同植被结构配置的公园外侧防护林对 PM_{10}的消减作用不同。对其消减率进行排序（从大到小）：白皮松+海棠+苹果树>栾树+水杉+小叶女贞+旱柳>黑麦草>珊瑚树+刺槐+加杨>石楠+槐+海桐>白皮松+草>雪松+草>侧柏+毛白杨+银杏+白皮松>毛白杨。消减作用较显著的是栾树+旱柳+水杉+小叶女贞、白皮松+海棠+苹果树这样的植被结构配置，植物后的平均消减率高达 50%。而消减作用最差的是毛白杨，植物后的 PM_{10}反而升高。

由表 8.4 可以看出，不同植被结构配置的公园外侧防护林对 $PM_{2.5}$的消减作用不同。对其消减率进行排序（从大到小）：白皮松+海棠+苹果树>栾树+水杉+小叶女贞+旱柳>黑麦草>珊瑚树+刺槐+加杨>白皮松+草>雪松+草>石楠+槐+海桐>侧柏+毛白杨+银杏+白皮松>毛白杨。

表 8.3 不同结构公园防护林对 PM_{10}的消减率（相对于路边）

结构	位置	平均值	第一四分位数（$25^{th}\%$）	第二四分位数（$50^{th}\%$）	第三四分位数（$75^{th}\%$）
空白	人行道	11.0%	10.3%	11.0%	11.8%
	植被前	7.6%	2.9%	4.1%	5.2%
	植被后	0.7%	0.1%	1.5%	2.5%
栾树+水杉+小叶女贞+旱柳	人行道	-3.8%	-17.2%	-9.5%	12.4%
	植被前	2.3%	-6.0%	-3.5%	9.0%
	植被后	30.7%	27.8%	35.4%	40%
珊瑚树+刺槐+加杨	人行道	6.8%	0.7%	7.0%	9.9%
	植被前	4.9%	1.6%	3.0%	6.3%
	植被后	12.1%	6.4%	9.5%	10.7%
白皮松+海棠+苹果树	人行道	5.4%	29.8%	36.1%	45.3%
	植被前	35.3%	26.1%	37.0%	47.2%
	植被后	50.9%	41.6%	52.7%	63%
侧柏+毛白杨+银杏+白皮松	人行道	-6.2%	-18.4%	-6.9%	-0.4%
	植被前	0.1%	-8.8%	-1.7%	4.0%
	植被后	-7.9%	-15.8%	-11.2%	-5.8%
毛白杨	人行道	-57.5%	-93.1%	-54.5%	-15.7%
	植被前	-40.3%	-66.8%	-36.8%	-8.7%
	植被后	-24.3%	-15.7%	-11.5%	-3.1%
石楠+槐+海桐	人行道	-4.8%	-8.1%	-4.8%	-1.4%
	植被前	-7.0%	-11.4%	-6.6%	-8.0%
	植被后	10.1%	-1.4%	-1.0%	1.1%
白皮松+草	人行道	9.3%	8.3%	9.9%	11.6%
	植被前	9.1%	1.1%	3.6%	6.3%
	植被后	4.2%	2.1%	3.9%	5.7%
雪松+草	人行道	7.7%	3.5%	7.8%	11.5%
	植被前	-2.8%	-10.4%	3.2%	10.2%
	植被后	1.2%	-4.2%	1.6%	6.3%
黑麦草	人行道	6.2%	-0.1%	4.3%	10.5%
	植被前	10.0%	0.1%	8.1%	18.0%
	植被后	16.6%	6.7%	15.9%	23.4%

注：负值表示 PM_{10}浓度相对于道路边反而升高。

表 8.4 不同结构公园防护林对 $PM_{2.5}$ 消减率（相对于路边）

结构	位置	平均值	第一四分位数（25th%）	第二四分位数（50th%）	第三四分位数（75th%）
空白	人行道	12.9%	12.1%	12.9%	13.8%
	植被前*	8.3%	3.1%	4.1%	5.2%
	植被后*	0.1%	-0.1%	0.9%	1.9%
栾树+水杉+小叶女贞+旱柳	人行道	31.2%	30.4%	36.6%	40.3%
	植被前	20.2%	15.0%	18.1%	22.7%
	植被后	33.5%	17.5%	22.9%	26.4%
珊瑚树+刺槐+毛白杨	人行道	6.3%	1.3%	8.5%	11.7%
	植被前	4.4%	0.4%	2.7%	8.9%
	植被后	10.6%	3.5%	7.6%	14.8%
白皮松+海棠+苹果树	人行道	35.4%	29.6%	36.0%	45.3%
	植被前	36.1%	27.0%	37.7%	48.2%
	植被后	51.7%	42.7%	53.5%	64.0%
侧柏+毛白杨+银杏+白皮松	人行道	-6.6%	-19.7%	-7.2%	-0.5%
	植被前	-0.5%	-9.7%	-2.1%	3.2%
	植被后	-13.9%	-22.5%	-17.4%	-11.6%
毛白杨	人行道	-59.6%	-93.1%	-54.5%	-15.7%
	植被前	-	-	-	-
	植被后	-25.3%	-35.3%	-9.4%	-3.6%
石楠+槐+海桐	人行道	-5.2%	-8.4%	-5.2%	-1.8%
	植被前	-7.2%	-11.3%	-6.8%	-1.4%
	植被后	-9.9%	-21.4%	-7.9%	1.6%
白皮松+黑麦草	人行道	10.7%	9.3%	11.3%	12.8%
	植被前	11.5%	1.9%	4.0%	6.6%
	植被后	4.4%	2.4%	4.1%	5.8%
雪松+黑麦草	人行道	6.9%	2.9%	7.5%	10.9%
	植被前	-1.4%	-7.0%	2.8%	9.2%
	植被后	0.6%	-5.5%	1.3%	5.7%
黑麦草	人行道	5.3%	-1.4%	3.3%	9.2%
	植被前	8.6%	-1.5%	6.8%	15.0%
	植被后	16.0%	9.2%	16.9%	22.5%

注：负值表示 PM_{10} 浓度相对于道路边反而升高；* 表示位置与样地的植被前后在同一水平线上。

8.3 样地疏透度、郁闭度与植物滞留颗粒物的关系

由图 8.7 可知，呈现的趋势为样地的郁闭度越大，植株滞留 $PM_{>2.5}$、PM 的能力越强；

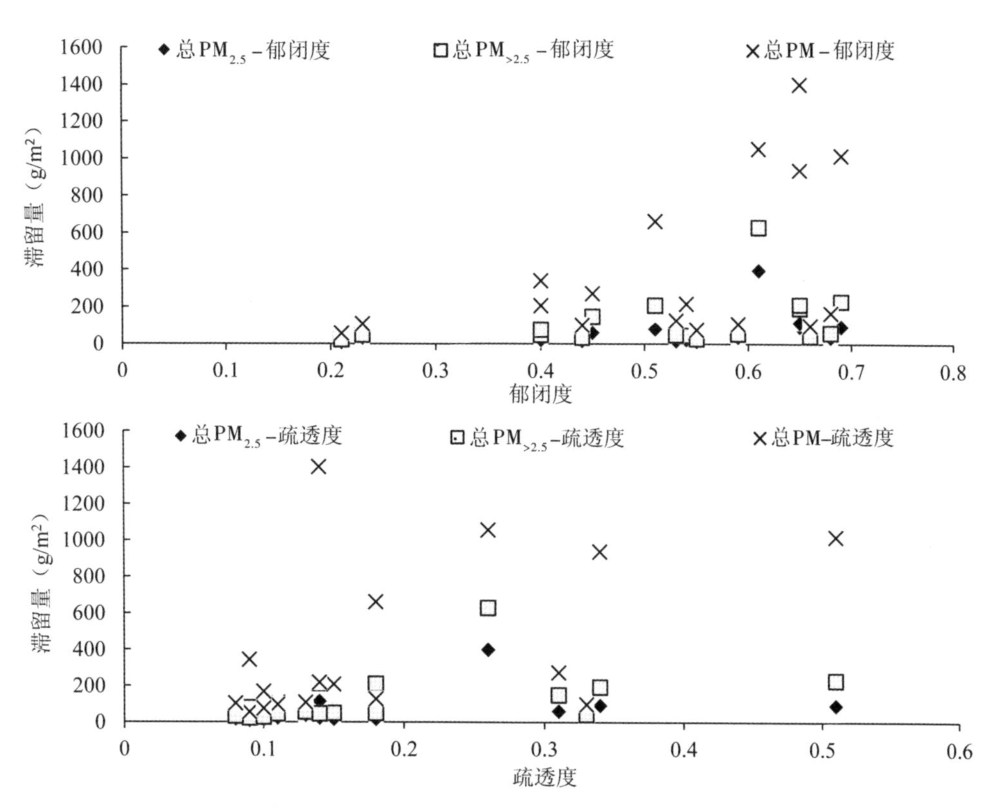

图8.7　样地植株不同粒径颗粒物的滞留量和郁闭度、疏透度的关系

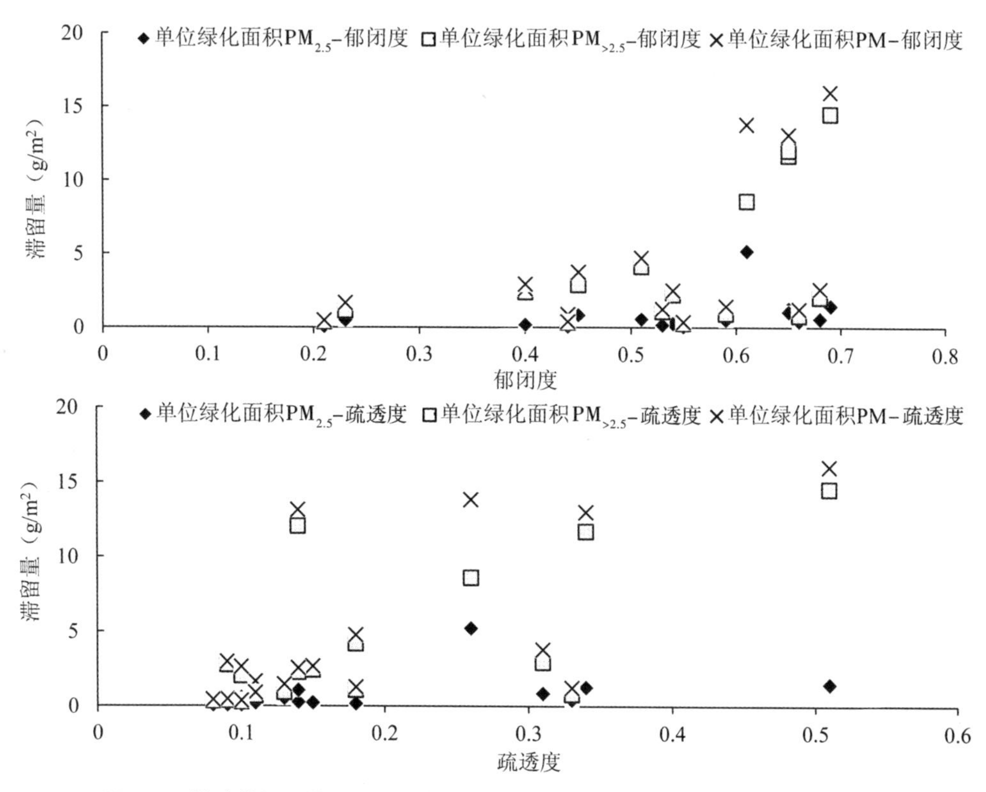

图8.8　样地单位绿化面积不同粒径颗粒物的滞留量和郁闭度、疏透度的关系

而郁闭度和样地植物滞留 $PM_{2.5}$ 的能力关系并不明显，样地植物滞留 PM 的能力随着疏透度的变大而变差，而植物滞留 $PM_{>2.5}$ 和 $PM_{2.5}$ 的能力在疏透度为 0.2~0.3 之间最强。另外，由图 8.8 可以看出郁闭度越大，单位绿化面积植物滞留的 $PM_{>2.5}$ 和 PM 能力越强，郁闭度在 0.6~0.7 之间单位绿化面积植物滞留 $PM_{2.5}$ 的能力较强；随着疏透度变大，单位绿化面积植物滞留 PM 和 $PM_{>2.5}$ 的能力增强，疏透度在 0.2~0.3 之间单位绿化面积植物滞留 $PM_{2.5}$ 的能力较强。

植物数量越多，种植的越紧密，对 $PM_{2.5}$ 和 PM 的滞留效果越好；但是如果配置得过于紧密，不但不利于空气的扩散，而且乔木的密度过大，会影响其持续旺盛地生长，最终可能导致植物群落的衰落。因此，建议合适的郁闭度和疏透度分别为 0.6~0.7 和 0.2~0.3。

8.4 降低 $PM_{2.5}$ 等颗粒物危害的公园绿地结构模式

综合考虑不同植物的滞尘能力和不同结构林木的滞尘能力，针对公园绿地降低 $PM_{2.5}$ 等颗粒物危害的林木结构和树种选择的建议为：

郁闭度：0.6~0.7。

疏透度：0.2~0.3。

滞尘能力强：常绿乔木+常绿/落叶乔木/灌木，并选取油松、桧柏、泡桐、木槿、大叶黄杨、构树、元宝枫、玉兰等 $PM_{2.5}$ 等颗粒物滞留量大的树种。

滞尘能力中等：落叶乔木+常绿/落叶乔木/灌木，树种主要有白皮松、旱柳、紫叶李、榆树、栾树、雪松等。

滞尘能力差：乔木/灌木纯林，如银杏、毛白杨、白蜡、碧桃、刺槐、小叶女贞、紫叶小檗、紫薇等。

低、中等和高颗粒物阻滞能力树种的配置方式如图 8.9 所示。

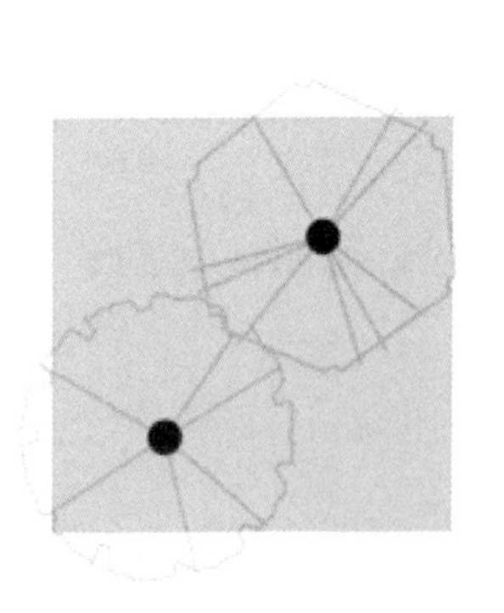
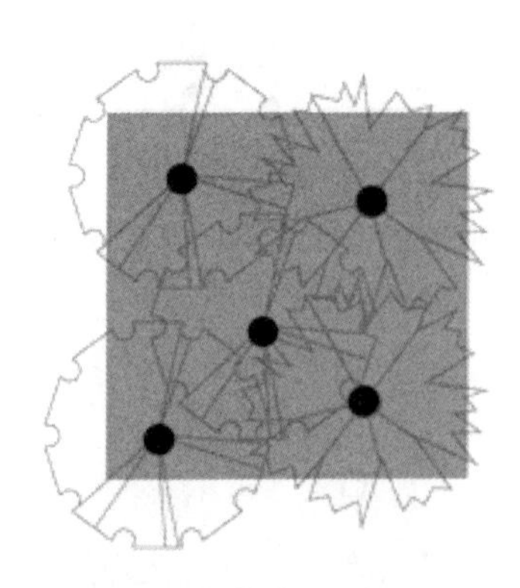
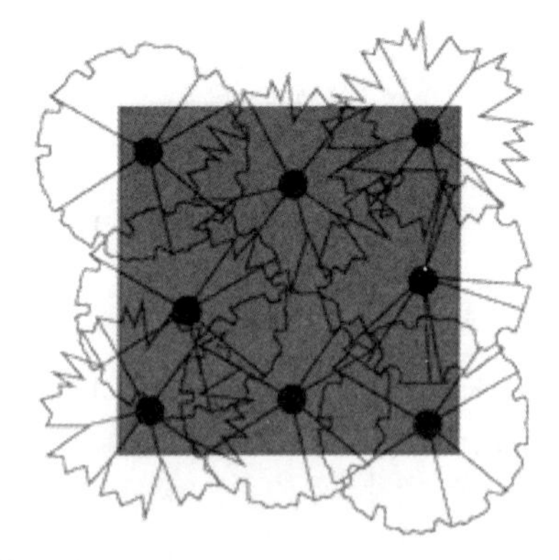

图 8.9　低、中等和高颗粒物阻滞能力树种的配置方式

依据防护功能要求可供选择的植物种类和配置模式分别为：

(1) 出入口：具有围合、标识与划分组织空间、美化周围环境、隔噪、防尘等作用，但是必须考虑所种植的树木花草不影响人、车的通行，不阻挡行车视线。在入口边缘地方，可选择滞留 $PM_{2.5}$等颗粒物能力差的乔木，如银杏、刺槐、白蜡、槐等，给入口形成一片荫庇的空间。再向两侧宜使用滞留 $PM_{2.5}$等颗粒物能力中等的配置模式，再设置滞留 $PM_{2.5}$等颗粒物能力强的林带。

（2）文化娱乐区：一般在地形平坦开阔的地方，植物以花坛、花镜、草坪为主，便于游人集散，适当点缀大乔木。如可使用银杏、刺槐、白蜡、槐等滞留 $PM_{2.5}$等颗粒物能力差的乔木作为庭荫树，为游人创造休憩条件。

（3）游览休憩区：主要供人们休息、散步、欣赏自然风景。宜选择 $PM_{2.5}$等颗粒物能力差或中等的配置模式。

（4）儿童活动区：是供儿童游玩、运动、休息、开展课余活动、学习知识、开阔眼界的场所。周围可使用密林、绿篱或树墙与其他空间分开。在儿童游乐设施附近设置高大且滞留 $PM_{2.5}$等颗粒物能力差的乔木，以提供良好的遮阴，如银杏、刺槐、白蜡、垂柳、槐等，在疏林下可配置滞留 $PM_{2.5}$等颗粒物能力差的灌木，如小叶女贞、小叶黄杨等。

（5）老人活动区：老人活动区要求有一处足够面积的场地供中老年团体练习，可以是公园里的广场等开敞空间，也可以是林下的空地。在植物上宜选择滞留 $PM_{2.5}$等颗粒物能力差或中等的配置模式，并尽量选取常绿植物、花期较长的芳香植物。

（6）体育活动区：在健康步道边可选择设置高大挺拔、冠大而整齐，且滞留 $PM_{2.5}$等颗粒物能力差的乔木，以利于遮阴，如银杏、刺槐、白蜡、槐等，再选择滞留 $PM_{2.5}$等颗粒物能力中等的配置，再选择滞留 $PM_{2.5}$等颗粒物能力强的林带。

（7）园路：可选择滞留 $PM_{2.5}$等颗粒物能力差或中等的乔木，如银杏、白蜡、刺槐、垂柳等，并可适当配置滞留 $PM_{2.5}$等颗粒物能力差的灌木，如小叶黄杨、小叶女贞等。

（8）公园外侧防护林：具有分割空间、提供绿茵、滞尘、减噪、吸收有毒气体等功能，植物配置应主要考虑外侧有无人行道。如果有人行道，林带外侧宜选择滞留 $PM_{2.5}$等颗粒物能力差的配置模式，再向内宜使用滞留 $PM_{2.5}$等颗粒物能力中等的配置模式，再设置滞留 $PM_{2.5}$等颗粒物能力强的林带。如果没有人行道，则可选择滞留 $PM_{2.5}$等颗粒物能力强的配置模式，最大限度地阻滞和吸收颗粒物。

（9）水域堤岸：在一定范围内种植地被，然后沿岸边种植滞留 $PM_{2.5}$等颗粒物能力差的高大乔木，如银杏、白蜡、刺槐、垂柳，再使用滞留 $PM_{2.5}$等颗粒物能力中等的配置模式，再设置滞留 $PM_{2.5}$等颗粒物能力强的林带。

（10）应急区域：帐篷区宜使用疏林草地，并选择滞留 $PM_{2.5}$等颗粒物能力差的配置形式。应急停机坪区则不能种植高大乔木。

图 8.10 给出了紧邻交通干道的公园外侧防护林、园路以及体育活动区的植物配置模式和结构示意图。

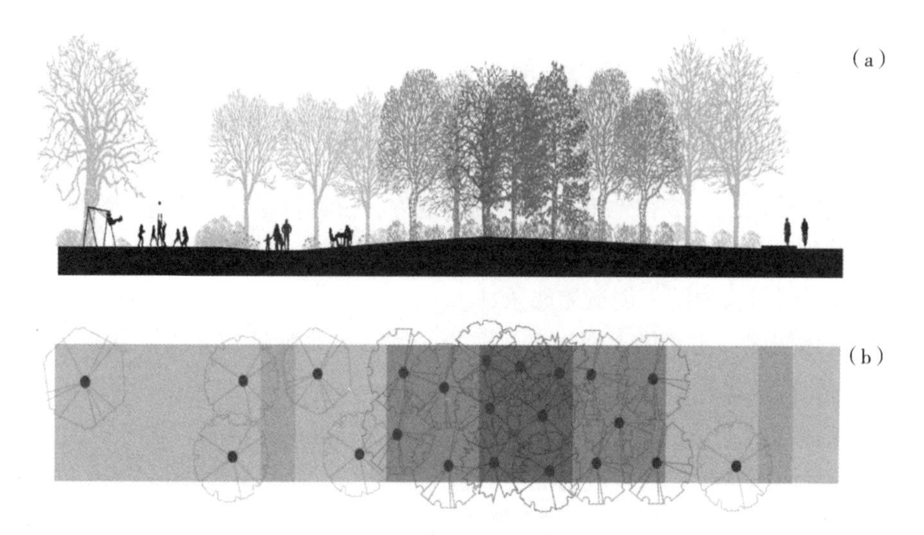

图 8.10　紧邻主干道公园植物种植模式的断面图（a）和俯视图（b）

第9章 道路绿化带对街道峡谷内空气颗粒物扩散的影响

道路绿化带是城市街道峡谷的重要组成部分。现如今，城市化进程日益加快，城市人口不断上涨，许多环境和社会问题也与之俱来。街道峡谷作为城市道路重要的一部分，与城市居民的生活息息相关，其独特的结构影响城市空气污染物的扩散。道路绿化带对街道峡谷内颗粒物扩散的影响有着不可忽略的作用。以曲江新区的翠华南路、曲江池西路、雁南四路3个典型街道峡谷内的样地为研究对象，测定了粒径>0.5μm和>2.5μm颗粒物的数量浓度。样地基本信息见表9.1。

表9.1　样地基本信息

所在路段	样地名称	树名	数量	郁闭度	疏透度	LAI	树高（m）
雁南四路	旱柳+紫叶李+小叶女贞绿篱	紫叶李	1	0.63	0.3	1.21	2.8
		旱柳	1				7.0
	旱柳+小叶女贞球+小叶女贞绿篱	旱柳	1	0.62	0.4	0.7	7.2
	旱柳+小叶女贞球+紫叶小檗绿篱	旱柳	1	0.45	0.6	0.65	5.5
曲江池西路	樱花+草	樱花	1	0.90	0.2	2.25	6.3
翠华南路	悬铃木+石楠绿篱+草	悬铃木	1	0.75	0.3	3.4	12.3
	悬铃木+小叶女贞绿篱	悬铃木	1	0.75	0.3	2.5	12.1
	石楠+小叶女贞绿篱+草	石楠	1	—	—	2.2	—

（续）

所在路段	样地名称	枝下高（m）	胸径/地径（cm）	地表覆盖	绿篱宽度（m）	绿篱高度（m）
雁南四路	旱柳+紫叶李+小叶女贞绿篱	—	15.0	0.2	1.2	0.6
		3.0	25.1			
	旱柳+小叶女贞球+小叶女贞绿篱	4.0	25.4	0.2	1.2	0.6
	旱柳+小叶女贞球+紫叶小檗绿篱	3.5	22.2	0.2	1.2	0.3
曲江池西路	樱花+草	1.8	25.5	0.25	—	—
翠华南路	悬铃木+石楠绿篱+草	5.5	37.2	0.45	1.5	1.5
	悬铃木+小叶女贞绿篱	5.5	36.4	0.25	1.5	0.8
	石楠+小叶女贞绿篱+草	—	3.3	0.45	1.5	0.8

9.1 街道峡谷内的颗粒物浓度日变化

9.1.1 翠华南路样地内的颗粒物浓度日变化

在悬铃木+石楠绿篱+草样地、悬铃木+小叶女贞绿篱样地，颗粒物浓度在一天内随时间的大致变化趋势表现为：颗粒物浓度从7：00~9：00迅速上升，9：00~14：00，颗粒物

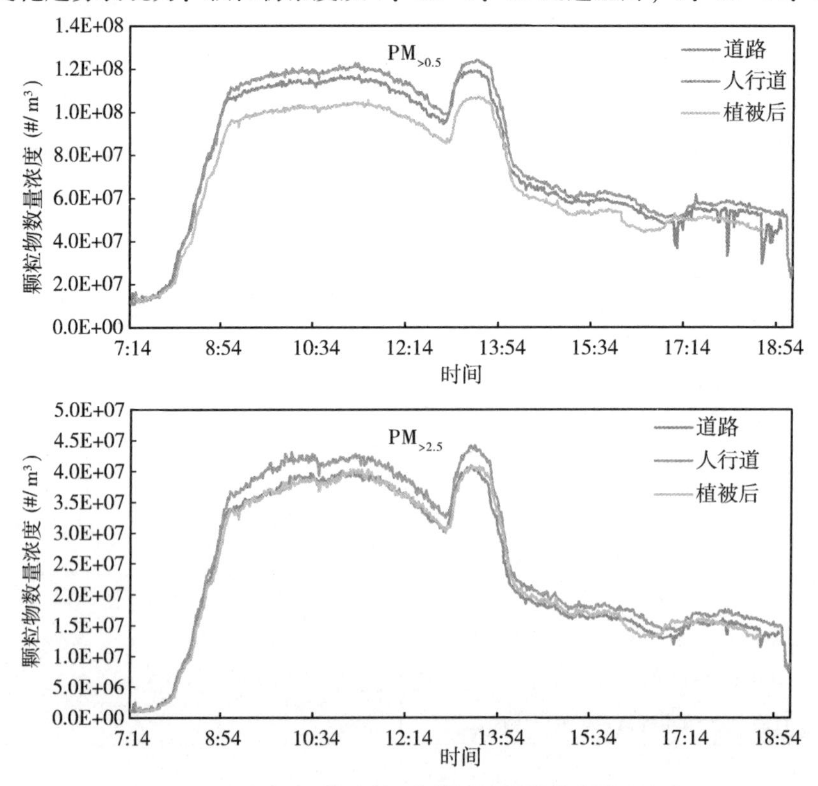

图9.1 悬铃木+石楠绿篱+草样地颗粒物浓度随日变化

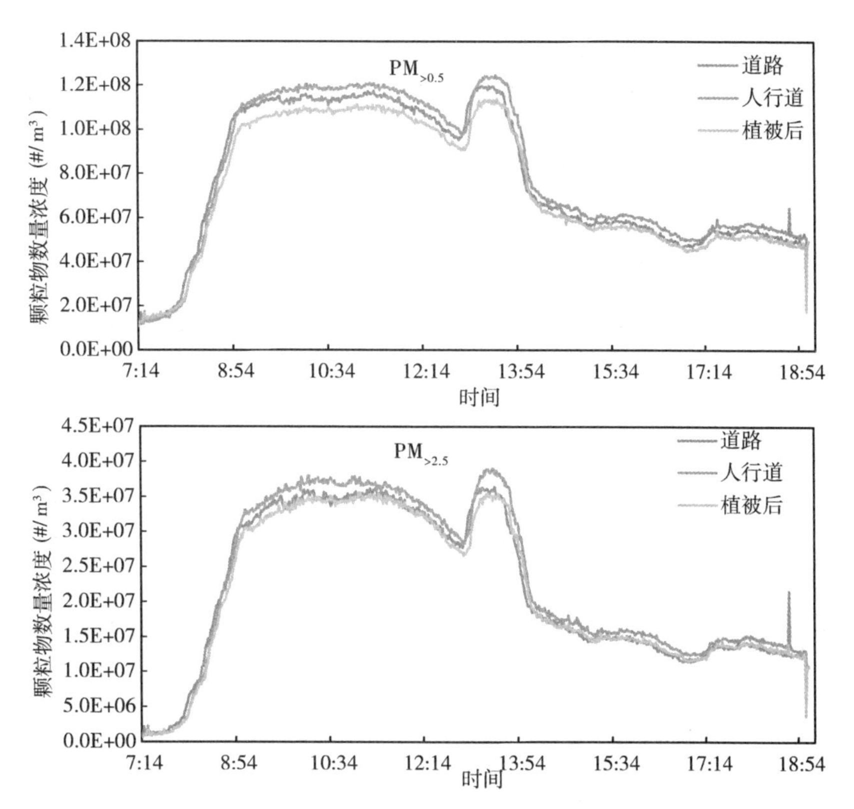

图 9.2　悬铃木+小叶女贞绿篱样地颗粒物浓度随日变化

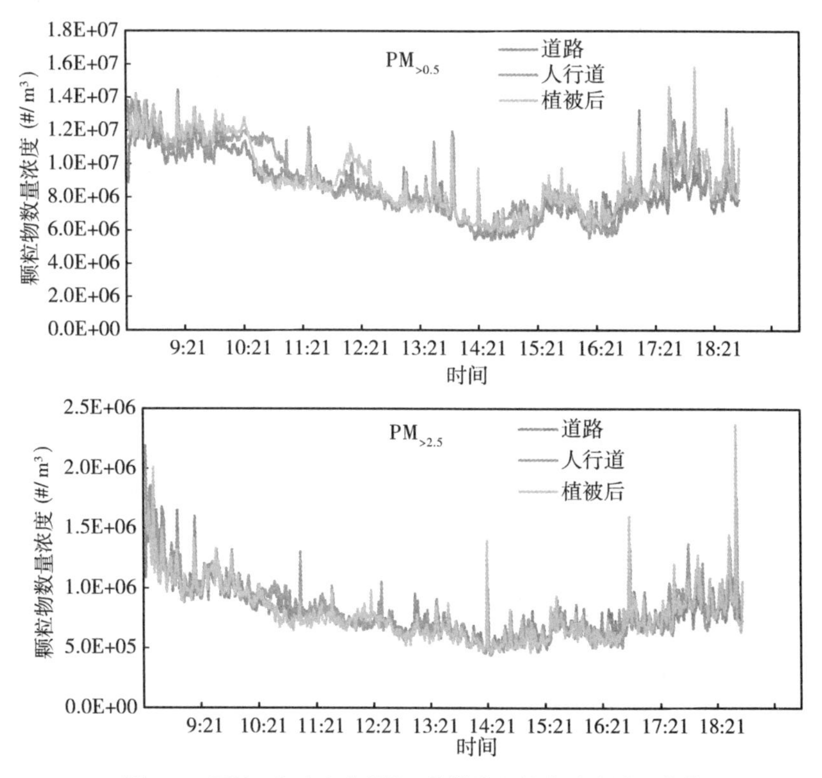

图 9.3　石楠+小叶女贞绿篱+草样地颗粒物浓度随日变化

浓度一直居高不下，直到14：00以后才逐渐变低。人行道的颗粒物浓度一直比道路和植被后的高一些，植被后的最低（图9.1，图9.2，彩图5和彩图6）。对石楠+小叶女贞绿篱+草样地而言，颗粒物浓度在全天变化趋势呈倒“U”字形，早上和晚上颗粒物浓度很高，12：00~14：00达到全天颗粒物浓度的最低值（图9.3和彩图7）。

9.1.2 雁南四路样地内的颗粒物浓度日变化

旱柳+小叶女贞球+紫叶小檗绿篱样地，颗粒物浓度在一天内随时间的大致变化趋势表现为：

在7：00~9：00，植被后和人行道上的浓度最高，随着时间推移逐渐降低；15：30左右浓度达到日间最低；从16：00开始逐渐升高，17：30~18：00浓度上升一些（图9.4和彩图8）。

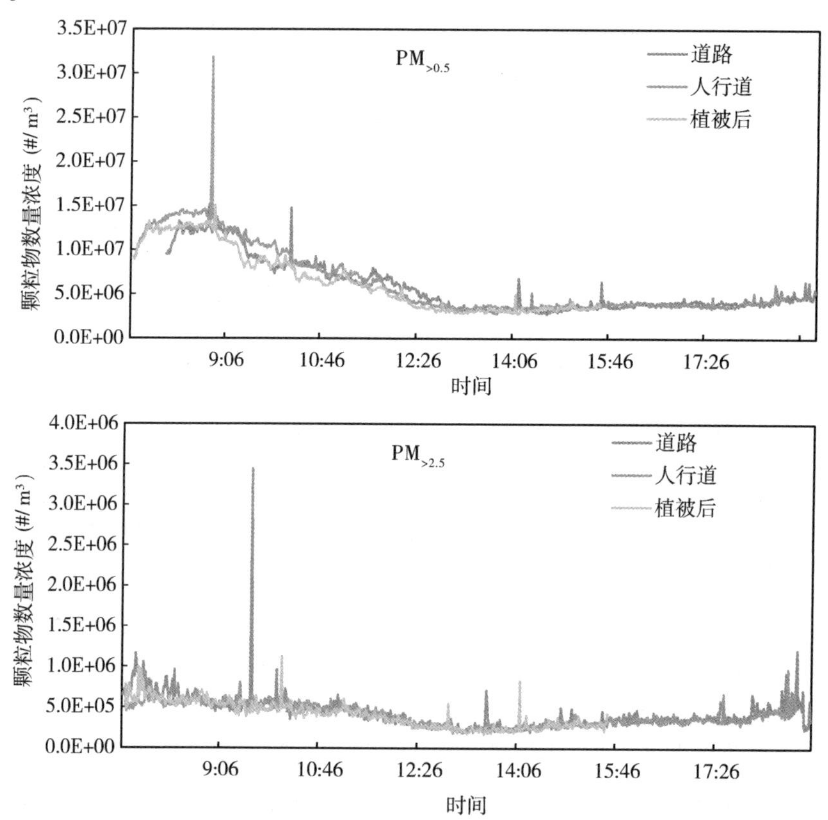

图9.4 旱柳+小叶女贞球+紫叶小檗样地颗粒物浓度日变化

旱柳+小叶女贞球+小叶女贞绿篱样地颗粒物浓度在一天内随时间的大致变化趋势表现为：7：00~9：00植被后和人行道上的浓度最高，随着时间推移逐渐降低；15：00左右浓度达到日间最低；从16：00~18：00浓度逐渐升高（图9.5和彩图9）。

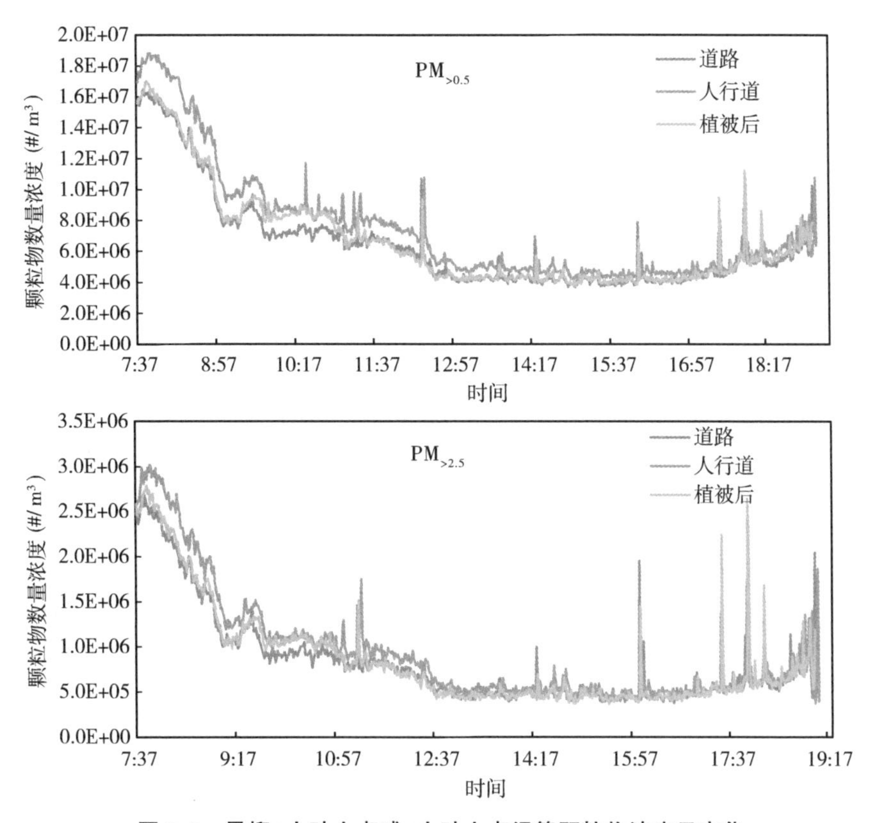

图 9.5　旱柳+小叶女贞球+小叶女贞绿篱颗粒物浓度日变化

9.1.3　曲江四路样地内的颗粒物浓度日变化

在樱花+草组成的植被采样点，颗粒物浓度在一天内随时间的大致变化趋势表现为：7：00~8：00 植被后和人行道上的浓度最高，随着时间推移逐渐降低；12：00 左右浓度达到日间最低；从 13：30 开始逐渐升高（图 9.6 和彩图 10）。

9.2　不同结构绿地的颗粒物消减作用

从表 9.2 可以看出，对颗粒物的消减率进行排序（从大到小）：旱柳+紫叶李+小叶女贞绿篱>石楠+小叶女贞绿篱+草>悬铃木+小叶女贞绿篱>旱柳+小叶女贞球+紫叶小檗绿篱>悬铃木+石楠绿篱+草>旱柳+小叶女贞球+小叶女贞绿篱>樱花+草。起到消减作用的植被结构是：旱柳+紫叶李+小叶女贞绿篱；石楠+小叶女贞绿篱+草；悬铃木+小叶女贞绿篱；旱柳+小叶女贞球+紫叶小檗绿篱。

其中，消减作用最显著是雁南四路的旱柳+紫叶李+小叶女贞绿篱这样的乔木加灌木的植物结构配置，植物后的平均消减率达到 25.94%。雁南四路位于曲江，汽车尾气污染略小于西安市中心内的主要干道，在街道峡谷这样的半封闭特定地理区域，颗粒物浓度易聚集，旱柳+紫叶李+小叶女贞绿篱对城市街道空气质量起到一定的改善作用。小叶女贞绿篱的叶面积指数大，疏透度高，在较低处对颗粒物的净化吸附能力强，而紫叶李和旱柳可在

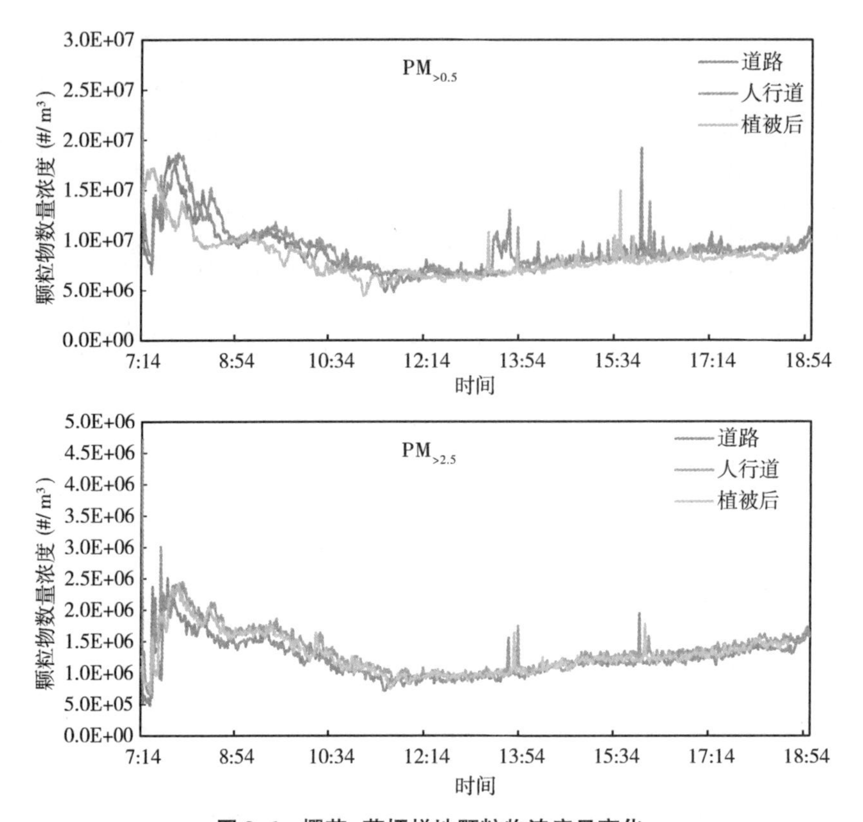

图 9.6　樱花+草坪样地颗粒物浓度日变化

高处对空气中的颗粒物起到净化作用，可以在各层高度发挥净化街道所带来的颗粒污染物，从而减少在街道峡谷这样的特定地理环境内，因颗粒物难以扩散而形成聚集所带来的污染。而消减作用最差的是樱花+草，植被后的平均消减率均为负值，可能是因为街道峡谷内颗粒物难以扩散而累积，对颗粒物有积累作用。

在不同植被对街道峡谷内颗粒物的扩散影响方面，呈现的趋势为样地的郁闭度越大，对颗粒物的消减作用越强，在 0.6~0.7 之间消减作用最强；消减率与疏透度关系不明显。因此，建议合适的郁闭度 0.6~0.7。

表 9.2　街道峡谷内不同结构绿地对颗粒物的消减作用　　%

粒径大小		>0.5μm	>2.5μm	0.5~2.5μm
翠华南路空白	25%	8.44	4.96	9.40
	50%	6.49	1.09	7.60
	75%	4.26	-2.41	5.61
	Max	40.89	52.66	46.39
	Min	-85.63	-96.52	-83.74
	平均值	5.74	0.89	6.78

（续）

粒径大小		>0.5μm	>2.5μm	0.5~2.5μm
石楠+小叶女贞绿篱+草	25%	10.75	2.75	15.37
	50%	-2.74	-2.75	-2.75
	75%	8.05	-2.67	12.08
	Max	7.20	-2.99	8.62
	Min	-46.78	-32.71	-73.51
	平均值	8.70	0.17	12.44
悬铃木+石楠绿篱+草	25%	4.37	10.19	-8.40
	50%	-1.37	2.02	-15.04
	75%	-7.15	-6.56	-21.91
	Max	39.27	48.29	32.86
	Min	-54.14	-59.07	-79.77
	平均值	-1.40	1.09	-15.10
悬铃木+小叶女贞绿篱	25%	6.31	-3.84	11.40
	50%	5.22	-6.36	10.29
	75%	3.95	-8.47	8.82
	Max	24.09	51.42	19.82
	Min	-24.09	-44.39	-22.29
	平均值	4.81	-5.55	9.32
雁南四路空白	25%	2.27	-1.45	3.27
	50%	-2.63	-7.67	-1.28
	75%	-7.55	-13.68	-6.45
	Max	44.60	44.11	45.69
	Min	-47.49	-65.90	-54.94
	平均值	-3.16	-8.08	-2.02
旱柳+紫叶李+小叶女贞绿篱	25%	40.83	45.59	31.65
	50%	29.29	29.22	19.38
	75%	6.44	4.43	-4.46
	Max	82.89	89.15	75.56
	Min	-12.72	-59.93	-22.65
	平均值	25.94	26.46	15.72
旱柳+小叶女贞球+小叶女贞绿篱	25%	1.96	6.83	1.79
	50%	-1.64	-0.59	-1.84
	75%	-6.22	-6.99	-6.39
	Max	47.7	74.65	49.97
	Min	-56.88	-92.95	-41.90
	平均值	-1.93	-0.19	-2.19

（续）

粒径大小		>0. 5μm	>2. 5μm	0. 5~2. 5μm
旱柳+小叶女贞球+紫叶小檗绿篱	25%	8. 49	31. 70	4. 29
	50%	-8. 86	8. 96	-11. 44
	75%	-14. 77	1. 16	-17. 10
	Max	49. 97	87. 53	42. 47
	Min	-86. 97	-52. 22	-98. 98
	平均值	-1. 68	18. 62	-5. 70
曲江池西路空白	25%	9. 03	7. 61	9. 64
	50%	3. 61	1. 31	4. 01
	75%	-0. 92	-4. 89	-0. 59
	Max	50. 51	77. 58	52. 58
	Min	-66. 65	-85. 46	-69. 86
	平均值	4. 13	1. 21	4. 73
樱花+草	25%	2. 14	0. 63	2. 56
	50%	-3. 73	-5. 64	-3. 43
	75%	-10. 78	-11. 45	-10. 88
	Max	56. 12	64. 65	58. 49
	Min	-186. 02	-614. 29	-155. 16
	平均值	-5. 72	-7. 74	-5. 55

注：各样地消减率已扣除空白样地的消减率。

9. 3 对街道峡谷内的植物配置建议

综合考虑不同结构林木对颗粒物的消减作用，针对街道峡谷内降低颗粒物危害的林木结构建议为：郁闭度：0. 6~0. 7。能起到消减作用的植被结构是：旱柳+紫叶李+小叶女贞绿篱；石楠+小叶女贞绿篱+草；悬铃木+小叶女贞绿篱；旱柳+小叶女贞球+紫叶小檗绿篱。

参考文献

白莉，王中良，黄毅，2010. 西安地区大气降水的痕量金属特征及其来源解析［J］. 旱区地理，33（3）：385-393.

曹润芳，闫雨龙，郭利利，等，2016. 太原市大气颗粒物粒径和水溶性离子分布特征［J］. 环境科学，37（6）：2034-2040.

柴一新，祝宁，韩焕金，2002. 城市绿化树种的滞尘效应：以哈尔滨市为例［J］. 应用生态学报，13（9）：1121-1126.

陈芳，周志翔，郭尔祥，等，2006. 城市工业区园林绿地滞尘效应的研究：以武汉钢铁公司厂区绿地为例［J］. 生态学杂志，25（1）：34-38.

陈芳，周志翔，王鹏程，等，2006. 武汉钢铁公司厂区绿地绿量的定量研究［J］. 应用生态学报，17（4）：592-596.

陈刚才，潘纯珍，杨清玲，等，2004. 重庆市主城区交通干道空气污染特征分析［J］. 地球与环境，32（3-4）：59-62.

陈玮，何兴元，张粤，等，2003. 东北地区城市针叶树冬季滞尘效应研究［J］. 应用生态学报，14（12）：2113-2116.

戴斯迪，马克明，宝乐，2013. 北京城区公园及其邻近道路槐叶面尘分布与重金属污染特征［J］. 环境科学学报，33（1）：154-162.

樊守彬，田刚，秦建平，等，2010. 北京道路降尘排放特征研究［J］. 环境工程学报，4（3）：629-632.

范雪波，刘卫，王广华，等，2011. 杭州市大气颗粒物浓度及组分的粒径分布［J］. 中国环境科学，31（1）：13-18.

冯朝阳，高吉喜，田美荣，等，2007. 京西门头沟区自然植被滞尘能力及效益研究［J］. 环境科学研究，20（5）：155-159.

高金晖，王冬梅，赵亮，等，2007. 植物叶片滞尘规律研究：以北京市为例. 北京林业大学学报，29（2）：94-99.

关德新，朱廷曜，2000. 树冠结构参数及附近风场特征的风洞模拟研究［J］. 应用生态学报，11（2）：202-204.

韩月梅，沈振兴，曹军骥，等，2009. 西安市大气颗粒物中水溶性无机离子的季节变化特征［J］. 环境化学，28（2）：261-266.

郝吉明，吴烨，傅立新，等，2001. 北京市机动车污染分担率的研究［J］. 环境科学，22（5）：1-6.

何春霞，李吉跃，张燕香，等，2010. 5 种绿化树种叶片比叶重、光合色素含量和$\delta^{13}C$的开度与方位差异［J］. 植物生态学报，34（2）：134-143.

吉木色，郭秀锐，郎建垒，等，2013. 大城市机动车污染物排放与控制的情景预测［J］. 环境科学研究，26（9）：919-928.

贾彦，吴超，董春芳，等，2012. 7 种绿化植物滞尘的微观测定［J］. 中南大学学报（自然科学版），43（11）：4547-4553.

姜红卫，朱旭东，孙志海，2006. 苏州高速公路绿化滞尘效果初探［J］. 福建林业科技，33（4）：95-99.

金峰，2016. 东亚区域特大城市空气质量特征研究［D］. 上海：东华大学.

李海梅，刘霞，2008. 青岛市城阳区主要园林树种叶片表皮形态与滞尘量的关系［J］. 生态学杂志，27（10）：1659-1662.

廖柏寒，刘俊，周航，等，2010. Cd 胁迫对大豆各发育阶段生长及生理指标的影响［J］. 中国环境科学，30（11）：1516-1521.

刘玲，方炎明，王顺昌，等，2013. 7 种树木的叶片微形态与空气悬浮颗粒吸附及重金属累积特征［J］. 环境科学，34（6）：2361-2367.

刘璐，管东生，陈永勤，2013. 广州市常见行道树种叶片表面形态与滞尘能力［J］. 生态学报，33（8）：2604-2614.

刘汉卫，臧增亮，首俊明，等，2013. 一次 $PM_{2.5}$化学污染过程的实况及气象要素影响分析［J］. 广东气象，35（4）：51-57.

刘红丽，张伟，李昌禧，2009. 室内可吸入颗粒物浓度与粒径分布检测方法的测定［J］. 仪器仪表学报，30（2）：340-344.

刘志刚，胡丹，欧浪波，等，2011. 北京郊区树冠穿透水中多环芳烃的污染特征与通量计算［J］. 农业环境科学学报，30（6）：1200-1207.

彭长连，温达志，孙梓健，等，2002. 城市绿化植物对大气污染的响应［J］. 热带亚热带植物学报，10（4）：321-327.

邱媛，管东生，2007. 经济快速发展区域的城市植被叶面降尘粒径和重金属特征［J］. 环境科学学报，27（12）：2080-2087.

邱媛，管东生，宋巍巍，等，2008. 惠州城市植被的滞尘效应［J］. 生态学报，28（6）：2455-2462.

史晓丽，2010. 北京市行道树固碳释氧滞尘效益的初步研究［D］. 北京：北京林业大学.

苏俊霞，靳绍军，闫金广，等，2006. 山西师范大学校园主要绿化植物滞尘能力的研究［J］. 山西师范大学学报（自然科学版），20（2）：85-88.

王蕾，哈斯，刘连友，等，2006. 北京市春季天气状况对针叶树叶面颗粒物附着密度的影响［J］. 生态学杂志，25（8）：998-1002.

王伯光，杨嘉慧，周炎，等，2008. 广州市机动车尾气中金属元素的排放特征［J］. 中国环境科学，28（5）：389-394.

王会霞，石辉，李秧秧，等，2012. 城市植物叶面尘粒径和几种重金属（Cu、Zn、Cr、Cd、Pb、Ni）的分布特征［J］. 安全与环境学报，12（1）：170-174.

王会霞，石辉，李秧秧，2010. 城市绿化植物叶片表面特征对滞尘能力的影响［J］. 应用生态学报，21（12）：3077-3082.

王会霞，石辉，王彦辉，2015. 典型天气下植物叶面滞尘动态变化［J］. 生态学报，35（6）：1696-1705.

王文兴，1999. 全球机动车污染控制［J］. 环境科学研究，12（2）：56-59.

王晓磊，2014. 道路防护林内大气颗粒物时空变化规律研究［D］. 北京：中国林业科学研究院.

王彦杨，2017. 树枝尺度的植物在风洞内对气溶胶颗粒物的捕集效率［D］. 上海：东华大学.

王赞红，李纪标，2006. 城市街道常绿灌木植物叶片滞尘能力及滞尘颗粒物形态［J］. 生态环境，15（2）：327-330.

吴桂香，吴超，2014. 植物滞尘分析及其数学表达模式［J］. 安全与环境学报，2：272-277.

吴志萍，王成，侯晓静，等，2008. 6 种城市绿地空气 $PM_{2.5}$浓度变化规律的研究［J］. 安徽农业大学学报，4：494-498.

武小钢，蔺银鼎，2015. 城市道路隔离带绿化模式对人行道空气质量的影响评价［J］. 环境科学学报，

4：984-990.

谢滨泽，王会霞，杨佳，等，2014. 北京常见阔叶绿化植物滞留 $PM_{2.5}$能力与叶面微结构的关系［J］. 西北植物学报，34（12）：2432-2438.

谢英赞，何平，方文，等，2014. 北碚城区不同绿地类型常用绿化树种滞尘效应研究［J］. 西南师范大学学报（自然科学版），39（1）：1-8.

谢子瑞，赵锦慧，黄超，2018. 武汉市公园绿化植物滞尘能力的初步研究［J］. 湖北大学学报（自然科学版），40（4）：424-428.

杨东伟，章明奎，2010. 茶区叶面降尘的粒径和重金属含量研究［J］. 茶叶科学，30（5）：355-361.

杨会，2016. 树冠与风速相互作用关系及树冠上颗粒物沉积［D］. 上海：东华大学.

杨建军，武忠诚，马亚萍，2003. 大气中不同粒径颗粒物的重金属元素分析及其免疫毒性研究［J］. 海南医学院学报，9（4）：198-201.

殷杉，蔡静萍，陈丽萍，等，2007. 交通绿化带植物配置对空气颗粒物的净化效益［J］. 生态学报，27（11）：4590-4595.

于建华，虞统，魏强，2004. 北京地区 PM_{10}和 $PM_{2.5}$质量浓度的变化特征［J］. 环境科学研究，17（1）：45-47.

岳欣，2004. 行星边界层附近不同高度大气颗粒物空气动力学粒径分布特征研究［D］. 北京：中国环境科学研究院.

张殿印，王纯，俞非漉，2008. 袋式除尘技术［M］. 北京：冶金工业出版社.

张新献，古润泽，陈自新，等，1997. 北京城市居住区绿地的滞尘效益［J］. 北京林业大学学报，19（4）：12-17.

张秀梅，李景平，2001. 城市污染环境中适生树种滞尘能力研究［J］. 环境科学动态，2：27-30.

张银龙，王亚超，庞博，等，2010. 城市植物叶面尘中痕量元素分布特征及其生态风险评价［J］. 安全与环境学报，10（5）：97-101.

章旭毅，殷杉，江畅，等，2016. 上海常见绿化树种叶片上 $PM_{2.5}$干沉降速率及影响因素［J］. 华东师范大学学报（自然科学版），6：32-42.

赵勇，李树人，阎志平，2002. 城市绿地的滞尘效应及评价方法［J］. 华中农业大学学报，21（6）：582-586.

朱绍文，张立，孙春林，2003. 八达岭林场森林资源价值评估及生态效益经济补偿的初步探讨［J］. 北京林业大学学报，25：71-74.

Barber J L，Thomas G O，Kerstiens G，et al.，2002. Air-side and plant-side resistances influence the uptake of airborne PCBs by evergreen plants［J］. Environmental Science & Technology，36（15）：3224-3229.

Beckett K P，Freer-Smith P H，Taylor G，2000. Particulate pollution capture by urban trees：effect of species and windspeed［J］. Global Change Biology，6（8）：995-1003.

Beckett K P，Freer-Smith P H，Taylor G，1998. Urban woodlands：their role in reducing the effects of particulate pollution［J］. Environmental Pollution，99：347-360.

Burkhardt J，Peters K，Crossley A，1995. The presence of structural surface waxes on coniferous needles affects the pattern of dry deposition of fine particles［J］. Journal of Experimental Botany，46（7）：823-831.

Carreras H A，Cañas M S，Pignata M L，1996. Differences in responses to urban air pollutants by *Ligustrum lucidum* Ait. and *Ligustrum lucidum* Ait. f. tricolor（Rehd.）Rehd［J］. Environmental Pollution，93（2）：211-218.

De Miguel E，Llamas J F，Chacón E，et al.，1997. Origin and patterns of distribution of trace elements in street dust：unleaded petrol and urban lead［J］. Atmospheric Environment，31（17）：2733-2740.

Dzierzanowski K, Popek R, Gawrońska H, et al., 2011. Deposition of particulate matter of different size fractions on leaf surfaces and in waxes of urban forest species [J]. International Journal of Phytoremediation, 13 (10): 1037-1046.

Faini F, Labbé C, Coll J, 1999. Seasonal changes in chemical composition of epicuticular waxes from the leaves of *Baccharis linearis* [J]. Biochemical Systematics and Ecology, 27 (7): 673-679.

Fowkes F M, 1962. Determination of interfacial tensions, contact angles, and dispersion forces in surfaces by assuming additivity of intermolecular interactions in surfaces [J]. The Journal of Physical Chemistry, 66: 382.

Freer-Smith P H, El-Khatib A A, Taylor G, 2004. Capture of particulate pollution by trees: A comparison of species typical of semi-arid areas (*Ficus niyida* and *Eucalyptus globulus*) with European and north American species [J]. Water, Air, and Soil Pollution, 155: 173-187.

Freer-Smith P H, Holloway S, Goodman A, 1997. The uptake of particulates by an urban woodland: site description and particulate composition [J]. Environmental Pollution, 95 (1): 27-35.

Freer-Smith P H, Bechett K P, Taylor G, 2005. Deposition velocities to *Sorbus aria*, *Acercampestre*, *Populus deltoids trichocarpa* 'Beaupré', *Pinus nigra* and *Cupressocyparis leylandii* for coarse, fine and ultra-fine particles in the urban environment [J]. Environmental Pollution, 133: 157-167.

Furusjö E, Sternbeck J, Cousins A P, 2007. PM_{10} source characterization at urban and highway roadside locations [J]. Science of the Total Environment, 387 (1-3): 206-219.

Grantz D A, Garner J H B, Johnson D W, 2003. Ecological effects of particulate matter [J]. Environment International, 29 (2): 213-239.

Gratani L, Crescente M F, Petruzzi M, 2000. Relationship between leaf life-span and photosynthetic activity of *Quercus ilex* in polluted urban areas (Rome) [J]. Environmental Pollution, 110: 19-28.

Gromke C, Ruck B, 2009. On the impact of trees on dispersion processes of traffic emissions in street canyons [J]. Boundary-Layer Meteorology, 131 (1): 19-34.

Hwang H J, Yook S J, Ahn K H, 2011. Experimental investigation of submicron and ultrafine soot particle removal by tree leaves [J]. Atmospheric Environment, 45 (38): 6987-6994.

Jamil S, Abhilash P C, Singh A, et al., 2009. Fly ash trapping and metal accumulating capacity of plants: implication for green belt around thermal power plants [J]. Landscape and Urban Planning, 92 (2): 136-147.

Jim C Y, Chen W Y, 2008. Assessing the ecosystem service of air pollutant removal by urban trees in Guangzhou (China) [J]. Journal of Environmental Management, 88: 665-676.

Jouraeva V A, Johnson D L, Hassett J P, et al., 2002. Differences in accumulation of PAHs and metals on the leaves of *Tilia* × *euchlora* and *Pyrus calleryana* [J]. Environmental Pollution, 120 (2): 331-338.

Karagulian F, Belis C A, Dora C F C, et al., 2015. Contributions to cities' ambient particulate matter (PM): A systematic review of local source contributions at global level [J]. Atmospheric Environment, 120: 475-483.

Kardel F, Wuyts K, Babanezhad M, et al., 2010. Assessing urban habitat quality based on specific leaf area and stomatal characteristics of *Plantago lanceolata* L. [J]. Environmental Pollution, 158 (3): 788-794.

Kaupp H, Blumenstock M, McLachlan M S., 2000. Retention and mobility of atmospheric particle-associated organic pollutant PCDD/Fs and PAHs on maize leaves [J]. New Phytologist, 148 (3): 473-480.

Koch K, Bhushan B, Barthlott W, 2009. Multifunctional surface structures of plants: an inspiration for biomimetics [J]. Progress in Materials Science, 54: 137-178.

Liu L, Guan D S, Peart M R, et al., 2013. The dust retention capacities of urban vegetation—a case study of Guangzhou, South China [J]. Environmental Science and Pollution Research, (20) 1-10.

Lovett G M, Lindberg S E, 1992. Concentration and deposition of particles and vapors in a vertical profile through a forest canopy [J]. Atmospheric Environment. Part A. General Topics, 26 (8): 1469-1476.

Lu S G, Zheng Y W, Bai S Q, 2008. A HRTEM/EDX approach to identification of the source of dust particles on urban tree leaves [J]. Atmospheric Environment, 42 (26): 6431-6441.

McDonald A G, Bealey W J, Fowler D, et al., 2007. Quantifying the effect of urban tree planting on concentrations and depositions of PM_{10} in two UK conurbations [J]. Atmospheric Environment, 41: 8455-8467.

Monaci F, Moni F, Lanciotti E, et al., 2000. Biomonitoring of airborne metals in urban environments: new tracers of vehicle emission, in place of lead [J]. Environmental Pollution, 107 (3): 321-327.

Müller C, Riederer M, 2005. Plant surface properties in chemical ecology [J]. Journal of Chemical Ecology, 31 (11): 2621-2651.

Neinhuis C, Barthlott W, 1998. Seasonal changes of leaf surface contamination in beech, oak, and ginkgo in relation to leaf micromorphology and wettability [J]. New Phytologist, 138: 91-98.

Nowak D J, Crane D E, Stevens J C, 2006. Air pollution removal by urban trees and shrubs in the United States [J]. Urban Forestry & Urban Greening, 4: 115-123.

Nowak D J, Hirabayashi S, Bodine A, et al., 2013. Modeled $PM_{2.5}$ removal by trees in ten US cities and associated health effects [J]. Environmental Pollution, 178: 395-402.

Okajima Y, Taneda H, Noguchi K, et al., 2012. Optimum leaf size predicted by a novel leaf energy balance model incorporating dependencies of photosynthesis on light and temperature [J]. Ecological Research, 27 (2): 333-346.

Ould-Dada Z, Baghini N M, 2001. Resuspension of small particles from tree surfaces [J]. Atmospheric Environment, 35: 3799-3809.

Owens D K, Wendt R C, 1969. Estimation of the surface free energy of polymers [J]. Journal of Applied Polymer Science, 13: 1741-1747.

Prajapati S K, Tripathi B D, 2008. Seasonal variation of leaf dust accumulation and pigment content in plant species exposed to urban particulates pollution [J]. Journal of Environmental Quality, 37 (3): 865-870.

Prusty B A K, Mishra P C, Azeez P A, 2005. Dust accumulation and leaf pigment content in vegetation near the national highway at Sambalpur, Orissa, India [J]. Ecotoxiciology and Environmental Safety, 60: 228-235.

Przybysz A, Sæbø A, Hanslin H M, et al., 2014. Accumulation of particulate matter and trace elements on vegetation as affected by pollution level, rainfall and the passage of time [J]. Science of the Total Environment, 481: 360-369.

Qiu Y, Guan D S, Song W W, et al., 2009. Capture of heavy metals and sulfur by foliar dust in urban Huizhou, Guangdong Province, China [J]. Chemosphere, 75: 447-452.

Räsänen J V, Holopainen T, Joutsensaari J, et al., 2013. Effects of species-specific leaf characteristics and reduced water availability on fine particle capture efficiency of trees [J]. Environmental Pollution, 183: 64-70.

Rodríguez-Germade I, Mohamed K J, Rey D, et al., 2014. The influence of weather and climate on the reliability of magnetic properties of tree leaves as proxies for air pollution monitoring [J]. Science of the Total Environment, 468-469: 892-902.

Ruijgrok W, Tieben H, Eisinga P, 1997. The dry deposition of particles to a forest canopy: a comparison of

model and experimental results [J]. Atmospheric Environment, 31: 399-415.

Sæbø A, Popek R, Nawrot B, et al., 2012. Plant species differences in particulate matter accumulation on leaf surfaces [J]. Science of the Total Environment, 427-428: 347-354.

Sgrigna G, Sæbø A, Gawronski S, et al., 2015. Particulate matter deposition on *Quercus ilex* leaves in an industrial city of central Italy [J]. Environmental Pollution, 197: 187-194.

Shen Q, Ding H G, Zhong L, 2004. Characterization of the surface properties of persimmon leaves by FT-Raman spectroscopy and wicking technique [J]. Colloids and Surfaces B: Biointerfaces, 37: 133-136.

Speak A F, Rothwell J J, Lindley S J, et al., 2012. Urban particulate pollution reduction by four species of green roof vegetation in a UK city [J]. Atmospheric Environment, 61: 283-293.

Sun Y L, Zhuang G S, Tang A H, et al., 2006. Chemical characteristics of $PM_{2.5}$ and PM_{10} in haze-fog episodes in Beijing [J]. Environment Science & Technology, 40: 3148-3155.

Tallis M, Taylor G, Sinnett D, et al., 2011. Estimating the removal of atmospheric particulate pollution by the urban tree canopy of London, under current and future environments [J]. Landscape and Urban Planning, 103 (2): 129-138.

Terzaghi E, Wild E, Zacchello G, et al., 2013. Forest filter effect: role of leaves in capturing/releasing air particulate matter and its associated PAHs [J]. Atmospheric Environment, 74: 378-384.

Tomašević M, Vukmirović Z, Rajšić S, et al., 2005. Characterization of trace metal particles deposited on some deciduous tree leaves in an urban area [J]. Chemosphere, 61 (6): 753-760.

UK emission of air pollutants 1970 to 2008. UK Emission Inventory Team.

Wang H X, Maher B A, Ahmed I A M, et al., 2019. Efficient removal of ultrafine particles from diesel exhaust by selected tree species: implications for roadside planting for improving the quality of urban air [J]. Environmental Science & Technology, 53 (12): 6906-6916.

Wang H X, Shi H, Li Y Y, et al., 2013. Seasonal variations in leaf capturing of particulate matter, surface wettability and micromorphology in urban tree species [J]. Frontiers of Environmental Science & Engineering, 7 (4): 579-588.

Weber F, Kowarik I, Säumel I, 2014. Herbaceous plants as filters: Immobilization of particulates along urban street corridors [J]. Environmental Pollution, 186: 234-240.

Wild E, Dent J, Thomas G O, et al., 2006. Visualizing the air-to-leaf transfer and within-leaf movement and distribution of phenanthrene: further studies utilizing two photon excitation microscopy [J]. Environmental Science & Technology, 40 (3): 907-916.

Yang J, McBride J, Zhou JX, et al., 2005. The urban forest in Beijing and its role in air pollution reduction [J]. Urban Forestry & Urban Greening, 3 (2): 65-78.

Yazid A W M, Sidik N A C, Salim S M, et al., 2014. A review on the flow structure and pollutant dispersion in urban street canyons for urban planning strategies [J]. Simulation, 90 (8): 892-916

Young T, 1805. An essay on the cohesion of fluids [J]. Philosophical Transactions of the Royal Society of London, 95: 65-87.

Zeng P T, Takahashi H, 2000. A first-order closure model for the wind flow within and above vegetation canopies [J]. Agricultural and Forest Meteorology, 103 (3): 301-313.

Zhu D Z, Gillies J A, Etyemezian V, et al., 2015. Evaluation of the surface roughness effect on suspended particle deposition near unpaved roads [J]. Atmospheric Environment, 122: 541-551.

附　录

附录 1　植物叶面的空气颗粒物滞留量测定技术规程

1　范围

本标准规定了植物叶面滞留颗粒物质量的测定方法。

本标准适用于对植物滞留空气颗粒物质量的测定和能力评价。

2　规范性引用文件

下列文件对于本文件的应用是必不可少的。凡是注日期的引用文件，仅所注日期的版本适用于本文件。凡是不注日期的引用文件，其最新版本（包括所有的修改单）适用于本文件。

GB 3095—2012 环境空气质量标准

HJ 618—2011 环境空气 PM_{10}和 $PM_{2.5}$的测定 重量法

3　术语和定义

下列术语和定义适用于本标准。

3.1　植物叶面颗粒物滞留量 Amount of particulate matter captured by plant leaves

在某种环境状况下单位面积叶片上滞留的空气颗粒物数量，包括叶面上滞留的颗粒物和叶蜡中包裹的颗粒物，通常以 g/m^2或 $\mu g/m^2$表示。

3.2　叶表面颗粒物 Particulate matter deposited on leaf surfaces

环境空气中颗粒物通过布朗运动扩散、相互碰撞、湍流撞击等作用与植物叶面接触，并沉降在叶表面，能够由于气象因素（如风、降水等）再次回到大气或降至地表的颗粒物。

3.3　叶片蜡质层颗粒物 Particulate matter embedded in leaf wax layer

环境空气颗粒物通过布朗运动扩散、相互碰撞、湍流撞击等作用与植物叶面接触，并沉降在叶表面，由于部分颗粒物的亲脂性而被包裹固定在叶片蜡质层中的颗粒物。

3.4　叶面颗粒物中水溶性固体总量 Total dissolved solids in water of leaf particulate matter

滞留在叶面上的颗粒物中能够溶于水的组分。

3.5　叶面颗粒物中脂溶性固体总量 Total dissolved solids in organic solvents of leaf particulate matter

滞留在叶面上的颗粒物和包裹固定在蜡质层中的颗粒物中能够溶于有机溶剂的组分。

4 植物叶面滞留空气颗粒物质量测定方法

4.1 样品采集

选择4~10株样树，从冠层的四个方向上下不同部位采集叶样，并记录采样地点、时间、植物名称、样本数量、采样人等。采样后将样品于自封袋内保存。

4.2 样品贮存

采集的叶样应尽快分析测定。如需放置，应贮存在4℃冷藏箱中，但最长不得超过7d。

4.3 仪器与设备

1——真空泵：流量80L/min，最大真空度0.098MPa；

2——分析天平：精度0.1mg或0.01mg；

3——玻璃砂芯过滤装置，规格：1000mL或500mL；

4——CN-CA微孔滤膜：孔径0.10μm，直径47mm；

5——TDS测定仪；

6——磁力搅拌器；

7——烘箱：可控制恒温在40℃；

8——玻璃仪器：500mL烧杯、100mL量筒、干燥器；

9——去离子水；有机溶剂；无齿扁嘴镊子；白瓷盘；无粉乳胶手套；冰箱；培养皿；干燥器；扫描仪或叶面积仪；不掉毛软毛刷；直尺：精度1mm。

4.4 测定步骤

4.4.1 测定前准备

用无齿扁嘴镊子夹取孔径为0.1μm的CN-CA微孔滤膜于事先称重的培养皿里，移入烘箱中于40℃烘干8h后取出，置干燥器内冷却至室温，称其重量。反复烘干、冷却、称重，直至两次称量的重量差≤0.2mg。初重记为W_{s0}。将恒重的微孔滤膜正确的放置在滤膜过滤器的滤膜托盘上，加盖配套的漏斗，并用夹子固定好。用去离子水润湿滤膜，并不断吸滤。

4.4.2 叶样去离子水清洗

依据能否看到叶面有无明显的颗粒物滞留选择叶样数量，能看到明显的颗粒物滞留的选择叶面积200~300cm²，不能明显看到颗粒物滞留的选择叶面积600~800cm²。用500mL去离子水浸泡叶片5~10min，然后用不掉毛的软毛刷轻轻刷洗叶片上下表面，再用镊子将每片叶子夹起，用少量去离子水冲洗上下表面。

4.4.3 叶样的去离子水清洗后的过滤处理

将充分混合均匀的洗脱液使用真空抽滤系统吸抽过滤，使水分全部通过滤膜。再以每次10mL去离子水连续洗涤3次，继续吸滤以除去痕量水分。

4.4.4 称重

将已经过滤后的滤膜放入40℃的烘箱中烘干8h，取出置干燥器内冷却至室温，使用精度为0.1mg或0.01mg的电子天平准确称其重量。反复烘干、冷却、称重，直至两次称量的重量差≤0.2mg。末重记为：W_{s1}。

5 植物叶表面滞留颗粒物中水溶性固体总量测定方法

将4.4.3过滤处理后的滤液用磁力搅拌器搅拌均匀，然后使用经温度校正和标准溶液校正后的TDS测定仪测定总溶解固体。测定3次以上，取均值，记为TDS_s。测定结果与过滤液体积（V_s）的乘积即为水溶性固体总量（W_s'）。

6 植物叶片蜡质层空气颗粒物质量测定方法

6.1 样品采集

采样方法如上述4.1。

6.2 样品贮存

样品贮存如上述4.2。

6.3 仪器与设备

仪器与设备如上述4.3。

6.4 测定步骤

6.4.1 测定前准备

测定前准备如上述4.4.1。初重记为W_{w0}。将恒重的微孔滤膜正确的放置在滤膜过滤器的滤膜托盘上，加盖配套的漏斗，并用夹子固定好。用有机溶剂润湿滤膜，并不断吸滤。

6.4.2 水清洗后叶样的有机溶剂清洗

将4.4.2去离子水清洗后的叶样用吸水纸将叶片上下表面的水吸干，然后将吸干水后的叶片浸泡在100mL的有机溶剂（如三氯甲烷、二氯甲烷、己烷等）中，用不掉毛的软毛刷快速刷洗叶片上下表面。

6.4.3 叶样有机溶剂清洗后的过滤处理

将充分混合均匀的洗脱液使用真空抽滤系统吸抽过滤，使有机溶剂全部通过滤膜。再以每次10mL有机溶剂连续洗涤3次，继续吸滤以除去痕量有机溶剂。

6.4.4 称重

将已经过滤后的滤膜放入40℃的烘箱中烘干8h，取出置干燥器内冷却至室温，使用精度为0.1mg或0.01mg的电子天平准确称其重量。反复烘干、冷却、称重，直至两次称量的重量差≤0.2mg。末重记为：W_{w1}。

7 植物叶面颗粒物中脂溶性固体总量测定方法

将6.4.3过滤处理后的滤液用磁力搅拌器搅拌均匀，然后使用经温度校正和标准溶液

校正后的TDS测定仪测定总溶解固体。测定3次以上，取均值，记为TDS_w。测定结果与过滤液体积（V_w）的乘积即为脂溶性固体总量（W_w'）。

8 数据处理

叶面滞留空气颗粒物质量包括四部分，分别为水清洗的滤膜前后的质量差（即叶表面滞留的颗粒物质量）、有机溶剂清洗的滤膜前后的质量差（即叶片蜡质层中包裹的颗粒物质量）、水清洗后滤液的水溶性固体总量和有机溶剂清洗后的脂溶性固体总量。这四者之和除以叶表面积（S）即为单位叶面积滞留的颗粒物量。计算公式如下：

叶面滞留颗粒物量：$W_s=(W_{s1}-W_{s0})/S$

叶片蜡质层颗粒物量：$W_w=(W_{w1}-W_{w0})/S$

叶面滞留颗粒物中水溶性固体量：$W_s'=TDS_s\times V_s/S$

叶面滞留颗粒物中脂溶性固体量：$W_w'=TDS_w\times V_w/S$

叶面滞留颗粒物总量：$W=W_s+W_w+W_s'+W_w'$

附录 2　提高空气颗粒物调控作用的道路防护林结构优化技术规程

1　范围

本标准规定了调控空气颗粒物的道路防护林优化结构技术的术语和定义、总则、树种选择和配置模式。

本标准适用道路防护林的新建、改造和更新。

2　规范性引用文件

下列文件对于本文件的应用是必不可少的。凡是注日期的引用文件，仅所注日期的版本适用于本文件。凡是不注日期的引用文件，其最新版本（包括所有的修改单）适用于本文件。

GB/T 18337. 1—2001 生态公益林建设导则

GB/T 18337. 2—2001 生态公益林建设规划设计通则

GB/T 18337. 3—2001 生态公益林建设技术规程

CJJ75—97 城市道路绿化规划与设计规范

GB/T15776—2006 造林技术规程

3　术语和定义

3. 1　道路防护林 Road protection forest

用于减缓行车带来的汽车尾气和重金属等污染，并具有美化环境、防风、降噪等功能，并对于人民的生活能够提供多种效应而营造的人工林。

3. 2　叶面滞留颗粒物 Leaf particulate matter

环境空气颗粒物在运动过程中沉降到叶表面，一部分颗粒物能够由于气象因素再次回到大气或降至地表，另一部分能够固定在蜡质层中。叶面滞留颗粒物量可在单位叶面积、单叶、单株和单位绿化面积四级层次上进行评价。

3. 3　混交林 Mixed stand

由两个或两个以上树种组成的森林，其中主要树种的株数或断面积或蓄积量占总株数或总断面积或总蓄积量的比例在 80%（含）以下，或各个树种比例大于 10%。

3. 4　针阔比 Ratio of needles and broad leaves

指在人工造林中，常根据配置设计把组成针阔混交林的针叶树种和阔叶树种在单位面积上的株树之比称为针阔比，以确定各造林树种的苗木需求量。

3. 5　郁闭度 Canopy density

指森林中乔木树冠遮蔽地面的程度，它是反映林分密度的指标，以林地树冠垂直投影面积与林地面积之比表示。

3.6 疏透度 Canopy porosity

指林带的透光程度，是林带林缘垂直面上透光孔隙的投影面积与该垂直面上林带投影总面积之比。

3.7 叶面积指数 Leaf area index

指单位土地面积上植物叶片总面积占土地面积的倍数。

3.8 地被覆盖度 Ground cover

地被植物地上部分的垂直投影面积占样地面积的百分比。

4 树种选择

4.1 树种选择原则

树种选择必须满足以下几个原则：

a）离行人较远的优先选用具有高滞留颗粒物能力的树种原则；

b）离行人较近的优先选用具有低滞留颗粒物能力的树种原则；

c）优先选择具较强抗污染能力的树种原则；

d）离行人较近的优先选择没有飞絮、花粉等的树种原则；

e）优先选择乡土树种原则；

f）优先选择具有较好的稳定性、抗病虫害能力强的树种原则；

g）以落叶树为主，常绿和落叶树种相结合原则；

h）以乔木树种为主，乔木、灌木及地被植物相结合原则。

4.2 树种选择

4.2.1 树种选择

4.2.1.1 高颗粒物阻滞能力树种推荐见表1。

表1 道路防护林高颗粒物阻滞能力推荐树种

树种名称	树种特性
油松 *Pinus tabulaeformis* Carr.	常绿乔木，高达25m，喜光，深根性，喜干冷气候
桧柏 *Sabina chinensis*（L.）Ant.	常绿乔木，高达20m，喜光，对SO_2等抗性较强
泡桐 *Paulownia fortunei*（Seem.）Hemsl.	落叶乔木，喜光，耐干旱，抗性较强
木槿 *Hibiscus syriacus* Linn.	落叶灌木，高3~4m，对环境适应性强，耐干旱贫瘠
玉兰 *Magnolia denudata* Desr.	落叶乔木，高达25m，喜光，较耐寒，对大气污染抗性强
元宝枫 *Acer truncatum* Bunge	落叶乔木，高达10m，耐阴，深根性，病虫害较少，对SO_2等抗性较强
构树 *Broussonetia papyrifera*（Linn.）L'Hér. ex Vent.	落叶乔木，高10~20m，适应性强，根系浅，耐干旱贫瘠，抗污染性强
大叶黄杨 *Buxus megistophylla* Levl.	常绿灌木或小乔木，喜光，耐阴，对土壤要求不严

4.2.1.2 中等颗粒物阻滞能力树种推荐见表2。

表2 道路防护林中等颗粒物阻滞能力推荐树种

树种名称	树种特性
旱柳 *Salix matsudana*	落叶乔木，高达18m，喜光，耐寒，抗风，抗污染能力强
银杏 *Ginkgo biloba* Linn.	落叶乔木，喜光，根深性，适应性强
槐 *Sophora japonica* Linn.	落叶乔木，高达25m，防风，枝叶茂密，对SO_2等有毒气体抗性较强
白蜡 *Fraxinus chinensis* Roxb.	落叶乔木，高10~12m，喜光，枝叶繁茂
毛白杨 *Populus tomentosa* Carr.	落叶乔木，高达30m，根深性，耐旱，速生
紫叶李 *Prunus cerasifera* Ehrhar f. *atropurpurea*（Jacq.）Rehd.	落叶灌木或小乔木，喜光，对土壤适应性强
榆树 *Ulmus pumila*	落叶乔木，高达25m，喜光，耐旱，适应性强，抗污染性强
栾树 *Koelreuteria paniculata* Laxm.	落叶乔木，喜光，耐干旱贫瘠，对环境适应性强，根深性，对SO_2、O_3等有较强抗性
雪松 *Cedrus deodara*（Roxb.）G. Don	常绿乔木，高达30m，树形优美，具较强的防尘、降噪与杀菌能力

4.2.1.3 低颗粒物阻滞能力树种推荐见表3。

表3 道路防护林低颗粒物阻滞能力推荐树种

树种名称	树种特性
紫叶小檗 *Berberis thunbergii* DC.	落叶灌木，适应性强
小叶女贞 *Ligustrum quihoui* Carr.	落叶灌木，喜光，耐寒，对SO_2、Cl_2等气体有较强的抗性，抗污染性强
小叶黄杨 *Buxus sinica*（Rehd. et Wils.）Cheng subsp. *sinica* var. *parvifolia* M. Cheng	常绿灌木，抗逆性强，抗污染，能吸收SO_2等有毒气体
紫薇 *Lagerstroemia indica* Linn.	落叶灌木，较强的抗污染能力，对SO_2、HF和Cl_2抗性较强
美人梅 *Prunus* × *blireana* ‘Meiren’	落叶灌木，耐旱，适应性较强，对SO_2、汽车尾气等比较敏感

4.2.1.4 地被物种推荐见表4。

表4 道路防护林地被推荐物种

物种名称	物种特性
白玉簪 *Hosta plantaginea* Aschers	多年生草本，强耐阴，可置于阔叶林下
“金色欲滴”玉簪 *Hosta* ‘Golden Drop’	强耐阴，可置于阔叶林下
蛇莓 *Duchesnea indica*（Andr.）Focke	强耐阴，可置于阔叶林下
地榆 *Sanguisorba officinalis* Linn.	多年生草本，耐半阴，可置于林间隙或针叶林下
黄海棠 *Hypericum ascyron* Linn.	多年生草本，耐半阴，可置于林间隙或针叶林下
“香铃”玉簪 *Hosta* ‘Honey B33ells’	耐半阴，可置于林间隙或针叶林下
东北玉簪 *Hosta ensata* F. Maekawa	多年生草本，耐半阴，可置于林间隙或针叶林下
大叶铁线莲 *Clematis heracleifolia* DC.	多年生草本，稍耐阴，可置于林缘
“节日愉快”萱草 *Hosta* ‘Holiday Delight’	多年生宿根草本，稍耐阴，可置于林缘

（续）

物种名称	物种特性
扁叶刺芹 *Eryngium planum* Linn.	多年生草本，稍耐阴，可置于林缘
草地早熟禾 *Poa pratensis* Linn.	多年生草本，耐半阴，可置于林间隙或针叶林下
高羊茅 *Festuca elata* Keng ex E. Alexeev	多年生草本，耐半阴，可置于林间隙或针叶林下
野牛草 *Buchloe dactyloides*（Nutt.）Engelm.	多年生草本，耐半阴，可置于林间隙或针叶林下
萱草 *Hemerocallis fulva*（L.）Linn.	多年生宿根草本，稍耐阴，可置于林缘
青绿苔草 *Carex breviculmis*	多年生草本，耐半阴，可置于林间隙或针叶林下
甘野菊 *Dendranthema lavandulifolium*（Fisch. ex Trautv.）L.	多年生草本，适应性强，稍耐阴，可置于林缘
结缕草 *Zoysia japonica* Steud.	多年生草本，耐半阴，可置于林间隙或针叶林下
崂峪苔草 *Carex giraldiana*	多年生草本，强耐阴，可置于密林下
麦冬 *Ophiopogon japonicus*	多年生草本，稍耐阴，可置于林缘
佛甲草 *Sedum lineare* Thunb.	多年生草本，稍耐阴，可置于林缘

4.2.2 树种配置

4.2.2.1 高颗粒物阻滞能力树种的配置方式为常绿乔木+常绿乔木或常绿灌木或落叶乔木或落叶灌木+地被。

4.2.2.2 中等颗粒物阻滞能力树种的配置方式为落叶乔木+常绿乔木或常绿灌木或落叶乔木或落叶灌木+地被。

4.2.2.3 低颗粒物阻滞能力树种的配置方式为灌木+灌木+地被。

4.2.3 结构指标

4.2.3.1 高颗粒物阻滞能力的树种配置方式中郁闭度为0.6~0.7、疏透度为0.2~0.3、叶面积指数为2.0~3.0和地被覆盖为0.4~0.7。

4.2.3.2 中等颗粒物阻滞能力的树种配置方式中郁闭度为0.4~0.6、疏透度为0.4~0.6、叶面积指数为2.0~3.0和地被覆盖为0.3~0.6。

4.2.3.3 低颗粒物阻滞能力的树种配置方式中郁闭度为<0.4、疏透度为>0.6、叶面积指数为<2.0或>3.0和地被覆盖为<0.3。

4.2.4 造林密度和针阔比

4.2.4.1 在确定造林密度时，除像常规造林中考虑培育树木干形和移植灌草竞争对密度的要求以外，还要考虑不同结构林木滞留大气颗粒物的功能差异。具体为：

高颗粒物阻滞能力的树种配置方式中，乔木密度为600~800株/hm^2；

中等颗粒物阻滞能力的树种配置方式中，乔木密度为400~600株/hm^2；

低颗粒物阻滞能力的树种配置方式中，乔木密度为0~20株/hm^2。

4.2.4.2 通常阔叶树比例为70%，针叶树比例为30%。

5 调控空气颗粒物的道路防护林优化结构

依据道路防护林不同的防护功能要求，将道路防护林分为中央隔离带和同向分车带、非机动车带和外侧防护林带，推荐结构模式见表5。

表 5　针对不同防护功能的道路防护林推荐结构模式

功能区	主要功能	人行道	位置	推荐配置方式	推荐树种配置	推荐结构指标	推荐树种
中央隔离带和同向分车带	最大程度滞留颗粒物，减少其向林带外扩散，减少危害人行道行人健康			高颗粒物阻滞能力树种的配置	常绿乔木+常绿乔木或常绿灌木或落叶乔木或落叶灌木+地被	郁闭度 0.6~0.7、疏透度 0.2~0.3、叶面积指数 2.0~3.0、地被覆盖 0.4~0.7	油松、桧柏、泡桐、木槿、大叶黄杨、构树、元宝枫、玉兰
非机动车带	减少机动车行驶中带动颗粒物向人行道的扩散			中等颗粒物阻滞能力树种的配置 或 低颗粒物阻滞能力树种的配置	落叶乔木+常绿乔木或常绿灌木或落叶乔木或落叶灌木+地被 或 灌木+灌木+地被	郁闭度 0.4~0.6、疏透度 0.4~0.6、叶面积指数 2.0~3.0、地被覆盖 0.3~0.6 或 郁闭度<0.4、疏透度>0.6、叶面积指数<2.0 或>3.0、地被覆盖<0.3	旱柳、银杏、槐、白蜡、毛白杨、紫叶李、榆树、栾树、雪松 或 紫叶小檗、小叶女贞、小叶黄杨、紫薇、美人梅
外侧防护林带	分割空间、提供绿茵、滞尘、减噪、吸收有毒气体、提供休闲场所等功能，植物配置应主要考虑外侧有无人行道	有	外侧	低颗粒物阻滞能力树种的配置	灌木+灌木+地被	郁闭度<0.4、疏透度>0.6、叶面积指数<2.0 或>3.0、地被覆盖<0.3	旱柳、银杏、槐、白蜡、毛白杨、紫叶李、榆树、栾树、雪松
			内侧	中等颗粒物阻滞能力树种的配置 或 高颗粒物阻滞能力树种的配置	落叶乔木+常绿乔木或常绿灌木或落叶乔木或落叶灌木+地被 或 常绿乔木+常绿乔木或常绿灌木或落叶乔木或落叶灌木+地被	郁闭度 0.4~0.6、疏透度 0.4~0.6、叶面积指数 2.0~3.0、地被覆盖 0.3~0.6 或 郁闭度 0.6~0.7、疏透度 0.2~0.3、叶面积指数 2.0~3.0、地被覆盖 0.4~0.7	
		无		高颗粒物阻滞能力树种的配置	常绿乔木+常绿乔木或常绿灌木或落叶乔木或落叶灌木+地被	郁闭度 0.6~0.7、疏透度 0.2~0.3、叶面积指数 2.0~3.0、地被覆盖 0.4~0.7	油松、桧柏、泡桐、木槿、大叶黄杨、构树、元宝枫、玉兰

6 更新改造

6.1 改造对象

6.1.1 已进入自然成熟且生长速度开始减退、枯梢、病虫害等增加、林带结构逐渐稀疏的林木。

6.1.2 造林树种不适应、造林密度过大等形成的低效林带。

6.1.3 与人关系密切，由于飞絮、叶面滞留颗粒物影响人群健康的不适宜树种。

6.1.4 缺乏高大乔木树种、结构不合理，防护功能弱的林带。

6.1.5 由于缺乏地被，易产生二次扬尘的林带。

6.2 改造方式

6.2.1 全带改造

将原有林带一次性全部伐倒，然后在林带迹地上营建新的林带。适用于原造林树种不适应的林带更新。

6.2.2 带外更新

在林带的一侧按林带设计营造一新的林带，待新的林带形成后，伐去原有林带。适用于林带防护功能重要区域的成熟林带的更新。

6.2.3 带内更新

在林带原有树木行间或空隙地进行改造。适用于缺乏高大乔木树种、结构不合理或缺乏地被的林带更新。

6.3 改造措施

6.3.1 树种选择不当而造成的低效林，应采用树种更替的方法进行改造。

6.3.2 造林密度过大而形成的低效林，可通过抚育间伐、降低密度改造。

6.3.3 缺乏大乔木的林带，应通过补植乔木树种的方法进行带内改造。

6.3.4 缺乏地被的林带，应通过补植地被植物的方式进行带内改造。

6.3.5 树种选择不当而易造成人体健康危害的林带，应采用树种更替的方法进行改造。

附录 3　城市绿地分类和代码

表 1　城市建设用地内的绿地分类和代码

类别代码			类别	内　容	备　注
大类	中类	小类	名称		
G1			公园绿地	向公众开放，以游憩为主要功能，兼具生态、景观、文教和应急避险等功能，有一定游憩和服务设施的绿地	
	G11		综合公园	内容丰富，适合开展各类户外活动，具有完善的游憩和配套管理服务设施的绿地	规模宜大于 $10hm^2$
	G12		社区公园	用地独立，具有基本的游憩和服务设施，主要为一定社区范围内居民就近开展日常休闲活动服务的绿地	规模宜大于 $1hm^2$
	G13		专类公园	具有特定内容或形式，有相应的游憩和服务设施的绿地	
		G131	动物园	在人工饲养条件下，移地保护野生动物，进行动物饲养、繁殖等科学研究，并供科普、观赏、游憩等活动，具有良好设施和解说标识系统的绿地	
		G132	植物园	进行植物科学研究、引种驯化、植物保护，并供观赏、游憩及科普等活动，具有良好设施和解说标识系统的绿地	
		G133	历史名园	体现一定历史时期代表性的造园艺术，需要特别保护的园林	
		G134	遗址公园	以重要遗址及其背景环境为主形成的，在遗址保护和展示等方面具有示范意义，并具有文化、游憩等功能的绿地	
		G135	游乐公园	单独设置，具有大型游乐设施，生态环境较好的绿地	绿化占地比例应大于或等于 65%
		G139	其他专类公园	除以上各种专类公园外，具有特定主题内容的绿地。主要包括儿童公园、体育健身公园、滨水公园、纪念性公园、雕塑公园以及位于城市建设用地内的风景名胜公园、城市湿地公园和森林公园等	绿化占地比例宜大于或等于 65%
	G14		游园	除以上各种公园绿地外，用地独立，规模较小或形状多样，方便居民就近进入，具有一定游憩功能的绿地	带状游园的宽度宜大于 12 m；绿化占地比例应大于或等于 65%

（续）

类别代码			类别	内　容	备　注
大类	中类	小类	名称		
G2			防护绿地	用地独立，具有卫生、隔离、安全、生态防护功能，游人不宜进入的绿地。主要包括卫生隔离防护绿地、道路及铁路防护绿地、高压走廊防护绿地、公用设施防护绿地等	
G3			广场用地	以游憩、纪念、集会和避险等功能为主的城市公共活动场地	绿化占地比例宜大于或等于35%；绿化占地比例大于或等于65%的广场用地计入公园绿地
XG			附属绿地	附属于各类城市建设用地（除“绿地与广场用地”）的绿化用地。包括居住用地、公共管理与公共服务设施用地、商业服务业设施用地、工业用地、物流仓储用地、道路与交通设施用地、公用设施用地等用地中的绿地	不再重复参与城市建设用地平衡
	RG		居住用地附属绿地	居住用地内的配建绿地	
	AG		公共管理与公共服务设施用地附属绿地	公共管理与公共服务设施用地内的绿地	
	BG		商业服务业设施用地附属绿地	商业服务业设施用地内的绿地	
	MG		工业用地附属绿地	工业用地内的绿地	
	WG		物流仓储用地附属绿地	物流仓储用地内的绿地	
	SG		道路与交通设施用地附属绿地	道路与交通设施用地内的绿地	
	UG		公用设施用地附属绿地	公用设施用地内的绿地	

表 2 城市建设用地外的绿地分类和代码

类别代码			类别	内容	备注
大类	中类	小类	名称		
EG			区域绿地	位于城市建设用地之外，具有城乡生态环境及自然资源和文化资源保护、游憩健身、安全防护隔离、物种保护、园林苗木生产等功能的绿地	不参与建设用地汇总，不包括耕地
	EG1		风景游憩绿地	自然环境良好，向公众开放，以休闲游憩、旅游观光、娱乐健身、科学考察等为主要功能，具备游憩和服务设施的绿地	
		EG11	风景名胜区	经相关主管部门批准设立，具有观赏、文化或者科学价值，自然景观、人文景观比较集中，环境优美，可供人们游览或者进行科学、文化活动的区域	
		EG12	森林公园	具有一定规模，且自然风景优美的森林地域，可供人们进行游憩或科学、文化、教育活动的绿地	
		EG13	湿地公园	以良好的湿地生态环境和多样化的湿地景观资源为基础，具有生态保护、科普教育、湿地研究、生态休闲等多种功能，具备游憩和服务设施的绿地	
		EG14	郊野公园	位于城区边缘，有一定规模、以郊野自然景观为主，具有亲近自然、游憩休闲、科普教育等功能，具备必要服务设施的绿地	
		EG19	其他风景游憩绿地	除上述外的风景游憩绿地，主要包括野生动植物园、遗址公园、地质公园等	
	EG2		生态保育绿地	为保障城乡生态安全，改善景观质量而进行保护、恢复和资源培育的绿色空间。主要包括自然保护区、水源保护区、湿地保护区、公益林、水体防护林、生态修复地、生物物种栖息地等各类以生态保育功能为主的绿地	
	EG3		区域设施防护绿地	区域交通设施、区域公用设施等周边具有安全、防护、卫生、隔离作用的绿地。主要包括各级公路、铁路、输变电设施、环卫设施等周边的防护隔离绿化用地	区域设施指城市建设用地外的设施
	EG4		生产绿地	为城乡绿化美化生产、培育、引种试验各类苗木、花草、种子的苗圃、花圃、草圃等圃地	

附录4　公园绿地改造技术规范（DB11/T 1596—2018）

1　范围

本标准规定了公园绿地改造的基本规定、改造设计、施工及验收等技术要求。

本标准适用于北京地区公园绿地的改建、扩建和提升。区域绿地改造提升为公园绿地的可参照本标准执行。

2　规范性引用文件

下列文件对于本文件的应用是必不可少的。凡是注日期的引用文件，仅所注日期的版本适用于本文件。凡是不注日期的引用文件，其最新版本（包括所有的修改单）适用于本文件。

GB 3838　地表水环境质量标准

GB 8408　游乐设施安全规范

GB 50242　建筑给水排水及采暖工程施工质量验收规范

GB 50268　给水排水管道工程施工及验收规范

GB 50763　无障碍设计规范

GB 51192—2016　公园设计规范

DB11/T 212　园林绿化工程施工及验收规范

DB11/T 335　园林设计文件内容及深度

DB11/T 864　园林绿化种植土壤

3　术语和定义

下列术语和定义适用于本文件。

3.1　公园绿地 park green space

城市中向公众开放的，以游憩为主要功能，同时兼有健全生态、美化景观、科普教育、应急避险等综合作用的绿化用地。

3.2　公园绿地改造 upgrading of park green space

根据实际情况采取全部或局部改建、扩建、保护、维护等方式对公园绿地的地形、水体、园路及铺装场地、植物、建（构）筑物、给水排水、电气等方面进行优化提升，使之更适合使用者需求的过程。

3.3　区域绿地 regional greenland

位于城市建设用地之外，具有城乡生态环境及自然资源和文化资源保护、游憩健身、安全防护隔离、物种保护、园林苗木生产等功能的绿地，不包括耕地。

4　基本规定

4.1　一般规定

4.1.1　公园绿地改造应符合城乡总体规划、绿地系统规划、控制性详细规划等上位规划，应在可行性研究报告、原设计图纸和现状条件的基础上进行。

4.1.2　改造前，应对公园绿地现状进行调研与评估，主要包括区位环境及交通、区域历史文化、公园功能定位、园路系统、活动场地、公园景观要素、植物生长情况、设施使用状况、公园游人量等内容。

4.1.3　改造前，应编制改造设计总体方案或修编公园总体方案，拟定分期实施计划。

4.1.4　应综合考虑改造后的生态效益、社会效益与经济效益。

4.1.5　改造后公园绿地各类用地比例应符合 GB 51192 的规定。

4.1.6　应保护公园绿地现有林木、地形、水体、建（构）筑物等，确保自然资源、生态环境和历史、人文资源的可持续发展。

4.1.7　宜发挥公园绿地集雨功能，增设雨水控制利用设施、节水型用水器具，采用节水灌溉措施。

4.1.8　宜使用太阳能照明设施等低碳节能环保新技术、新工艺。

4.1.9　应按照 GB 50763 相关规定增设无障碍设施。

4.1.10　改造方案确定后，应按照 GB 51192、DB11/T 335 编制设计及施工图。施工完成后，应按照 DB/T 212 组织施工及验收。

4.1.11　不应擅自修改公园红线范围、用地性质、整体定位；不应设计与公园绿地无关的、以盈利为目的的建（构）筑物。

4.2　改造内容

4.2.1　根据上位规划明确用地范围、公园性质、服务半径和服务人群，确定公园绿地功能分区和改造内容。

4.2.2　应根据公园现状条件，针对主要问题和需求对地形、水体、园路及铺装场地、植物、建（构）筑物、给水排水、电气等方面进行优化提升。

4.2.3　应根据公园绿地的性质、区域位置、游人容量确定各类设施的规模、数量。

5　改造设计

5.1　前期检查

5.1.1　应对公园绿地地形地貌、植被类型和分布长势、园路及铺装系统、原有建（构）筑物、各类管线等基础设施的现状进行调研，明确公园绿地存在的主要问题。

5.1.2　应对公园绿地周边环境进行调研。

5.1.3　应根据公园类型、区位、周边地区人口密度等实际情况核定公园的游人容量，游人容量按照 GB 51192 规定的方法计算。

5.1.4　应调研公园绿地使用者的心理需求及行为规律，使设施设备等更符合使用者的需求。

5.1.5　查阅公园绿地建设工程竣工验收相关文件和图纸资料。主要包括：总体平面图、竖向图、种植图、园路系统平面图、建（构）筑物及园林小品详图、给排水图、电气图、水体图、配套服务设施分布图以及各类详图等。

5.1.6　如果基础资料不详尽或与现状不符，应对公园绿地现状进行勘察测绘。

5.2　总体布局

根据公园类型、区位，结合现状资源条件和使用者需求，优化功能分区和景点。对地形、水体、园路及铺装场地、种植、建（构）筑物、给排水和电气系统等作出改造提升方案。

5.3 地形

5.3.1 应对公园绿地内现有的控制高程、拟保留现状物的高程、周边环境的高程及排水情况等进行详细勘测，作为竖向的改造依据。

5.3.2 地形改造宜整体连续，避开拟保留的现状物，并有利于排水。各类地表排水坡度应符合 GB 51192-2016 中表 5.1.4 的规定。

5.3.3 现状植物种植密度大且长势良好的区域不应改变原有地形；现状植物较为稀疏的区域，可根据需要进行地形改造，应尽量减少树木移植。

5.3.4 地形改造原则上对原有水体不做修改，如需改动，应以尽量不破坏原有水体的防水结构为原则。

5.3.5 现状水体景观如有损坏需要修复，可结合集雨节水技术进行改造。

5.4 园路及铺装场地

5.4.1 出入口

a）公园改建、扩建时，应根据实际需要确定主次出入口的保留或新建，应与园路、周边场地及其他设施相协调；

b）新建出入口位置应远离交通压力大的主干道及道路交叉口；

c）应根据出入口大门的受损程度和风貌协调情况，对大门进行维修或新建。

5.4.2 园路

a）园路不能满足使用需求时，应根据游人的行为习惯、主要活动场地、出入口等因素调整园路布局、等级；

b）新增园路宜选择在游人自发踩踏出的土路上建设，应与周边环境衔接顺畅；

c）园路能满足使用需求、局部有破损时，应保留现有园路，对破损区域进行修葺。修葺后的园路路面宜与原有园路一致，宜选择防滑及透水的生态材料；

d）应尽可能保留现有园路，新增园路不宜对现有植物进行过多伐移。

5.4.3 梯道

a）台阶基础稳定、面层破损时，应对台阶面层维修；

b）台阶基础受损时，应对台阶基础、面层进行重建，并与园路衔接顺畅。

5.4.4 铺装场地

a）铺装场地的改造应尊重公园的历史、人文资源；

b）现有场地功能不能满足使用需求时，应根据使用人群、游人量、使用功能等实际情况调整场地的形式、大小；

c）现有场地的规模不能满足使用需求时，可增加新的活动场地，场地的布置应结合公园景观布局及游人日常活动习惯建设，优先建设游人自发踩踏出的场地；

d）新建或改建的铺装场地应充分利用现状乔木的遮阴效果，不宜破坏现状植物；铺装宜选择防滑材料及透水的生态材料；

e）不同的专类公园，宜根据自身特点，选择适合自身特点的铺装材料进行改造；

f）铺装场地的建设不应改变现有植被的生长环境；

g）儿童公园的改造，应考虑儿童活动的安全性、舒适性，材质色彩鲜艳；

h）动物园的改造，应选择符合动物生活习性的材质、颜色。

5.4.5　停车场

a）公园绿地停车场内部交通不顺畅、遮阴效果差、铺装破损时，应对其进行改造；

b）停车场的规模不能满足当前需求时，应根据出入口位置、公园内外交通情况，调整机动车停车位和自行车存车处；

c）新设的停车位，可结合现状乔木位置合理布置，达到夏季遮阴的效果；

d）宜考虑设置一定数量的公用充电桩；

e）应结合周边绿地的标高，统一考虑停车场的排水问题。

5.4.6　园桥

a）园桥年久失修、外观破损时，应对园桥外观进行修葺、对结构进行加固；

b）园桥连接的园路级别提升时，应在测算评估后，对园桥进行加固或重新建设；

c）园桥数量、位置不能满足需求时，应根据实际情况增加园桥。

5.5　种植

5.5.1　绿地整理

a）结合公园绿地前期调查结果，对现状林地进行整理，确定保留、移植、伐除和新植的植物品种与区域；

b）植被绿化种植土壤宜按照 DB11/T 864 的要求进行土壤改良；

c）保留现状古树名木以及长势优良的乔木、灌木、地被、藤本植物，植物保留优先等级由高到低应为乔木、灌木、藤本、地被；

d）应对保留植物加强保护，现状大树应安装避雷针，易受损植物应设置保护措施；

e）林地内如新建水利、高压电塔等设施，应对现状植物就近移植或修剪；

f）对种植密度过大已影响植物生长的林地，应进行疏枝和间移；

g）对于枯死、病死以及因自然灾害受损的植物，应经过论证后方可伐除；对于部分存在病株、弱株的林地，应遵守“留强去弱、留优去劣”的原则进行伐除；

h）对于影响透景线和建筑安全的植物，应剪除部分枝条线；

i）移植、伐除区域和受自然灾害影响的区域，应根据场地特点和景观需要，新植植物组团。

5.5.2　植物配置

a）应遵循公园原有的植物景观分区、植物组群类型及植物配置，选用相应的植物品种进行补植；

b）应根据植物生长速度提出近、远期的景观改造要求和措施；

c）应统计现状植物品种，对植物进行编号并存档。对于古树名木和重要植物应登记在册，并设立标牌；

d）植物配置改造设计应以现状植物组群类型及效果为依据，不宜过多种植对人体有影响的芳香植物，确定合理的配置模式和种植密度；

e）补植植物的树种选择及苗木控制应符合 GB 51192 的相关规定；

f）补植植物树种应避免与现有植物树种生态习性相克、产生不利影响；

g）公园绿化用地应全部用绿色植物覆盖，树堰内可用其他覆盖物；

h）补植和移植植物与架空电力线路导线之间最小垂直距离、与地下管线之间的安全距离、与建（构）筑物外缘的最小水平距离均应符合 GB 51192 的相关规定；

i）区域绿地改造提升为公园绿地时，应根据常绿落叶比、乔灌比、速生树种和慢生树种搭配以及公园的设计主题和功能，增加相应的植物种类。

5.6 建（构）筑物

5.6.1 建筑物

a）根据公园绿地现状和需求，应对建筑物采取保护、修缮、拆除、更新、新建等措施；

b）应保护修缮无安全隐患的建筑物，更新调整使用功能不满足需求的建筑物；

c）对于结构基础稳固、景观效果差的建筑物，宜通过更新外饰面，修补损坏部件的形式加以保护利用；

d）对于选址不当、形式过于简单、设施功能落后、利用率低、维修管理薄弱、景观性差的原有建筑物，宜考虑拆除或重建；

e）建筑物的高度、体量、空间组合、材料、色彩及其使用功能不再满足公园绿地需求时，应进行相应的更新调整；

f）新建建筑物的位置、规模、风格、造型、材质以及空间组合应结合原有建筑统一考虑，并符合 GB 51192 的相关规定；

g）厕所设置应与游人分布密度相适应。厕所的建筑形式应与环境相协调，引导路标清晰，方便游人到达，且设置无障碍厕所。改扩建厕所应符合 GB 51192 的相关规定。

5.6.2 构筑物

5.6.2.1 围墙/围栏

a）原有封闭围墙，宜改造成通透围栏；

b）原有围墙/围栏破损的，应进行修补；

c）原有围墙/围栏不符合安全要求的，应拆除；需要新建的，应符合 GB 51192 中的相关规定。

5.6.2.2 驳岸

a）宜对有软化需求的垂直驳岸进行软化处理，结合植物、山石等形式多样的生态型驳岸；

b）原有驳岸不牢固的，应采取措施加固，并符合 GB 51192 的要求。

5.6.2.3 挡土墙

a）新建挡土墙的造型、材质、色彩应与公园总体设计风格和周边环境统一协调，符合 GB 51192 的规定；

b）结构不稳定、安全性差的挡土墙，应重新根据山体的高度、倾斜度、地址等因素计算挡土墙承受力，并新建；

c）结构稳定安全、景观效果差的挡土墙，宜种植植物进行遮挡或进行景观化处理。

5.6.2.4 其他配套服务设施

a）游憩设施：

1）游憩设施设置应与游人容量和游客游赏需求相适应，应考虑永久性和季节性相结合；

2）游憩设施的设置，应方便游赏需要，为游客提供畅通、便捷、安全、舒适的服务条件；

3）新建游憩设施的布局、位置、规格、造型、材质、色彩应在满足需求功能的基础上，与原有设计风格和周边环境统一协调；

4）新建游憩设施应根据人体工程学和现代审美进行设计和选型，并满足游客通行和赏景要求；

5）新增游乐设施应符合 GB 8408 的规定。

b）服务设施：

1）服务设施的数量和规模应与公园性质和游人容量相匹配；

2）在公园出入口、功能区、景区、重要景点、景物、游径端点和危险地段，应设置标识牌；

3）新增垃圾箱应具有分类收集功能并与原有垃圾箱样式统一。垃圾箱的设置应符合 GB51192 中的相关规定；

4）休息座椅应主要分布在游人集中活动的场所，容纳量应按游人容量的 20%～30% 设置；

5）应以信息化、智能化方式为游客提供公园相关的信息。

c）管理设施：

1）宜设置垃圾中转站、绿色垃圾处理站、变配电所、泵房、应急避险设施、雨水控制利用设施等，设置地点应在隐蔽安全处；

2）没有考虑应急避险功能的公园，应根据城市综合防灾要求，确定是否将其改造成具有应急避险功能的公园；

3）具有应急避险功能的公园应增设必要的应急避险设施，包括应急棚宿区、医疗救护与卫生防疫设施、应急供水设施、应急供电设施、应急厕所、应急垃圾储运设施、应急消防设施、应急物资储备设施、应急标识、应急指挥管理设施、应急停机坪等；

4）公园绿地设计具有滞留、渗透、传输、收纳、调蓄等功能的雨水控制利用设施，包括下凹绿地、透水铺装、雨水花园、植草沟、旱溪、雨水沟渠、调蓄水塘、人工湿地等。

d）其他设施：

1）有高差的地段应设置残疾人通道及设施，保证有障碍人士享受公园景观及服务的权利；

2）应具备完善的安全警示标识系统。

5.7 给排水

5.7.1 给水

a）给水管网及配套设施不能满足植物灌溉、水景、生活饮用、卫生消防等当前用水需求时，应新建给水管网及设施；

b）给水管网和配套工程能满足当前需求，但局部破损时，应尽可能利用现有管网，并对破损处进行维修；

c）灌溉场地周边如具备再生水水源，应将再生水引入公园内用于灌溉。

5.7.2 排水

a）排水系统的改造应充分考虑雨水的收集和再利用，宜采用雨污分流制排水；

b）所收集的雨水应优先用于回灌地下水和灌溉，多余雨水水质在满足 GB 3838 规定的前提下，可用于构造公园水景；

c）应通过保护现状自然植被、土壤等，建设简单、生态的自然雨水设施，补充地下水，控制地表水质；

d）应从源头控制因施工建设产生的地表径流，保持场地建设期的水文环境。

5.8 电气

5.8.1 供配电系统能满足用电负荷且无安全隐患时，应尽可能利用现有供配电系统。

5.8.2 应根据公园风格、园路、铺装场地的改、扩建情况，维修、更新或增设照明设施。改造后的照明设施，应采用智能控制方式。

5.8.3 当支路改造成主路时，灯具间距应加密。

5.8.4 灯光应根据环境设计适宜的亮度，避免炫光和闪频。

5.8.5 当负荷点增加时，各负荷点功率总量应低于配电室功率值。

5.8.6 改造后公园绿地宜设置智能化系统、无线网络、充电设施。

5.8.7 改造后的广播、背景音乐、夜景照明等设施的外观，应与园林绿化环境相协调。

6 施工及验收

6.1 施工

6.1.1 施工前准备

a）施工人员应勘察现场，充分了解周边环境、现状高程、园路、铺装、植物、排水、建（构）筑物、小品及管线等的基本情况；

b）尽量避免对现有建（构）筑物、植物、地形、水系等的破坏，无法避免的，应对位置及数量进行标记、记录，并制定复原计划；

c）应注意对保留现状的保护、恢复、保留部分与改造部分的衔接问题；

d）施工前应对工人进行培训。

6.1.2 园路及铺装场地

6.1.2.1 园路

a）园路放线时应对现状长势良好的苗木进行合理避让，现场区分出改建、扩建和新建的部位；

b）园路扩建时，应对保留的园路进行成品保护，避免修葺过程中对保留园路的面层及周边绿地造成损坏和污染；

c）园路改建时，拆除完园路面层后，应检查园路基础的完整性与牢固性，如出现断裂、破损、下沉等情况，应采取加固措施，避免扰动其他基层，修复完原有道路基础后再进行面层铺设；

d）改建、扩建后的园路走向与竖向应与保留部分连接顺畅，面层应与保留部分对缝统一，当设计面层与原面层相同时，应尽量保证最小色差；

e）新建园路应根据 DB11/T 212 相关要求进行施工。

6.1.2.2 梯道

a）台阶基础稳定，面层破损时，应剔凿破损面层及结合层，直至露出基础结构层，更换面层时，新换面层应与原面层的材质及颜色保持一致；

b）台阶基础受损时，应对原有台阶面层及基础拆除并重建。拆除原台阶时，应保护与台阶相邻铺装的面层及基础，重建后应使台阶与相邻的铺装顺接；

c）对部分台阶进行改造时，应防止新旧台阶衔接部分出现沉降。

6.1.2.3 铺装场地

a）应现场区分出改建、扩建和新建的铺装。新、旧铺装衔接时，外观应协调一致，应防止新建部分出现沉降；

b）应确保铺装场地排水顺畅，避免积水。

6.1.2.4 园桥

a）检查现有园桥的结构和外观，对需要加固的结构以及需修葺的外观部位应编制专项施工方案，经相关单位审核通过后方可进行施工；

b）园桥改造完成后，应对园桥荷载进行实验，达到设计要求后方可使用。

6.1.3 苗木

a）施工前，应确保种植土壤（原土、客土、栽植基质）的酸碱度、排水性、疏松度、土层厚度符合 DB11/T 212 的要求；

b）补植苗木质量应符合 DB11/T 212 要求；

c）栽植前应将现状绿地中的杂草、树根、石块等清理干净；

d）场地清理后应对照设计高程复查场地各关键点标高，并整理至符合设计要求；

e）新植常绿树和喜阳灌木不应种植在现状高大乔木林下；

f）新植苗木与现状建（构）筑物距离应符合 DB11/T 212 要求。

6.1.4 构筑物

6.1.4.1 围墙/围栏

围墙/围栏如果出现缺棱掉角、风化现象、歪斜、裂缝、翘曲、损坏、生锈等现象，应及时进行修补、除锈、装饰等处理。

6.1.4.2 驳岸

a）应根据现状确认驳岸裂损的位置、规模，对裂损的驳岸进行工程加固，并不得破坏原有防水；

b）新建驳岸应结合所在具体环境的地形地貌、地质条件、材料特性、植物习性等特质选择适合的结构形式和施工方法；

c）新建驳岸的地基应稳定，土质应均匀，基础垫层应符合设计要求。

6.1.4.3 挡土墙

a）应根据现状确认挡土墙裂损的位置、规模，并重新计算挡土墙的受力，根据计算结果对裂损的挡土墙进行工程加固；

b）新建挡土墙应结合所在具体环境的地形地貌、地质条件、材料特性、植物习性等特质确认施工的位置、砌筑材料和施工方法。

6.1.4.4 其他配套服务设施

改造或新增设的配套服务设施应与原有设施协调一致。

6.1.5 给排水及电气

6.1.5.1 给水

a）维修破损给水管网时，应根据破损原因选用合适的维修方案，管线材料与管道连接方法应与原管线一致；

b）新增管线与现状植物的距离应符合 GB 51192 的要求。

6.1.5.2 排水

a）维修破损排水管网时，根据破损原因选用合适的维修方案，排水坡度与原有管网应一致；

b）应根据现状条件，找出易积水部位，增设雨水管道及雨水口；

c）新建园林排水，应按照 GB 50268 和 GB 50242 有关规定执行。

6.1.5.3 电气

a）施工前应根据公园竣工图纸，复核现有地下管线的位置及埋深，避免改造过程中挖断原有地下管线；

b）新增电缆与现状植物的距离应符合 GB 51192 的要求。

6.2 验收

除常规验收程序外，还应对现状破损部分的修缮、复原情况进行检查、核验，如没有进行相应的修复措施，或没有达到原设计图纸的要求，应根据相关规定不预验收，进行整改直至合格。

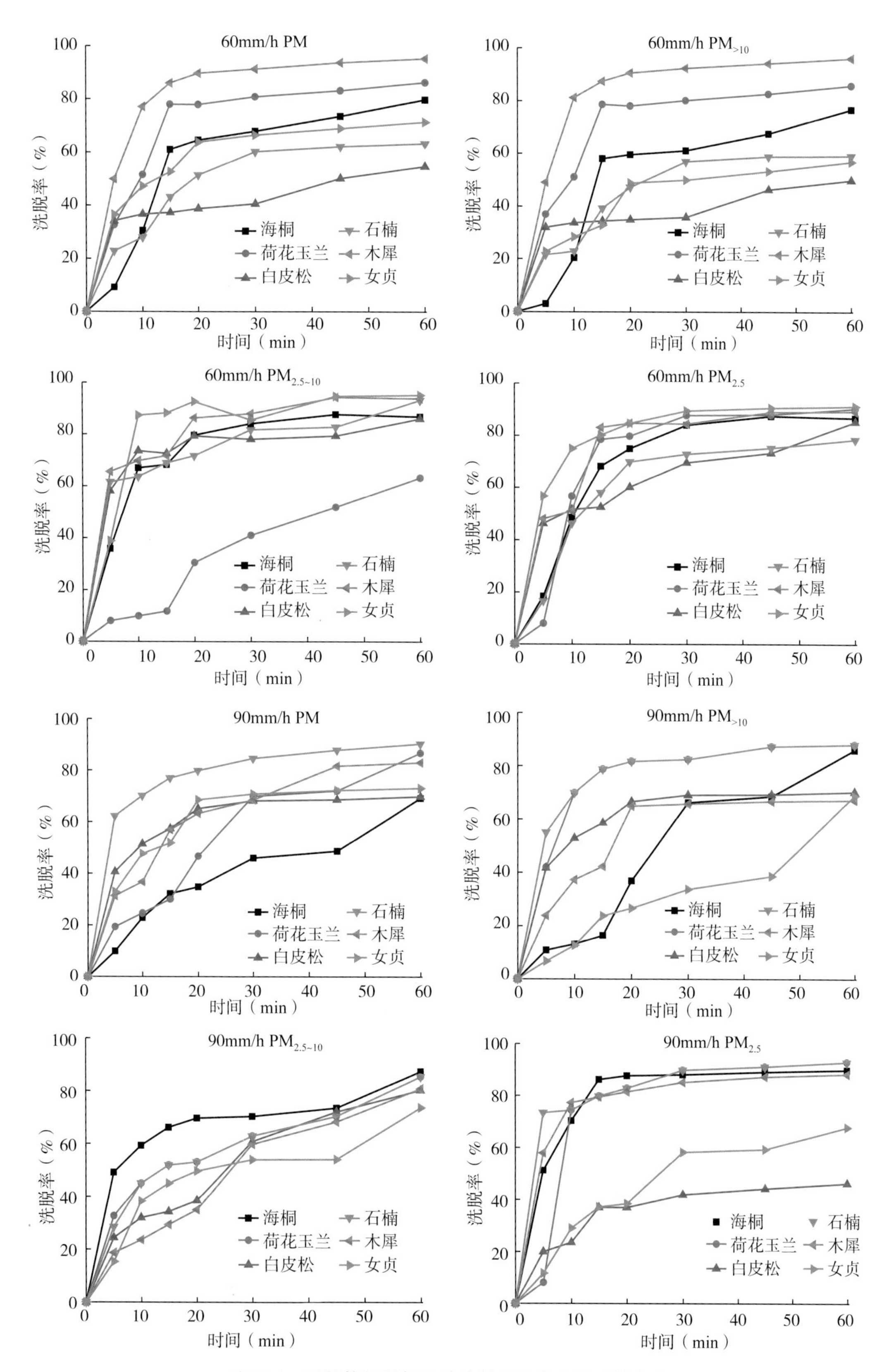

彩图 1　不同粒径颗粒物的洗脱率随降水历时的变化

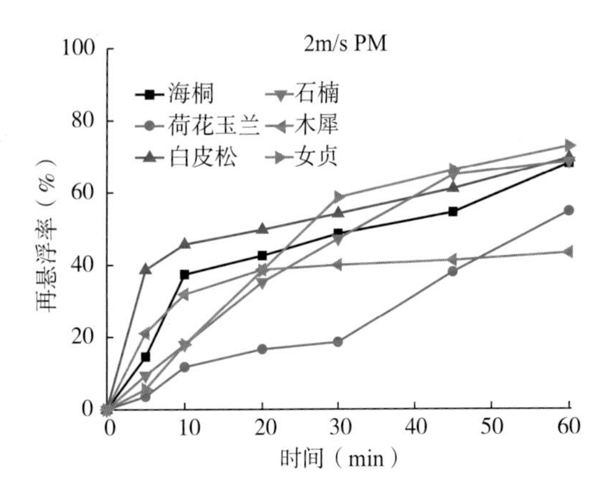

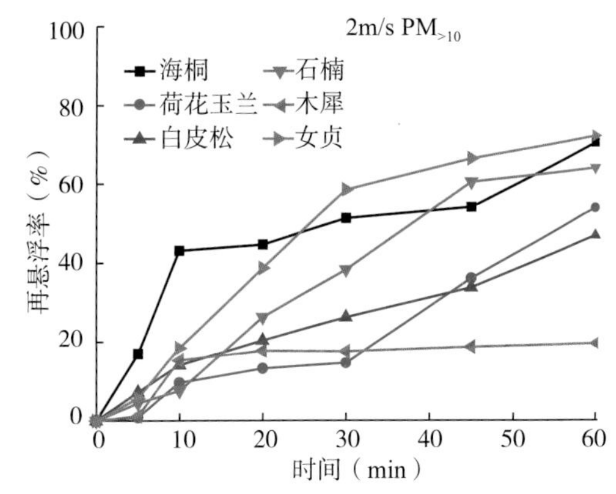

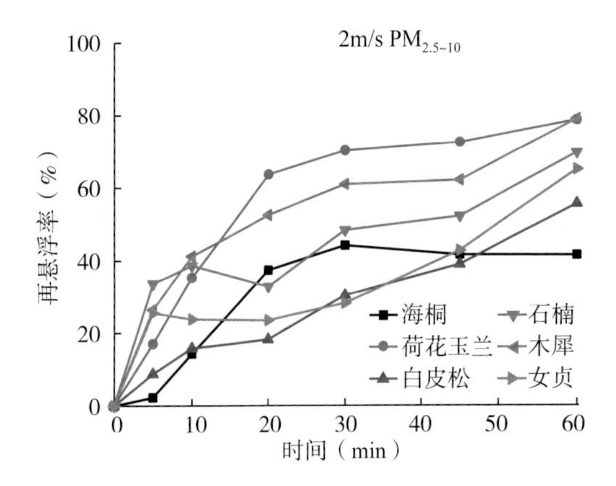

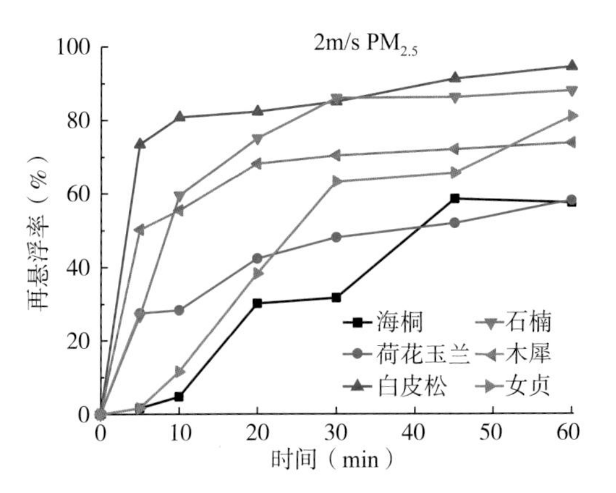

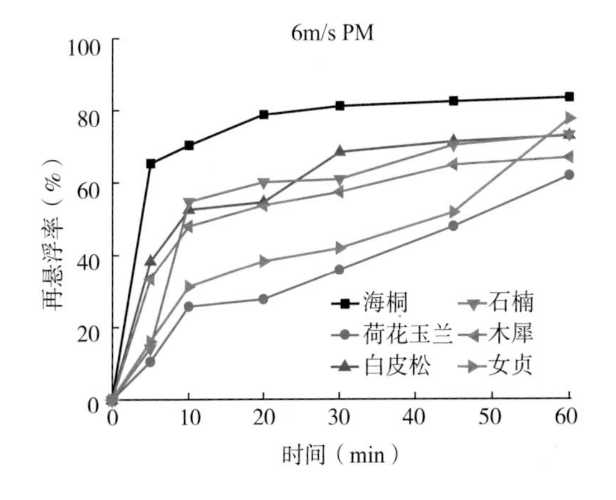

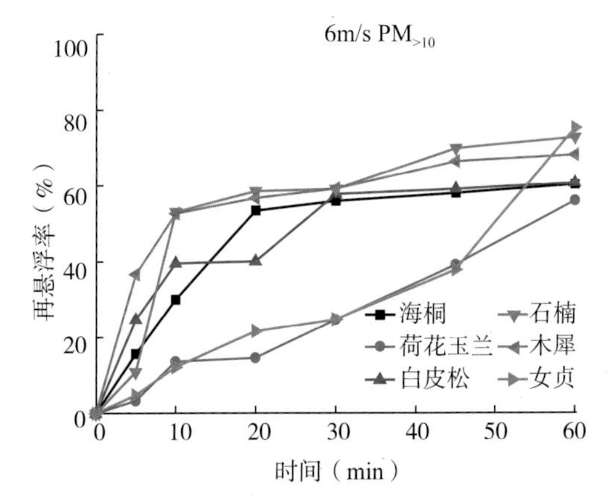

彩图 2　不同粒径颗粒物的再悬浮率随风洞历时的变化

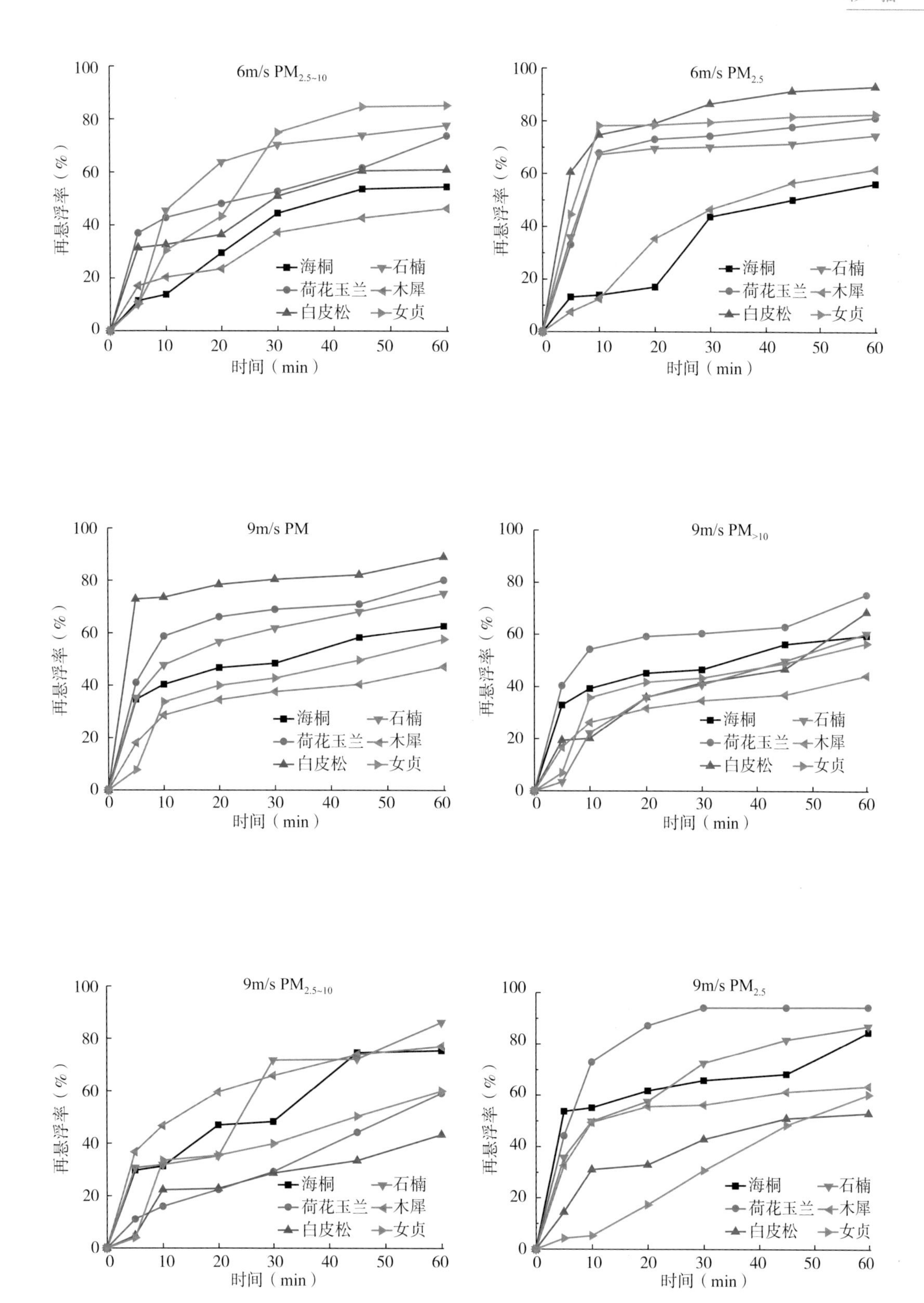

彩图 2　不同粒径颗粒物的再悬浮率随风洞历时的变化（续）

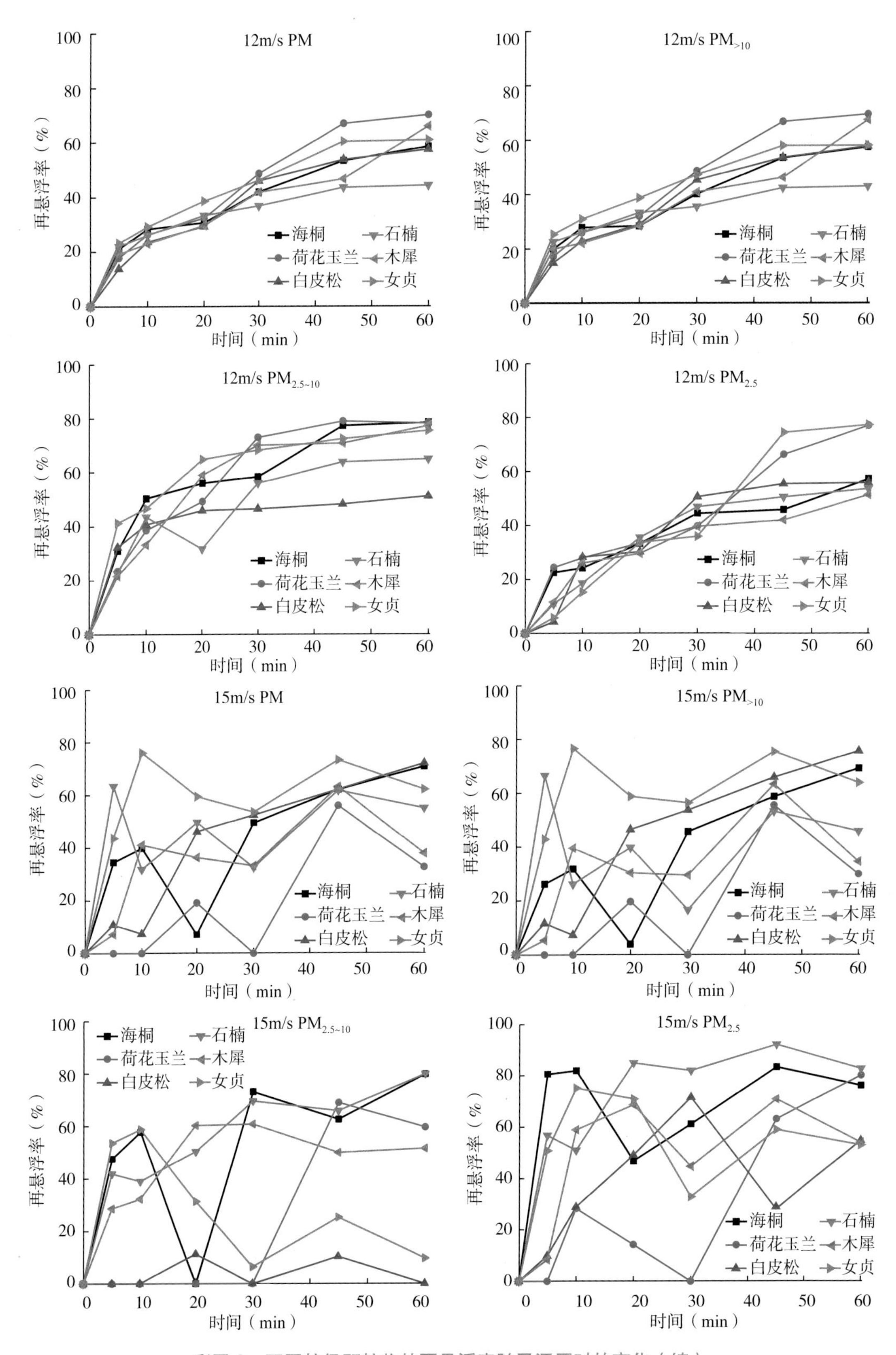

彩图 2　不同粒径颗粒物的再悬浮率随风洞历时的变化（续）

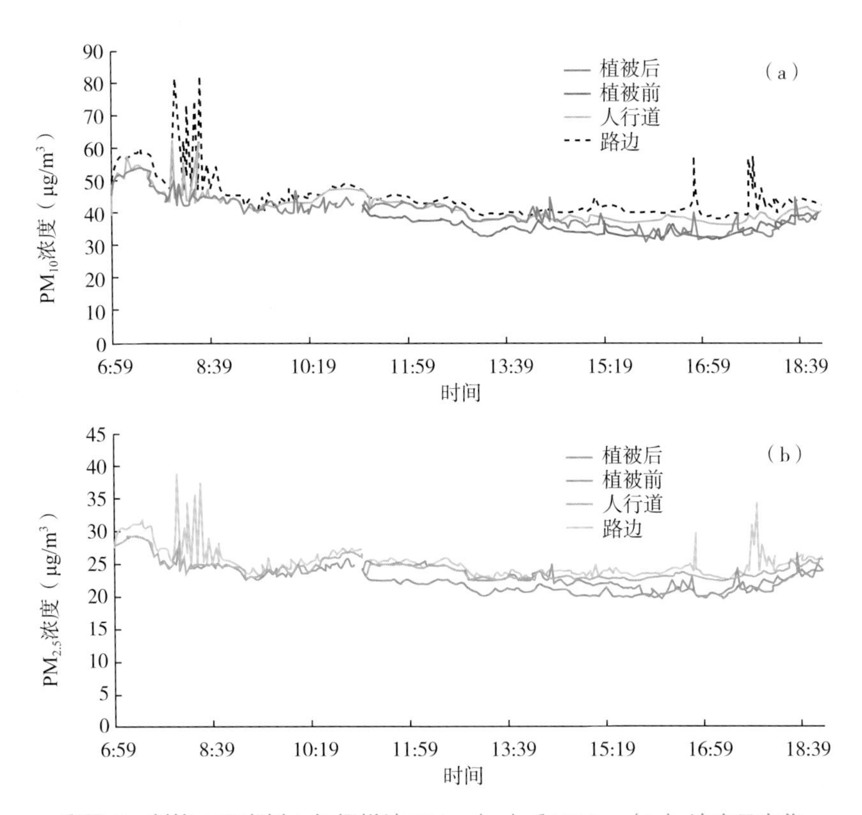

彩图 3 刺槐 + 珊瑚树 + 加杨样地 PM_{10}（a）和 $PM_{2.5}$（b）浓度日变化

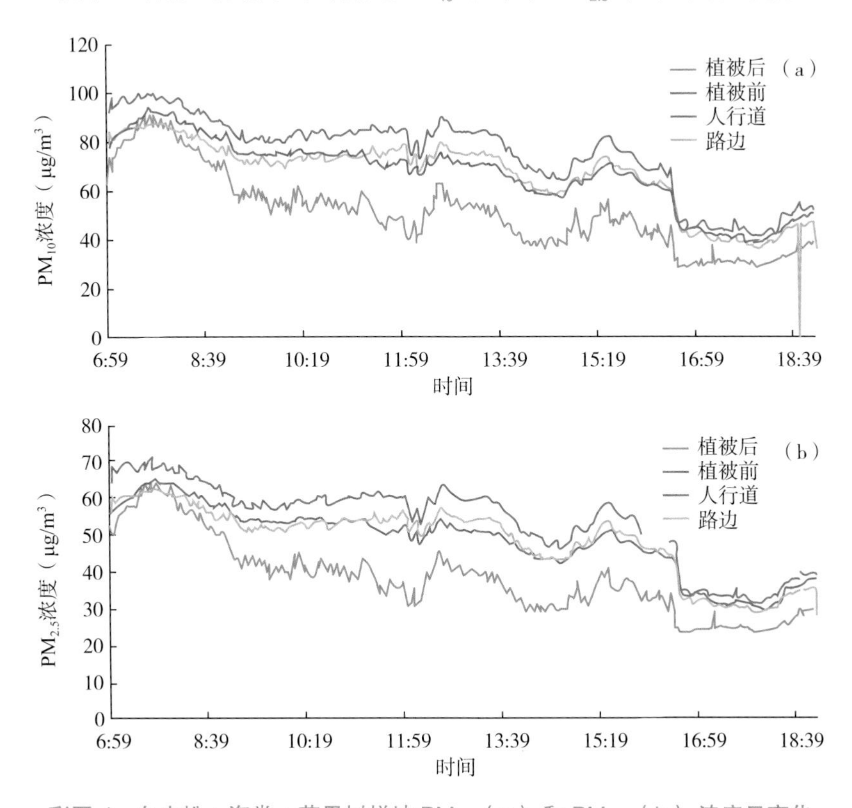

彩图 4 白皮松 + 海棠 + 苹果树样地 PM_{10}（a）和 $PM_{2.5}$（b）浓度日变化

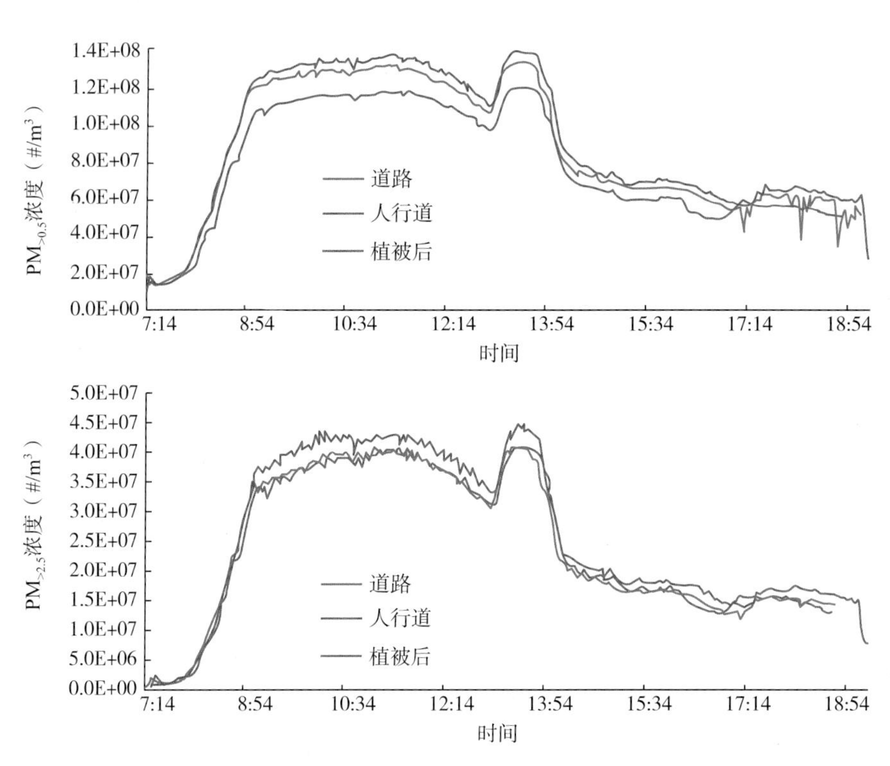

彩图 5　悬铃木 + 石楠绿篱 + 草样地颗粒物浓度日变化

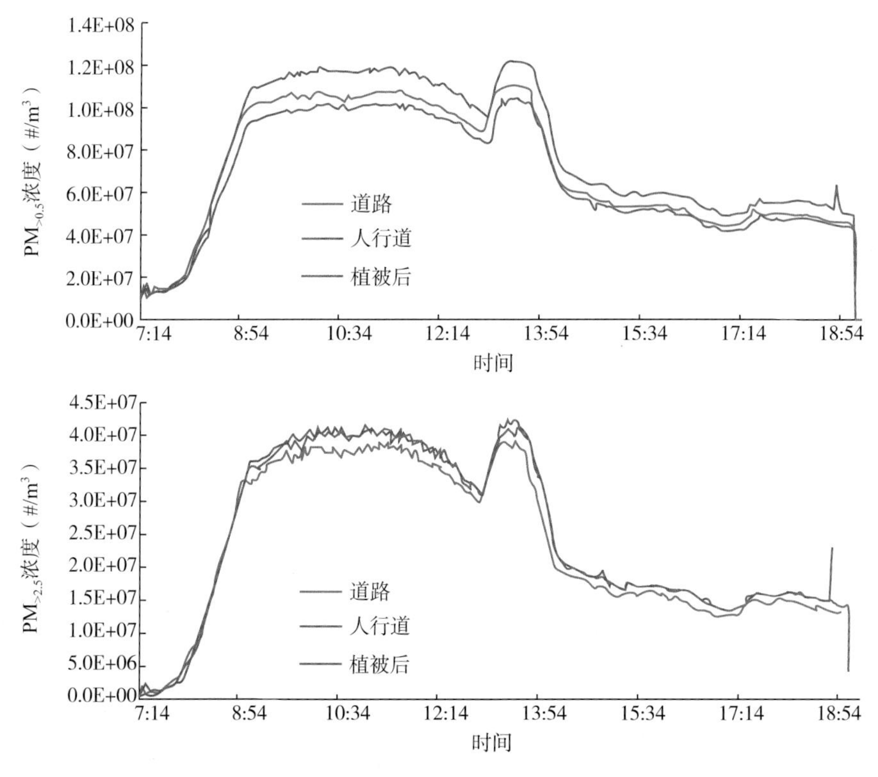

彩图 6　悬铃木 + 小叶女贞绿篱样地颗粒物浓度日变化

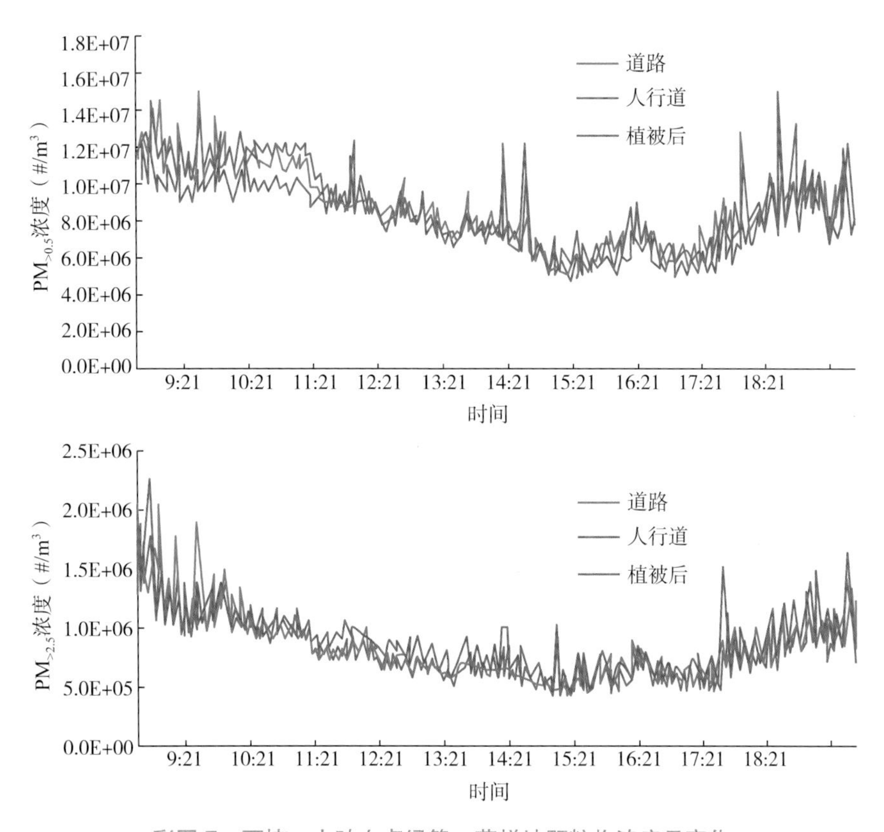

彩图 7　石楠 + 小叶女贞绿篱 + 草样地颗粒物浓度日变化

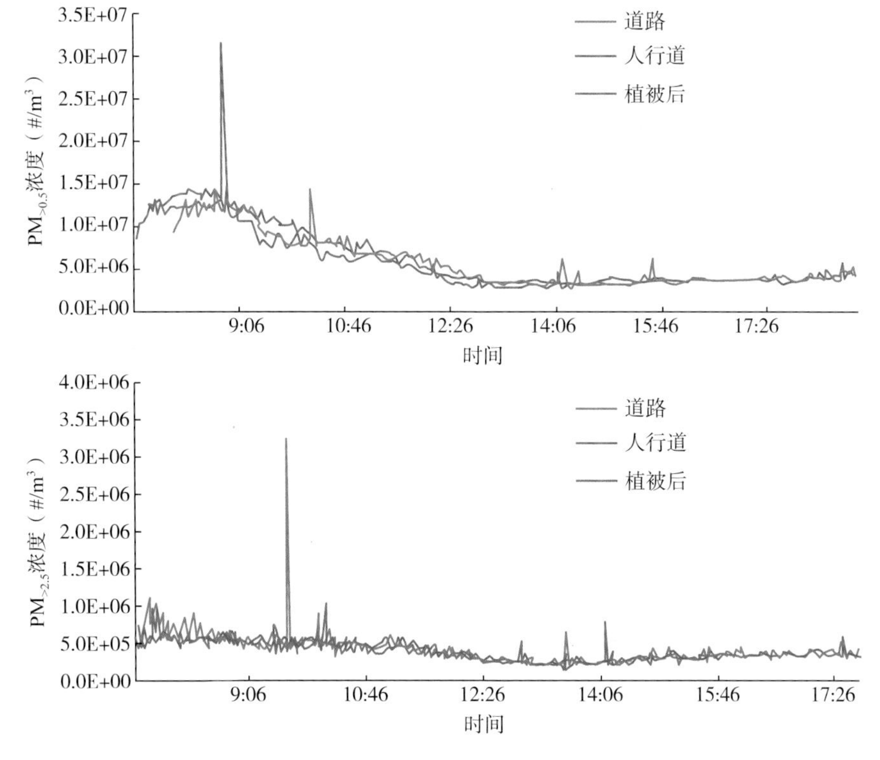

彩图 8　旱柳 + 小叶女贞球 + 紫叶小檗样地颗粒物浓度日变化

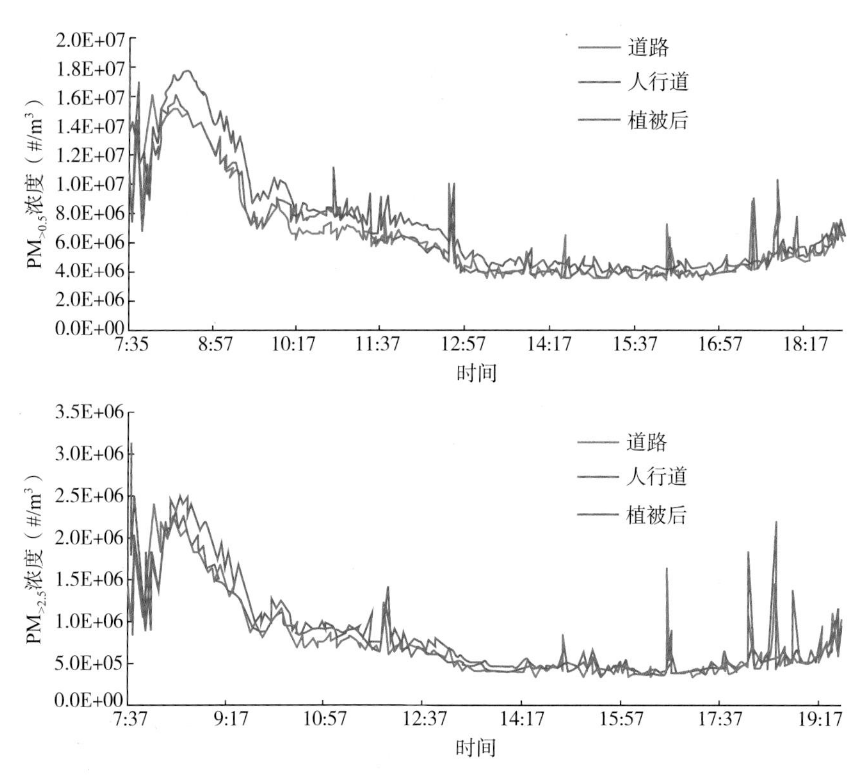

彩图 9　旱柳 + 小叶女贞球 + 小叶女贞绿篱颗粒物浓度日变化

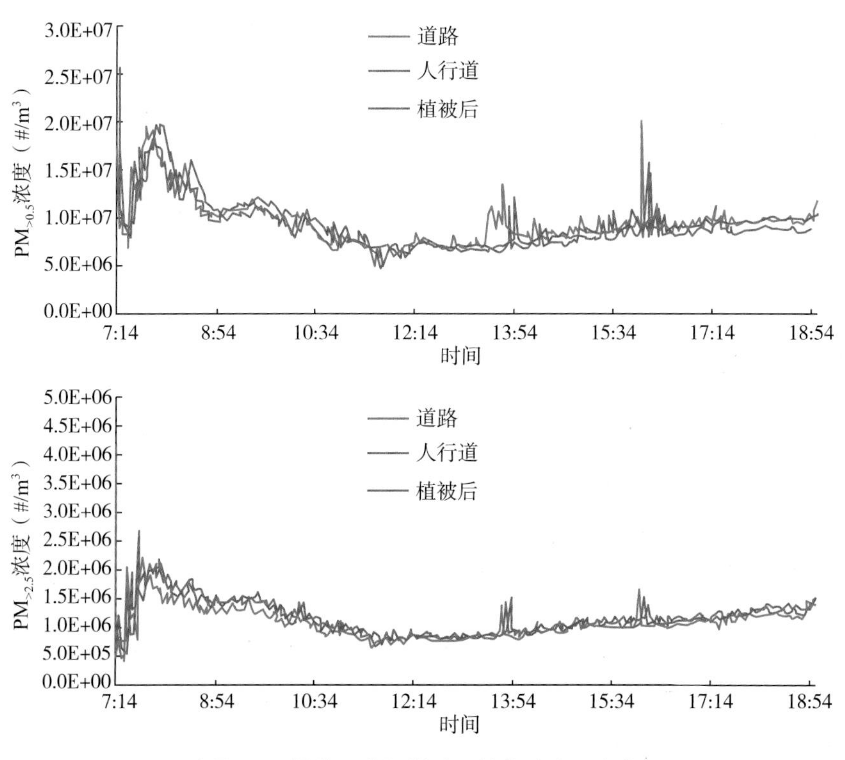

彩图 10　樱花 + 草坪样地颗粒物浓度日变化